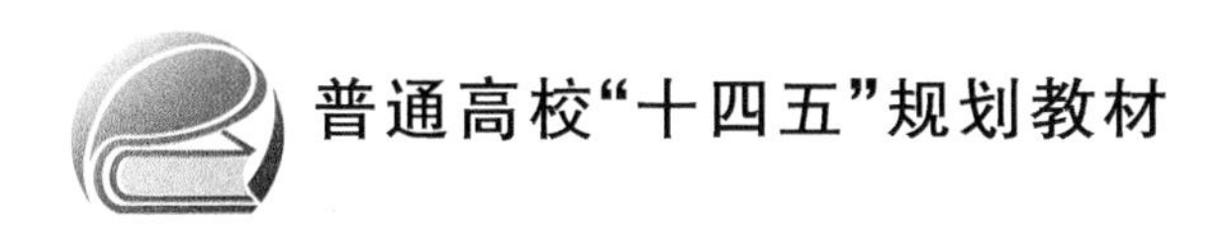

物联网工程导论

主　编　张丽霞　周柏宏
副主编　唐国强

北京航空航天大学出版社

内 容 简 介

本书作者结合行业新技术发展和编写组近年的教学经验和成果，将全书分为六个项目。每个项目分为若干个任务，每个任务均包含知识测试和实践任务，以知识点和应用案例融合的方式来介绍专业知识概论。本书主要内容包括：物联网相关概况、自动识别技术应用、认识传感器与智能硬件、物联网通信技术应用、定位与导航技术应用、物联网应用支撑技术。本书融入专业相关的课程思政内容，以提升学生的专业素养，并且将创新教育与专业基础教育融合。

本书可作为应用型本科院校或者高职高专院校的物联网专业导学教材，亦可作为跨专业理工科学生的选修课教材，还可供相关技术人员阅读参考。

图书在版编目(CIP)数据

物联网工程导论 / 张丽霞，周柏宏主编；唐国强副主编. -- 北京 ：北京航空航天大学出版社，2024.1

ISBN 978-7-5124-4281-8

Ⅰ. ①物… Ⅱ. ①张… ②周… ③唐… Ⅲ. ①物联网—高等学校—教材 Ⅳ. ①TP393.4②TP18

中国国家版本馆 CIP 数据核字(2023)第 246345 号

物联网工程导论

主　编　张丽霞　周柏宏

副主编　唐国强

策划编辑　董立娟　　责任编辑　王　瑛　杜友茹

*

北京航空航天大学出版社出版发行

北京市海淀区学院路 37 号(邮编 100191)　http://www.buaapress.com.cn

发行部电话：(010)82317024　传真：(010)82328026

读者信箱：emsbook@buaacm.com.cn　邮购电话：(010)82316936

北京九州迅驰传媒文化有限公司印装　各地书店经销

*

开本：710×1 000　1/16　印张：14.5　字数：326 千字

2024 年 5 月第 1 版　2024 年 5 月第 1 次印刷　印数：1 000 册

ISBN 978-7-5124-4281-8　定价：59.00 元

若本书有倒页、脱页、缺页等印装质量问题，请与本社发行部联系调换。联系电话：(010)82317024

前　言

自 2009 年以来，物联网概念及相关技术在中国经过十多年的发展，历经了从市场混沌、产业萌芽、应用高潮（市场期望膨胀）、产业扩张到模式创新、产业繁荣等阶段，现已进入年产值万亿市场规模、政产学研用多方协同、成果涌现，完成多项国际标准，积极参与国际竞争的成熟应用期。

目前，我国已经建立多个具有物联网特色的新型工业化产业示范基地，包括江苏省无锡市、福建省福州市、重庆市江岸区、江西省鹰潭市等。在整个物联网大产业下的细分行业也在发展中渐渐实现了规模化，如在物流、医疗、电力等领域都已经逐步初具规模效应；传统细分产业在物联网技术的赋能推动下，更容易实现自我进化，形成有特色的高水平的优势产业。

物联网行业快速发展，迫切需要培养大批与之相适应的技术技能型人才。2019 年，人社部、市场监督综合局、统计局正式向社会发布了 13 个新职业，其中包括物联网工程技术人员和物联网安装调试员，并在相关的报告中预计，未来 5 年这两种新职业的人才缺口分别为 1 600 万和 500 万人。

自 2011 年教育部批准开设物联网工程（本科）专业、物联网应用技术（高职）专业以来，物联网专业已经覆盖从中职、高职、本科、研究生的全阶段，这也间接说明物联网产业已进入在各个层面上广泛应用的成熟期。产业链的发展促进了对多层次人才的需求。物联网产业人才的培养离不开校企合作，物联网职业教育与物联网产业发展既相对独立又密不可分。人才链的建设对保障物联网产业形成长期持续向上的产业增长动力、不断适应不确定性较多的内外环境、保持产业链与生态圈的正向循环流动、进而形成整个行业产业链的价值增值的可持续性发展具有重大意义。

因此四川交通职业技术学院教师联合成都百微电子开发有限公司专家编写了此书。《物联网工程导论》教材面向物联网专业的初学者，对接高职物联网应用技术专业国家教学标准、物联网安装调试员和物联网工程技术员国家职业技术技能标准，融入 1+X 证书传感网应用开发、物联网工程实施与运维的部分内容，旨在引导读者走进物联网世界，了解物联网专业的知识概论，认识物联网应用的关键技术，了解当前物联网行业情况和人才需求，建立物联网系统思维方法和创新意识，为后续专业课程学习打下基础。

作者在本书的编写过程中，尊重知识内化的规律，不以罗列堆积多学科的知识点为目标，而是将专业知识点和项目任务、应用案例相融合，以激发学生主动探索、个性化学习为导向。本书内容结合物联网专业人才能力培养的要求，专业内容紧跟行业发展，介绍当前物联网产业涉及的先进技术，融入物联网专业人才创新创业的素质指导。我们希望此书能成为物联网专业学生技术成长的路线图、从业者的经验仓库，能为物联网职业教育提供一个新的思路。

本书可作为物联网专业的导论课程教材，也可作为想了解物联网的相关人员的参考读物。

本书由四川交通职业技术学院张丽霞和唐国强、成都百微电子开发有限公司周柏宏编写，其中项目一由周柏宏编写，项目二、三、四(除任务 1 以外)、五由张丽霞编写，项目四任务 1 和项目六由唐国强编写，张丽霞负责统稿。

本书在编写过程中得到了四川物联网产业发展联盟李俊华秘书长的大力支持，在此表示由衷的感谢。

由于作者水平有限，不足之处在所难免，敬请批评指正。

作　者

2023 年 7 月

于四川成都温江杨柳河畔

目 录

项目一

走进物联网

项目引导

曾几何时，祖辈们期待着有电灯电话的生活，我们小时候无不对电视计算机着迷；现在，你期待的智慧生活是什么样的呢？

物联网、大数据、云计算、人工智能、数字孪生、元宇宙、混合现实、机器学习……这些概念你知道多少？当你初次听见这些概念的时候你在想什么？这些概念对你意味着什么？

任务1 认识物联网

【任务目标】

【知识目标】

- 熟悉物联网的基本概念，了解物联网的起源；
- 掌握物联网的内涵和本质，能区分物联网与互联网、泛在网、传感网等；
- 掌握物联网三层结构，理解物联网多层结构。

【技能目标】

- 能够准确描述物联网的基本概念；
- 能够正确理解物联网结构体系。

【素质目标】

- 培养主动收集资料的习惯；
- 培养动手实践的习惯；
- 培养独立思考的习惯；
- 培养积极沟通的习惯。

【任务描述】

轻触一下手机或者计算机的按钮，即使千里之外，你也能了解到某件物品的状况、某个人的活动情况；轻触一下按钮，你就能打开灯光、空调；如果有人非法入侵你的住宅,你还会收到自动报警。如此智能的场景,已不是好莱坞科幻大片中才有的情形,物联网正在一步步融入我们的生活。

智能穿戴设备、自动驾驶技术、智能家居、可监控和改善睡眠品质的 App、可侦测幼儿营养摄取量的联网奶瓶,以及可分析比较挥杆动作和专业选手之间差别的高尔夫侦测器、智慧服饰、联网烟雾侦测器……物联网已经从概念走向落地,并且走进了我们的生活。

请查阅相关物联网资料,并进行整理、过滤、归纳、分析和总结,同时结合个人生活经验,完成“物联网是什么”的主题介绍。

【知识储备 1　物联网相关概念及辨析】

“物联网是信息产业革命第三次浪潮和第四次工业革命的核心支撑,是人类社会螺旋式发展的再次回归,物联网发展必然会引发产业、经济和社会的变革,重构我们的世界。抓住物联网发展时代机遇,必将为中国发展注入强大活力。”这是刘海涛[1]在接受采访时的一段话。

那么,什么是物联网呢?

1.1.1　物联网的起源

当下物联网这个术语的使用已成为一种共识,就像大家谈论互联网一样,这也反映了物联网已经和我们的生活息息相关,无所不在,见图 1.1。

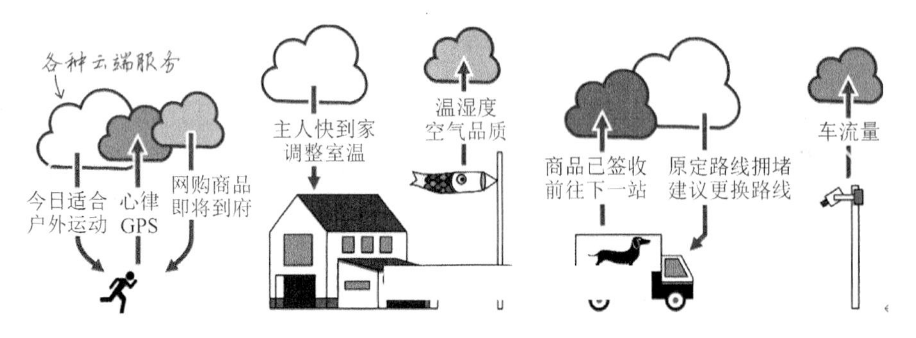

图 1.1　无所不在的物联网

作为物联网专业的学生和相关从业者,有必要了解物联网的起源。在网络上或者各种相关书籍中,我们都能看到一些零散的关于物联网起源的事件描述,但是关于物联网起源历史的记录和资料并没有学术层面的定论,很多关于首次或第一次的物联网起源事件普遍存在差异,另外从历史的角度看很难说该事件就是真正的起源或者可以被冠以首次或第一次。因此本书不以具体事件介绍起源,感兴趣的读者可以通过网络查询相关的逸闻趣事。

物联网技术不是单指某一个技术,而是一类技术的统称,所以拿某一个事件来标志物联网的起源,从技术角度看是不合适的。物联网本质上属于信息和通信领域,在这个范畴去追溯起源的话,需要上溯到 19 世纪初电磁、电报的发明。伴随着技术的演变和社会的发展,人们用信息化浪潮和工业革命来系统地描述一个阶段的发展,物联网正是在这种大背景下被提出来、被应用、被赋予丰富内涵的。

从 1980 年至今,我们经历了三次信息化产业浪潮,在 2010① 年左右,物联网和相关技术的快速发展,构建了数字化信息世界的全新格局,使得世界进入了万物互联的时代,物联网也被称为第三次信息化浪潮。企业纷纷投入人力、物力,期望能在这个浪潮中成为技术的标杆。物量②成为衡量物联网时代企业和国家智能化发展水平的重要指标。

人类过去 200 多年的经济增长,是三次工业革命的结果。中国用短短 40 年完成了三次工业革命,并正在引领第四次工业革命的发展,而我们正在参与和见证第四次工业革命的进程。第四次工业革命是以物联网产业化、工业智能化、工业一体化为代表,以物联网、人工智能、清洁能源、无人控制技术、量子信息技术、虚拟现实以及生物技术为主的全新技术革命。

当前世界各个领域正在物联网等新技术的推动下加速变革,VUCA③ 已是常态,摩尔定律失效,信息爆炸,知识半衰期加速,物联网无所不在,这就是我们所处的时代,未来已来!

1.1.2 物联网的相关概念

一、物联网的相关定义

不同的个人和组织对物联网的定义存在差异,这里罗列了几条典型的定义。

1. ITU 对物联网的定义

2005 年 11 月 17 日,在突尼斯举行的信息社会世界峰会上,ITU(国际电信联盟)发布了《ITU 互联网报告 2005:物联网》,正式提出了"物联网"的概念:"物联网是信息社会的一个全球基础设施,它基于现有和未来可互操作的信息和通信技术,通过物理的和虚拟的物物相联,来提供更好的服务"。

在 ITU 的报告中,有这么一段话,描述了物联网的典型特征内涵:

信息和通信技术(ICTs)的世界已经增加了一个新的维度:我们现在可以为任何人从任何时间、任何地点连接任何物体。连接将成倍增加,并创造一个全新的动态网

---

① 中国的物联网概念明确提出是在 2009 年年底,但是业内一般把 2010 年叫作物联网元年,另外自 1980 年开始第一次信息化浪潮后,几乎是每隔 15 年就有一次大的变革,这也被叫作"十五年周期定律",1980—1995—2010,2010 这个年份正好满足 15 年的间隔。

② 物量是基于梅特卡夫定律(Metcalfe's law),结合物联网的定义给出的新概念。

梅特卡夫定律是一个关于网络的价值和网络技术的发展的定律,由乔治·吉尔德于 1993 年提出,但以计算机网络先驱、3Com 公司的创始人罗伯特·梅特卡夫的姓氏命名,以表彰他在以太网上的贡献。其内容是:一个网络的价值等于该网络内的节点数的平方,而且该网络的价值与联网的用户数的平方成正比。

③ VUCA:Volatility(易变性),Uncertainty(不确定性),Complexity(复杂性),Ambiguity(模糊性)的缩写。VUCA 这个术语源于军事用语并在 20 世纪 90 年代开始被普遍使用,随后被用于从营利性公司到教育事业的各种组织的战略这种新兴思想中。

络——物联网。

2. 维基百科对物联网的定义

物联网(Internet of Things,IoT)是一个基于互联网、传统电信网等信息承载体,让所有能够被独立寻址的普通物理对象实现互联互通的网络。

3. 百度百科对物联网的定义

物联网(Internet of Things,IoT)是指通过各种信息传感器、射频识别技术、全球定位系统、红外感应器、激光扫描器等各种装置与技术,实时采集任何需要监控、连接、互动的物体或过程,采集其声、光、热、电、力学、化学、生物、位置等各种需要的信息,通过各类可能的网络接入,实现物与物、物与人的泛在连接,实现对物品和过程的智能化感知、识别和管理。物联网是一个基于互联网、传统电信网等的信息承载体,它让所有能够被独立寻址的普通物理对象形成互联互通的网络。

4. 国家标准《物联网术语》(GB/T 33745—2017)对物联网的定义

物联网(Internet of Things,IoT)指的是通过感知设备,按照约定协议,连接物、人、系统和信息资源,实现对物理和虚拟世界的信息进行处理并做出反应的智能服务系统。

二、基本概念

1. 物联网的定义可以是多样的

前面我们看到了物联网的几个典型定义,每一个定义都是合理的,仔细理解又会发现它们有不同的侧重点和不同的描述维度,因此我们可以初步得出一个结论——物联网的定义是可以多样的。

上面列出的典型定义是基于官方组织的专业人员给出的定义,普通大众也有自己的理解。CES④曾做过一项面向普通消费者关于物联网概念的统计调查,消费者被问到如何理解物联网,显然最后统计的结果也是五花八门,这里罗列一些具有代表性的描述:任何物体都可以连接到互联网上并收发数据、智能家居、搜索引擎、App、使用互联网、数据信息。

由此可以看出,不管是官方组织还是普通消费者都有对物联网的定义,不同的定义反映了个体之间的认知差异,但是如果我们多看多了解不同的定义,相信会对物联网有更深刻的认识,所谓兼听则明。

2. 物联网指的是一类技术

通过对物联网定义的理解,我们能发现物联网实现的手段是基于多种技术的组合,例如多种传感器、多种无线通信技术、多种传输协议等。在后面章节的学习中,大家可以具体了解物联网的典型技术和关键支撑技术,因此我们通常也说物联网是一门综合型的学科。

---

④ 国际消费类电子产品展览会(International Consumer Electronics Show,简称CES),由美国电子消费品制造商协会(CEA)主办,旨在促进尖端电子技术和现代生活的紧密结合。每年一月在拉斯维加斯举办,是世界上最大、影响最为广泛的消费类电子技术年展,也是全球最大的消费技术产业盛会。该展览会专业性强,贸易效果好,在世界上享有相当高的知名度。

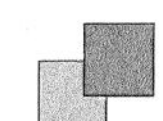

物联网不是一门技术或者一项发明，而是过去、现在和未来许多技术的高度集成和融合。物联网是现代信息技术发展到一定阶段后才出现的聚合和提升，它将各种感知技术、现代网络技术、人工智能、通信技术、安全技术、云服务器和自动控制技术集合在一起，促成了人与物的智慧对话，创造了一个高度智慧的世界。

3. 物联网的目的是提供服务

应用创新是物联网发展的核心，以用户体验为核心的创新是物联网发展的灵魂。物联网应用的目的是为生产生活提供服务，是实现创新应用的重要手段和路径。

参考国家标准中对物联网的定义：通过感知设备，按照约定协议，连接物、人、系统和信息资源，实现对物理和虚拟世界信息的处理并做出反应的智能服务系统。其过程是通过感知设备，按照约定协议，连接物、人、系统和信息资源，这种连接任何人和物的能力也使得物联网可以对任何行业进行赋能，推动产业进化，催生各种创新应用，见图 1.2。

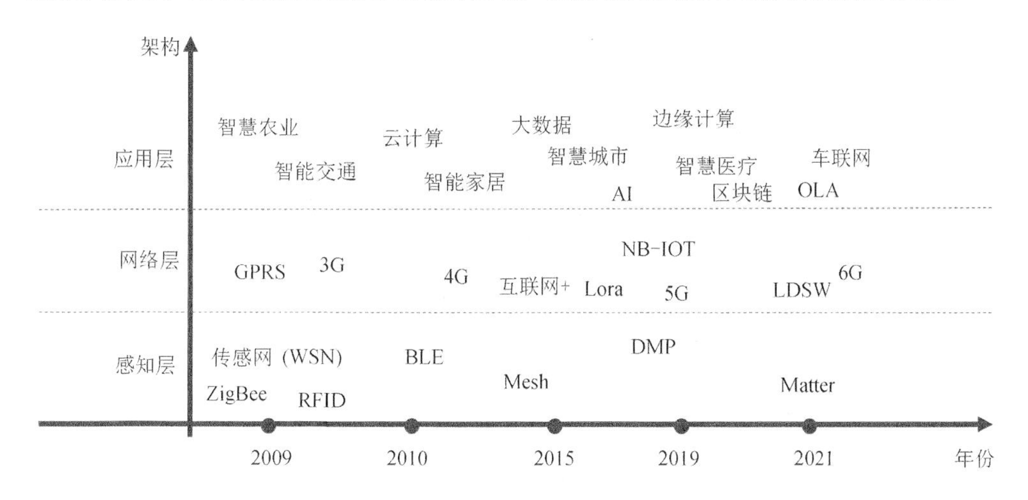

图 1.2　物联网相关概念

1.1.3　物联网的概念辨析

有部分读者对物联网、泛在网、传感器网、互联网的关系仍然缺乏较清晰的认识，有人把它们等同，有人认为物联网大于泛在网，有人认为传感器网就是物联网的一种主要形式，这些认识都不太准确。其实，传感器网、物联网、泛在网、互联网概念来源不同，内涵有所重叠但强调的侧重点不同。

1. 物联网与互联网

物联网通常被视为互联网的应用扩展，是物物相连的互联网，是可以实现人与人、物与物、人与物之间信息沟通的庞大网络。互联网是由多个计算机网络相互连接而成的网络。物联网与互联网既有区别又有联系：物联网不同于互联网，它是互联网的高级发展形态。

从本质上来讲，物联网是互联网在形式上的一种延伸，但绝不是互联网的翻版。互联网本质上是通过人机交互实现人与人之间的交流,构建了一个特别的电子社会。而物联网则是多学科高度融合的前沿研究领域,综合了传感器、嵌入式计算机、网络及通信、人工智能和分布式信息处理等技术,其实现了包括人在内的广泛的物与物之间的信息交流。物联网与互联网之间的关系如图 1.3 所示。

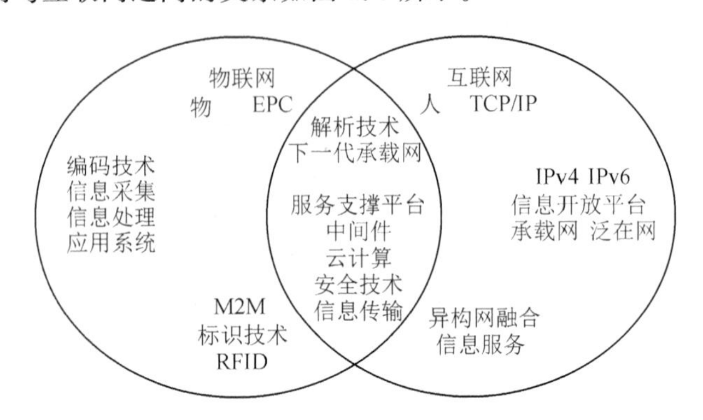

图 1.3 物联网与互联网之间的关系

物联网是在互联网的基础上,利用传感器、RFID、数据通信等技术,构造一个覆盖世界上万事万物的网络。在这个网络中,每个物体都具有一定的"身份",便于人们和物体之间的智能交互,也便于实现物与物之间的信息交互。物联网可用的基础网络有很多种,根据应用的需要,可以采用公众通信网络或者采用行业专网,甚至新建专用于物联网的通信网。通常互联网最适合作为物联网的基础网络,特别是当物物互联的范围超出局域网时,以及当需要利用公众网传送待处理和利用的信息时。互联网的核心是实现是人与人之间的联系,而物联网是人与物、物与物之间的联系。

2. 物联网与无线传感网

无线传感网的英文是 Wireless Sensor Network (WSN),又称为无线传感器网络。物联网强调的是物与物之间的连接,接近于物的本质属性;而无线传感网强调的是技术和设备,是对技术和设备的客观表述。从总体上来说,物联网与无线传感网具有相同的构成要素,它们实质上指的是同一种事物。物联网是从物的层面对这种事物进行表述,无线传感网是从技术和设备的角度对这种事物进行表述。物联网的设备是所有物体,突出的是一种信息技术,它建立的目的是为人们提供高层次的应用服务。无线传感网的设备是传感器,突出的是传感器技术和传感器设备,它建立的目的是更多地获取海量的信息。

无线传感网可以看成局域网版本的物联网,物联网是无线传感网＋互联网应用的广域网版本,它们的关系见图 1.4。

3. 物联网与泛在网

互联网与物联网相结合,便可以称为"泛在网",泛在网的英文是 Ubiquitous Network。利用物联网的相关技术如射频识别技术、无线通信技术、智能芯片技术、传感器技术、信息融合技术等,以及互联网的相关技术如软件技术、人工智能技术、大数据技术、云计算技术等,可以实现人与人的沟通、人与物的沟通以及物与物的沟通,使沟通的

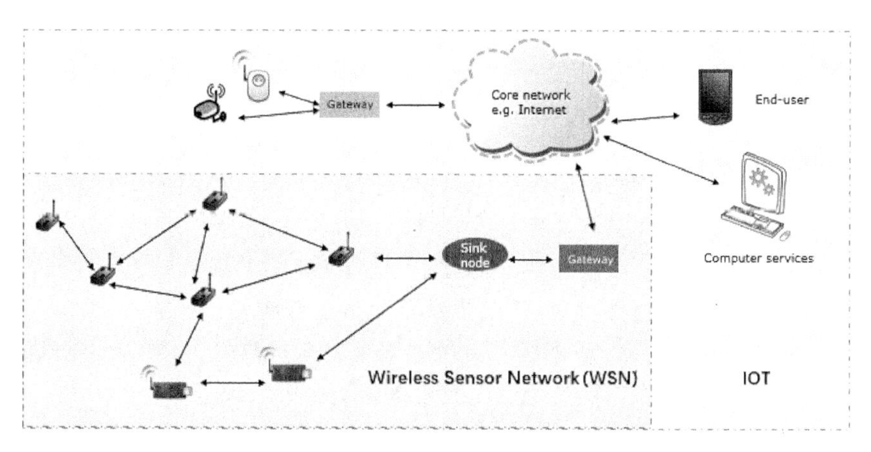

(a) 无线传感网是局域网版本的物联网

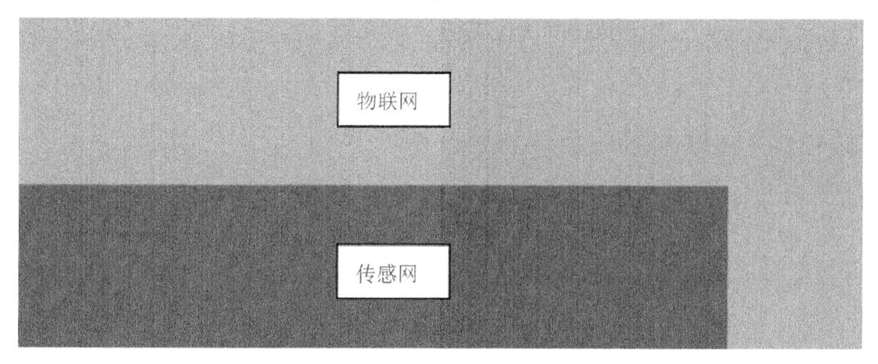

(b) 物联网是传感网+互联网应用的广域网版本

图 1.4　传感网与物联网的关系

形态呈现多渠道、全方位、多角度的整体态势。这种形式的沟通不受时间、地点、自然环境、人为因素等的干扰，可以随时随地自由进行。泛在网的范围比物联网还要大，除了人与人、人与物、物与物的沟通外，它还涵盖了人与人的关系、人与物的关系、物与物的关系。可以这样说，泛在网包含了物联网、互联网、传感网的所有内容，以及人工智能和智能系统的部分范畴，是一个整合了多种网络的更加综合全面的网络系统。

传感器是泛在网、物联网的组成部分，而物联网又是泛在网发展的物联阶段⑤，各种网络之间相互协作融合是泛在网发展的终极目标。

事实上由于泛在网所描绘的场景正是物联网的发展方向，所以有时候把泛在网与物联网等效视之。为了交流的有效性和信息的准确性，我们一般选择用物联网的概念。

4. 物联网的内涵

物联网不再以“人”为单一的连接中心，物与物的自主互联在一定程度上确保了传

⑤　传感网、物联网、泛在网在中国是同一时期提出来的几个概念。彼时，物联网被认为是传感网的小名，而传感网＋互联网大约等于泛在网。由于物联网概念的强势传播，被赋予了更多内涵，因此逐渐以物联网代替了传感网和泛在网的表述。

递内容的客观性、实时性和全面性,物理世界与虚拟世界紧密耦合,依靠数字孪生,物理实体的状态变得可追溯、可分析和可预测。

“万物互联与多维连接、数据驱动与数据资产化、以用户体验为中心”的时代特征让一些全新的经济形态得以兴起,也让一些之前业已萌芽的经济形态发展成为了物联网时代的基本景观。其中,“快速迭代的场景式体验经济”、“个性化的社群经济”和“使用权重于所有权的共享经济”共同奠定了物联网时代经济发展的主旋律。

物联网这里的“物”,不是普通意义的万事万物,而是需要满足一定条件的物。这些条件包括:要有数据传输通路(包括数据转发器和信息接收器),要有一定的存储功能,要有运算处理单元(即 CPU),要有操作系统或者监控运行软件,要有专门的应用程序,遵循物联网的通信协议,在指定的范围内有可被识别的唯一编号。

物联网的本质主要体现在三个方面:第一,互联网特性,即对需要联网的物一定要能够实现互联互通的互联网络;第二,识别和通信特性,即物联网中的“物”一定要具备自动识别和物物通信的功能;第三,智能化特性,即网络应具有自动化、自我反馈和智能控制的特点。

【知识储备 2　物联网的应用架构】

目前主流研究将物联网的体系架构分为三层:感知层、传输(网络)层和应用层。由于业务的需要或者更细分地表述物联网的体系架构,经常也会有四层架构甚至更多层架构的情况,我们可以把三层架构叫作经典的物联网体系架构。

1.2.1　物联网的三层架构

物联网的三层架构见图 1.5。

一、感知层

1. 概　述

感知层主要用于采集物理世界中发生的物理事件和信息(数据),包括各类开关量、物理量、标识、音频、视频、传感器数据等。感知层在物联网中的作用如同人的感觉器官对人体系统的作用。

感知层是实现物联网全面感知的核心能力,依靠一些嵌入在终端里的底层元器件,包括各类传感器、RFID(射频识别)、芯片和 MCU(微控制)等来实现。感知层是物联网产业在关键技术、标准化、产业化方面亟须突破的部分,其发展方向在于更精确、更全面的感知能力,并解决低功耗、小型化和低成本问题。

2. 关键技术

在物联网应用中,首先要解决的就是如何准确地获取物体的信息,感知层所承担的便是获取信息[⑥]的途径。作为物联网应用的基础,感知层涉及的关键技术包括条码技

---

⑥ 为了便于理解,使用信息一词代替数据;信息和数据的概念,在后面的物联网核心价值章节中有具体的介绍。

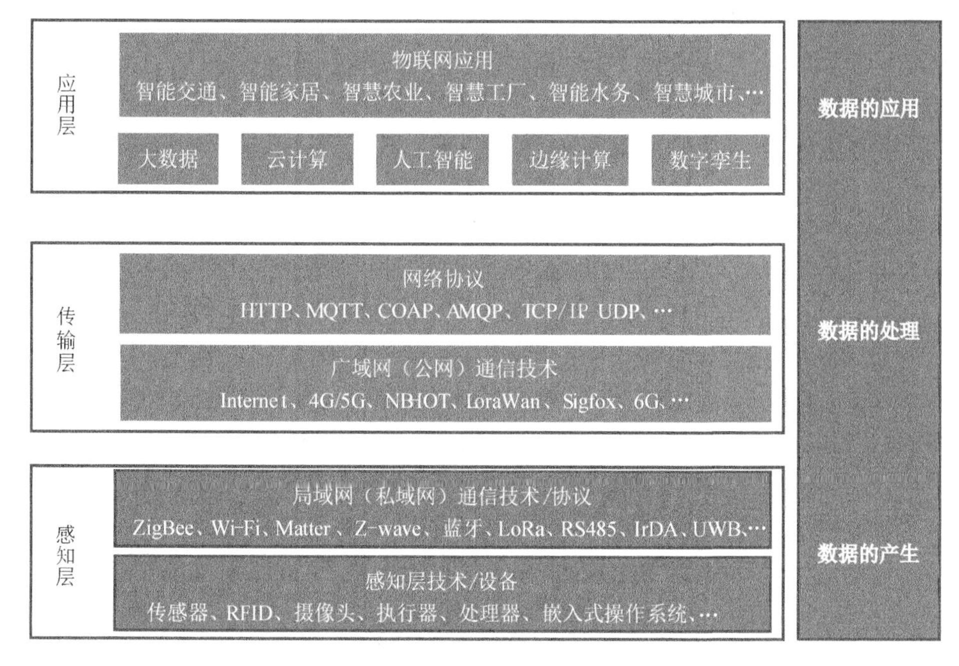

图 1.5　物联网三层架构示意图

术、RFID 技术、传感器技术、控制技术、低功耗处理器技术、短距离无线通信技术等。

(1) 一维条码和二维条码

一维条码和二维条码作为便宜而又实用的技术，已经在生产生活中普遍使用，随处可见，在今后一段时间还会在各个行业中得到应用。然而，由于其所能包含的信息有限，而且在使用过程中需要用扫描器以一定的方向近距离地进行扫描，这对于未来在物联网中动态、快读、大数据量以及有一定距离要求的数据采集、自动身份识别等有很大的限制，因此基于无线通信的射频识别技术(Radio Frequency Identification，RFID)发挥了越来越重要的作用。

(2) 射频识别技术

射频识别技术是通过无线射频方式进行非接触双向数据通信，利用无线射频方式对记录媒体(电子标签或射频卡)进行读/写，从而达到识别目标和数据交换目的的一种技术。RFID 的电子标签介于有源的传感器与无源的条码技术之间，既可以像有源的传感器一样采集和存储数据并以无线的方式通信，又可以像条码一样不需要主动供电。

(3) 传感器

传感器是把自然界中的各种物理量、化学量、生物量转化为可测量的电信号的装置与元件。传感器在物联网中的作用，类似于人类身体的神经末梢，是构成物联网不可或缺的基本条件。传感器一般由敏感元件、转换元件、变换电路和辅助电源四部分组成。敏感元件直接感受被测量，并输出与被测量有确定关系的物理量信号；转换元件将敏感元件输出的物理量信号转换为电信号；变换电路负责对转换元件输出的电信号进行放大调制；辅助电源则负责为转换元件和变换电路进行供电。

现在传感器的种类不断增多,出现了智能化传感器、小型化传感器、多功能传感器、微机电传感器(MEMS)等新技术传感器。

(4) 无线传感器网络

传感器网络实现了数据的采集、处理和传输三种功能。无线传感器网络(Wireless Sensor Network, WSN)则实现了数据的采集、处理和无线传输三种功能。WSN是由大量静止或移动的传感器以自组织和多跳的方式构成的无线网络,以协作地感知、采集、处理和传输网络覆盖地理区域内被感知对象的信息,并最终把这些信息以无线通信的方式发送给网络的所有者。无线传感器网络中所使用的短距离无线通信技术和协议是当前物联网应用中非常重要的创新领域,各种新的技术协议层出不穷,比如ZigBee、BLE Mesh、Wi-Fi mesh、Lora,以及各种私有协议等。无线传感器网络在物联网感知层中扮演了重要角色,其本身也可以看成局域网版本的物联网。

(5) 嵌入式系统技术

嵌入式系统技术是集计算机软硬件、传感器技术、集成电路技术、电子应用技术为一体的复杂技术。经过几十年的演变,以嵌入式系统为特征的智能终端产品随处可见:小到人们身边的智能手表、智慧家电等,大到航天航空的卫星系统。嵌入式系统正在改变着人们的生活,推动着工业生产以及国防工业的发展。如果把物联网用人体做一个简单比喻,传感器就相当于人的眼睛、鼻子、皮肤等感官,网络就是神经系统,用来传递信息,嵌入式系统则是人的大脑,在接收到信息后要进行分类处理。这个例子形象地描述了传感器、嵌入式系统在物联网中的位置与作用。

3. 特别的概念

这里有另一个重要的概念就是个人局域网,英文是(Personal Area Network, PAN),更接地气的叫法是私域网。我们常见的通信技术Bluetooth、IrDA(红外线)、Home RF、ZigBee与UWB(Ultra-Wideband Radio)都属于PAN网络技术。

从计算机网络的角度来看,PAN是一个局域网;从电信网络的角度来看,PAN是一个接入网,因此有人把PAN称为电信网络"最后一米"的解决方案;从物联网的角度看,PAN是感知层的接口,PAN的网关是感知层和传输层之间的桥梁,PAN是私有的物联网;从应用的角度看, PAN实现了个人短距离通信范围内采集—传输—控制的全部功能;从业务的角度看,PAN是个人私有化部署的实现方式。

WSN是典型的PAN,无线传感器网络是局域网版本(私有的)的物联网。私域网、无线传感器网络与物联网的关系见图1.6。

二、传输层

1. 概　述

传输层也可以叫作网络层,主要是以网络技术实现对数据的传输。传输层是物联网中标准化程度最高、产业化能力最强、最成熟的部分,其发展关键在于为物联网应用特征进行优化改造,形成系统感知的网络。在以"云—管—端"为分层的物联网概念中,"管"即传输层,指信息传递所需的网络通信技术和设备。

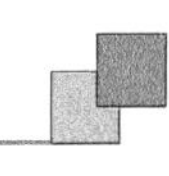

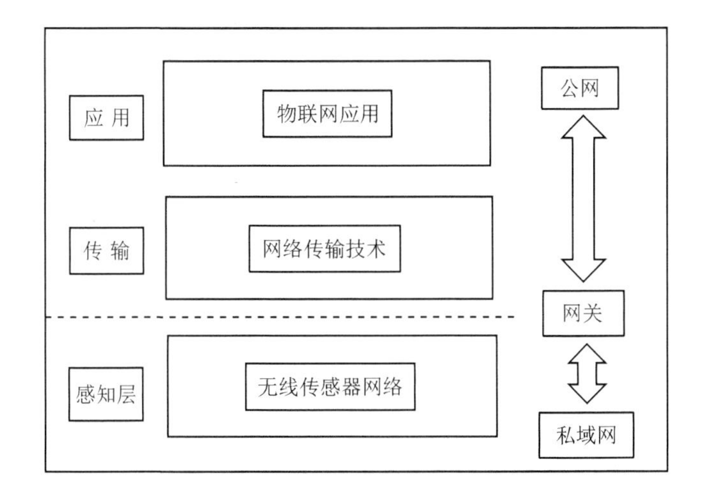

图 1.6　私域网、无线传感器网络与物联网

传输（网络）层是在现有的通信网和因特网（Internet）的基础上建立起来的，其关键技术既包括通信技术，又包括终端技术。网络层不仅能使用户随时随地获得服务，更重要的是通过有线与无线的结合、移动通信技术和各种网络技术的协同，为用户提供智能选择接入网络的模式。

传输（网络）层的目标是实现更加广泛的互联功能，相当于人的神经系统，能够无障碍、高可靠性、高安全性地传送感知到的信息，需要传感器网络与移动通信技术、互联网技术相互融合。

2. 关键技术

过去，我们所说的物联网，都是基于 WLAN 技术（无线局域网技术）的物联网。在物联网的终端，设备接入的是无线路由器或专门的网关设备，例如摄像头、门窗传感器、智能灯等，都是只能连接 Wi-Fi，通过 Wi-Fi 进行控制。因此，传感器收集到的信息也是通过 WLAN 来进行传输。物联网通过 WLAN 传递信息虽然方便，但是对于终端设备来说太耗电了，另外由于 WLAN 通信技术的可传送距离过短，一直没办法大规模推广使用。

随着以 NB-IoT、eMTC 为代表的低功耗广域网（Low-Power Wide-Area Network, LPWAN）无线通信技术的崛起，逐步解决了物联网所遇到的网络应用问题。比起 WLAN，低功耗广域网有着低功耗，覆盖面积大，建设成本低的优势。

不过，LPWAN 的速率较低，只能应用于低速率的物联网领域，例如农业环境、物流仓储、制造行业等，而对于自动驾驶、医疗等对速率有高要求的场景来说，LPWAN 就显得不适用了。于是，第五代移动通信技术 5G 登场了。

ITU 定义了 5G 的三大应用场景（eMBB、uRLLC 和 mMTC[⑦]），把它们作为 5G 指标的参考目标，也就是说，5G 必须具备这些场景的应对能力。

---

⑦　eMBB：大流量移动宽带业务；uRLLC：无人驾驶、工业自动化等业务；mMTC：大规模物联网业务。

从 WLAN、LPWAN 发展到现如今的 5G，随着物联网场景需求的不断发展，通信技术也在不断改变，以适应新的需求。

三、应用层

1. 概　述

应用层将物联网技术与行业需求相结合，提供广泛智能化的应用解决方案。应用层的关键在于行业融合、信息资源的开发利用、低成本高质量的解决方案、信息安全的保障及有效商业模式的开发。

物联网应用涉及行业众多，涵盖面宽泛，常见的物联网应用比如智能家居、智能电表、可穿戴设备、智能音箱、智能交通、智慧农业、工业物联网等。

这些应用系统利用感知层的数据，通过人工智能、大数据、云计算等技术进行分析、处理，并把处理后的信息通过决策系统再反馈到终端设备，为使用者提供服务，为不同行业提供应用解决方案。

2. 关键技术

应用层的关键技术包括云计算、大数据、人工智能和区块链等，由于这些技术本身也作为单独的学科在发展，因此我们把这些支撑物联网应用的技术叫作物联网的关键支撑技术，而不是说物联网技术包括了云计算、大数据等。

3. 云计算

既然有了传感器收集信息，那么肯定要有接收信息的另一端，将这些信息进行处理并展示。对于一些场景来讲，如果一台服务器的运算能力无法满足数据运算需求，那么就需要多个服务器来协助运算。在物联网场景下，一台服务器的运算能力显然是不够的，需要一个具有多台服务器的数据处理中心，这就是我们熟知的云计算平台了。

云计算是旨在通过网络，将多个成本相对较低的服务器整合成一个具有强大计算能力的完美系统，借助先进的商业模式让终端的用户可以得到这些强大计算能力的服务。

因此，云计算的一个核心理念就是通过不断提高“云”的处理能力，不断减少终端的处理负担，最终使其简化成一个单纯的输入/输出设备，并能按需享受“云”强大的计算处理能力。物联网通过传感器获取到了大量数据信息，在经过网络传输以后，利用高性能的云计算对其进行处理，赋予这些数据意义，最终转换成对终端用户有用的信息。所以，对于物联网的云计算平台来说，需要具备运行监控、数据处理和存储、数据呈现推送等能力。

4. 大数据

大数据(Bigdata)，就是指种类多、流量大、容量大、价值高、处理和分析速度快的真实数据汇聚的产物。大数据或称巨量资料或海量数据资源，指的是所涉及的资料量规模巨大到无法通过目前主流软件工具，在合理时间内达到撷取、管理、处理并整理成为帮助企业经营决策的信息。

有了物联网的数据采集和云计算存储计算过程，我们自然而然地就拥有了海量数

据。通过合适的手段,通常包括数据预处理(ETL)、建模、开发、可视化等步骤,对海量数据进行迭代分析的过程,就是大数据阶段的主要工作。大数据阶段后期提供的分析和洞察又可作为人工智能阶段的基础和参考,人工智能依赖大数据完成最终的决策。

5. 人工智能

人工智能领域的研究是从1956年正式开始的,这一年在达特茅斯大学召开的会议上正式使用了“人工智能”(Artificial Intelligence,AI)这个术语。

人工智能也称机器智能,是计算机科学、控制论、信息论、神经生理学、心理学、语言学等多学科互相渗透而发展起来的一门综合性学科。从计算机应用系统的角度出发,人工智能是研究如何制造智能机器或智能系统来模拟人类智能活动的能力,以延伸人类智能的科学。

如果仅从技术的角度来看,人工智能要解决的问题是如何使计算机表现智能化,使计算机能更灵活有效地为人类服务。只要计算机能够表现出与人类相似的智能行为,就算达到了目的,而不在乎在这一过程中计算机是依靠某种算法还是真正理解了。人工智能就是计算机科学中涉及研究、设计和应用智能机器的一个分支,人工智能的目标就是研究怎样用计算机来模仿和执行人脑的某些智力功能,并开发相关的技术产品,建立相关的理论。

人工智能通过使网络和设备能够从过去的决策中学习、预测未来的活动并不断提高性能和决策能力,从而释放物联网的真正潜力。

在过去的十年中,物联网的部署在整个商业世界中稳步推行。利用物联网设备及其数据能力建立或优化业务,开创了商业和消费技术的新时代。现在,随着人工智能和机器学习的进步,增大了利用“人工智能物联网”(AIoT)进一步释放物联网设备的可能性。

随着网络的增长,数据也在增长。随着需求和期望的变化,物联网是不够的。数据在增加,带来的挑战多于机遇。障碍限制了数据的洞察力和可能性,但智能设备可以改变这一点,并允许组织释放其组织数据的真正潜力。有了人工智能,物联网网络和设备可以从过去的决策中学习,预测未来的活动,并不断提高性能和决策能力。人工智能允许设备“独立思考”,解释数据并做出实时决策,而不会出现数据传输造成的延迟和拥堵。AIoT为组织机构带来了广泛的好处,并为智能自动化提供了强大的解决方案。

6. 区块链

物联网如此大的宏伟蓝图似乎遗漏了什么?对,安全问题。物联网的多源异构性、开放性,终端设备和应用的多样性、复杂性,使得物联网安全问题日益凸显。物联网安全之路任重而道远。

区块链的出现为物联网的数据安全提供了重要支撑。其“无法篡改”“可追溯”“去中心化”“加密传输”等机制,有效地为“信任网络”落地奠定了基础。从目前的发展态势来看,其具有非常广阔的市场前景。

区块链(Blockchain)是一个信息技术领域的术语。从本质上讲,它是一个共享数据库,存储于其中的数据或信息,具有“不可伪造”“全程留痕”“可以追溯”“公开透明”“集体维护”等特征。基于这些特征,区块链技术奠定了坚实的“信任”基础,创造了可靠的“合作”机制，具有广阔的运用前景。

从科技层面来看，区块链涉及数学、密码学、互联网和计算机编程等很多学科技术问题。从应用视角来看，简单来说，区块链是一个分布式的共享账本和数据库，具有去中心化、不可篡改、全程留痕、可以追溯、集体维护、公开透明等特点。这些特点保证了区块链的“诚实”与“透明”，为区块链创造信任奠定了基础。而区块链丰富的应用场景，基本上都基于区块链能够解决信息不对称问题，实现多个主体之间的协作信任与一致行动。

区块链是分布式数据存储、点对点传输、共识机制、加密算法等计算机技术的新型应用模式。区块链，是比特币的一个重要概念，它本质上是一个去中心化的数据库；同时作为比特币的底层技术，是一串使用密码学方法相关联产生的数据块，每一个数据块中都包含了一批次比特币网络交易的信息，用于验证其信息的有效性（防伪）和生成下一个区块。

从整个智能系统的体系架构来看，物联网（IoT）可以看作是触角，云计算是存储计算的支撑平台，大数据提供的洞察分析结果作为人工智能的输入，使能做出正确决策的AI智能系统进入人们的工作和生活。而在这样一个“数据爆炸”的时代，如果忽略数据安全，所有人无异于裸奔，区块链的诞生很好地规避了安全的风险，为“隐私保护”、开创“信任价值网络”奠定了坚实的基础。

1.2.2 物联网的多层架构

前面讲到了物联网的三层架构是使用最多的，但是伴随着物联网的发展，其内涵越来越丰富，并且在实践中人们发现，物联网的三层架构不能准确地体现物联网的内涵，尤其是意识到数据和安全将是物联网的最大价值和隐患时。此时我们可能会用到4层甚至5层架构来表示物联网，如图1.7所示。

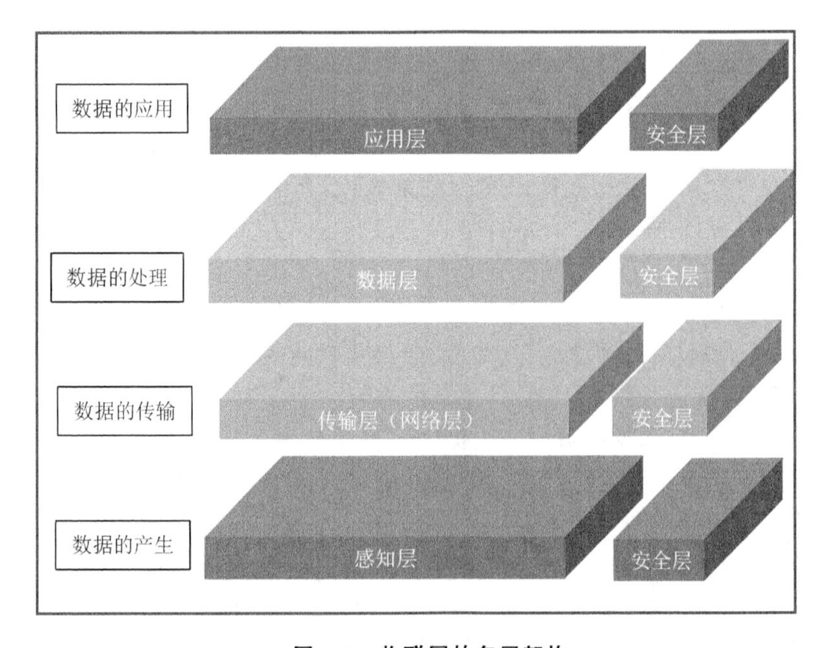

图1.7　物联网的多层架构

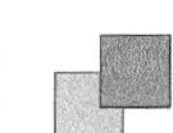

【任务实施与评价】

<table>
<tr><td colspan="2">任务单 1　认识物联网</td></tr>
<tr><td rowspan="6">任务实训</td><td>(一) 知识测试</td></tr>
<tr><td>一、单项选择题
1. 通过无线网络与互联网的融合，将物体的信息实时准确地传递给用户，指的是(　　)。
A. 可靠传递　B. 全面感知　C. 智能处理　D. 互联网
2. 利用 RFID、传感器、二维码等随时随地获取物体的信息，指的是(　　)。
A. 可靠传递　B. 全面感知　C. 智能处理　D. 互联网
3. 三层结构类型的物联网不包括(　　)。
A. 感知层　B. 网络层　C. 应用层　D. 会话层
二、多项选择题
1. 物联网的主要特征(　　)。
A. 全面感知　B. 功能强大　C. 智能处理　D. 可靠传送
2. 物联网感知层的主要技术(　　)。
A. TCP/IP　B. ZigBee　C. Wi-Fi　D. Bluetooth　E. Matter
三、填空题
1. 物联网的英文名称是＿＿＿＿＿＿＿＿，缩写＿＿＿＿＿。
2. 物联网的网络层关键技术包括＿＿＿＿＿＿＿＿＿＿＿＿＿＿＿＿＿＿。
3. 物联网的应用层关键技术包括＿＿＿＿＿＿＿＿＿＿＿＿＿＿＿＿＿＿</td></tr>
<tr><td>(二) 实训内容要求</td></tr>
<tr><td>选题：以个人生活经验为基础，以物联网是什么为主题，命题自拟。重点从身边物联网(智能家居、智慧穿戴、智能交通)出发，根据个人查阅、搜索和阅读相关物联网资料，进行整理、过滤、归纳、分析和总结，完成“物联网是什么”的主题介绍。
介绍稿需包括以下关键点：
1. 物联网概念和架构展示，采用图片、表格配合文字展示。
2. 发挥想象力，说说物联网能够为生活带来哪些变化</td></tr>
<tr><td>(三) 实训提交资料</td></tr>
<tr><td>主题：物联网是什么。
格式要求：演示文稿(PPT)(图片、表格配合文字展示)</td></tr>
</table>

<table>
<tr><td rowspan="10">任务考核</td><td>名称：________</td><td>姓名：________</td><td>日期：
20____年____月____日</td></tr>
<tr><td>项目要求</td><td>扣分标准</td><td>得 分</td></tr>
<tr><td>主题选择(30分)
以个人生活经验为基础，以物联网是什么为主题，题名自拟</td><td>对所选主题表述不清(扣10分)；
所选主题内容与要求不符(扣10分)</td><td></td></tr>
<tr><td>关键要求一(15分)
通过生活实例体现物联网内涵，采用图片、表格配合文字形式展示</td><td>所选内容与要求不符(扣5分)；
未能用图片、表格配合文字形式展示(扣5分)</td><td></td></tr>
<tr><td>关键要求二(15分)
采用图片、表格配合文字形式介绍物联网架构</td><td>物联网架构表述不清(扣5分)；
未能用图片、表格配合文字形式展示(扣5分)</td><td></td></tr>
<tr><td>关键要求三(15分)
采用图片、表格配合文字形式展示物联网对生活的改变和影响</td><td>所选内容与要求不符(扣5分)；
未能用图片、表格配合文字形式展示(扣5分)</td><td></td></tr>
<tr><td>整体内容(25分)
文稿整体层次分明，语言表述通畅，无错别字，图片清晰，表格美观，图表文结合合理，全文颜色字体使用合理美观</td><td>根据文案整体及表达进行评价，酌情扣分</td><td></td></tr>
<tr><td>评价人</td><td colspan="2">评 语</td></tr>
<tr><td>学生：________</td><td colspan="2"></td></tr>
<tr><td>教师：________</td><td colspan="2"></td></tr>
</table>

任务 2 了解物联网的应用与发展

【任务目标】

【知识目标】

- 熟悉物联网的应用；
- 了解物联网在全球的发展状况；
- 掌握物联网在中国的发展；
- 了解物联网专业的设置与人才培养。

【技能目标】

- 能够以一个应用场景来准确描述物联网的作用；
- 熟悉物联网发展现状。

【素质目标】

- 培养主动收集资料的习惯；
- 培养动手实践的习惯；
- 培养独立思考的习惯；
- 培养积极沟通的习惯。

【任务描述】

随着物联网技术的发展，各种物联网的应用系统已经融入我们的日常生活中，正在迅速改变我们执行日常任务的方式。从居家、交通、建筑、零售到安全、汽车，如今物联网的影响几乎在每一个领域都有体现。物联网减小了日常生活中的工作量，并帮助机器或设备轻松处理通常需要人工处理的事情。比如智能家居中的智能灯光控制系统、智能交通中的ETC不停车收费系统、智能农业中的智慧蔬菜大棚系统、车联网中的无人驾驶等。

体验并思考物联网技术对传统产业的赋能升级，选定一个典型的物联网应用场景，分析其使用了哪些物联网技术，并重点介绍物联网所发挥的作用，理解物联网的价值。

【知识储备1　物联网典型应用】

物联网可以为所有行业进行赋能，这是物联网从业者的经验，也是物联网专业学生需要理解的一个重点，物联网为什么可以对行业赋能？

我们尝试思考以下组合：

饮水机＋物联网＝？

窗帘＋物联网＝？

汽车＋物联网＝？

农业大棚＋物联网＝？

机床＋物联网＝？

不难发现，当下我们熟悉的很多智能应用正是传统产品加上物联网的结果。这些创新的应用，既可以说是物联网的应用，也可以理解为传统行业加上物联网技术后的自我革新。

物联网本身实现的是通过感知层采集数据、通过网络层传输数据、通过应用层对数据进行处理，上面的组合也可以描述为：共性技术（物联网技术）＋应用子集＝ 物联网应用。

物联网技术的能力越强，为行业赋能的能力就越强，推动行业的创新发展效果就越明显。伴随着物联网技术的飞速发展，物联网为越来越多的行业提供了创新发展的思路。

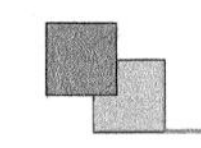

2.1.1 智能交通应用

智能交通系统(Intelligent Transportation System,ITS)是将先进的物联网技术有效地集成运用在整个交通运输管理体系中,通过对路况、车辆和人流交汇信息的收集、交换、分析和利用,建立起的一种在大范围内、全方位发挥作用的实时、动态的综合交通运输管理服务系统。与传统的交通管理和交通工程相比,智能交通强调的是信息的交互性、技术集成的系统性以及服务的广泛性。

目前的智能交通系统主要包括以下几个方面:先进的交通信息服务系统、先进的交通管理系统、先进的公共交通系统、先进的车辆控制系统、先进的运载工具操作辅助系统、先进的交通基础设施技术状况感知系统、货运管理系统、电子收费系统和紧急救援系统。

随着物联网技术的发展,上述智能交通系统的应用,使得不停车收费、交通信号灯智能控制、智能抓拍违章车辆、道桥监测、智能公交导航等功能已成为现实。这里列举以下应用场景:

1. 车联网

利用先进的传感器、RFID 以及摄像头等设备,采集车辆周围的环境以及车自身的信息,将数据传输至车载系统,实时监控车辆运行参数和状态,包括电量、油量、胎压、油耗、车速、车距、路线等,见图 1.8。

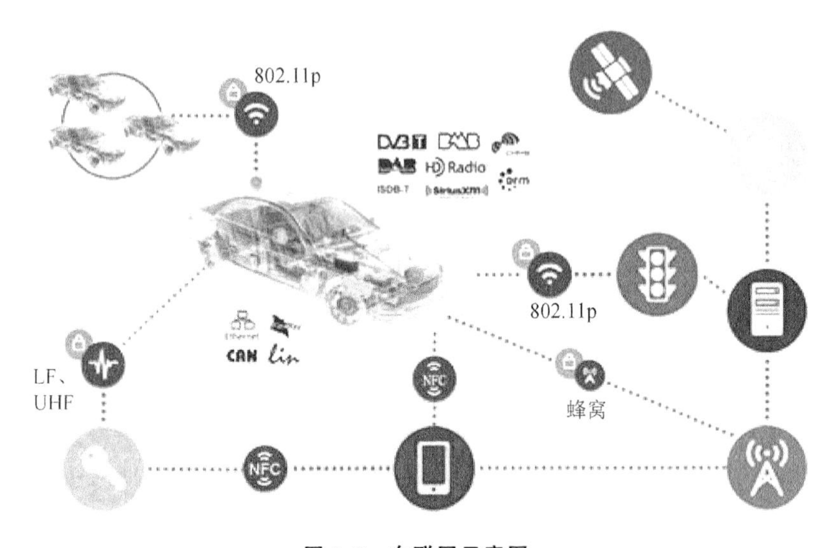

图 1.8 车联网示意图

2025 年 5G 联网车辆将超过 6 000 万,100%新车都将连接网络,车联网市场空间无可估量。连接能力的提升使车联网应用从车载娱乐升级到无人驾驶、车队编排与管理、交通智能服务。在车联网市场潜力释放的同时,交通成本也将大幅下降,传统智能交通行业将涌现更多转型机会。

车辆辅助控制系统指辅助驾驶员驾驶汽车或替代驾驶员自动驾驶汽车的系统。该

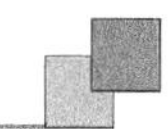

系统通过安装在汽车前部和旁侧的雷达、超声或红外探测仪等传感器,可以准确地判断车与障碍物之间的距离,遇紧急情况,车载电脑能及时发出警报或自动刹车避让,并根据路况自己调节行车速度。

2. 智能公交车

智能公交通过北斗、GPS、RFID、传感等技术,实时了解公交车的位置,实现弯道及路线提醒等功能。同时能结合公交的运行特点,通过智能调度系统,对线路、车辆进行规划调度,从而实现智能排班。

安全运输环境建立在从一系列传感器和数据库收集的信息以及视频数据和分析数据的基础上。面部识别、行为分析、车牌识别和其他智能解决方案都变得越来越普遍,这意味着实时有效地收集、分析、存储和处理这些信息对于实现安全和操作目标至关重要。

除了有效地监视、存储、保护、处理和移动来自成千上万个摄像机和传感器的数据外,运输机构的 IT 基础架构解决方案还必须与现有、新的物联网技术无缝集成,使用物联网和视频分析可确保安全。

由人工智能重点企业深兰科技主导研发的熊猫智能公交车,如图 1.9 所示,该车全长 12 m,实现了纯电新能源、自动驾驶、增值服务三个方面的升级,能够实现车辆、道路弱势群体、红绿灯等环境信息感知识别,并控制车辆实现自动加减速和转向、自动紧急制动、自主变道、出入站台等功能。同时,公交车内配备了语音交互系统、广告精准推送系统、驾驶员防疲劳预警系统、AI 自贩柜等。区别于私人驾乘的自动驾驶车辆,乘客可通过高精准生物智能识别系统,实现扫手乘车和扫手购物。此外,熊猫智能公交车可以全方位识别分析乘客异常行为,包括偷窃、打架、吸烟等。

图 1.9　熊猫智能公交车

3. 共享自行车

共享自行车是通过配有北斗、GPS 或 NB-IoT 模块的智能锁,将数据上传到共享服务平台,实现车辆精准定位、实时掌控车辆运行状态等,见图 1.10。

4. 充电桩

智能充电桩运用传感器采集充电桩电量、状态监测以及充电桩位置等信息,将采集到的数据实时传输到云平台,通过 App 与云平台进行连接,实现统一管理等功能。南通智能充电桩见图 1.11。

图 1.10　共享自行车

图 1.11　南通智能充电桩

5. 智能红绿灯

智能红绿灯通过安装在路口的雷达装置或摄像机,实时监测路口的行车数量、车距以及车速,同时监测行人的数量以及外界天气状况,动态地调控交通灯的信号,提高路口车辆通行率,减少交通信号灯的空放时间,最终提高道路的承载力,见图 1.12。

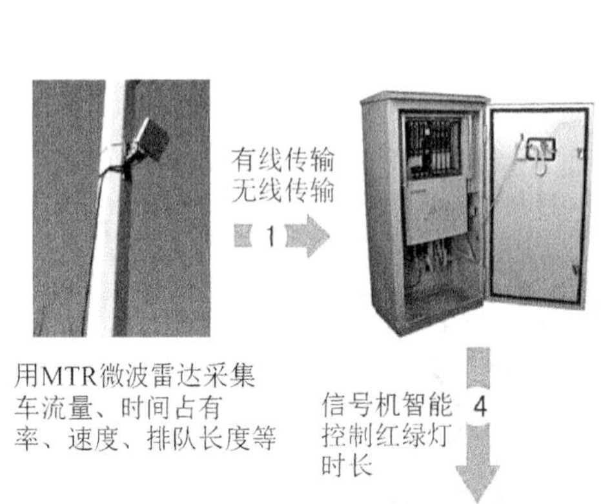

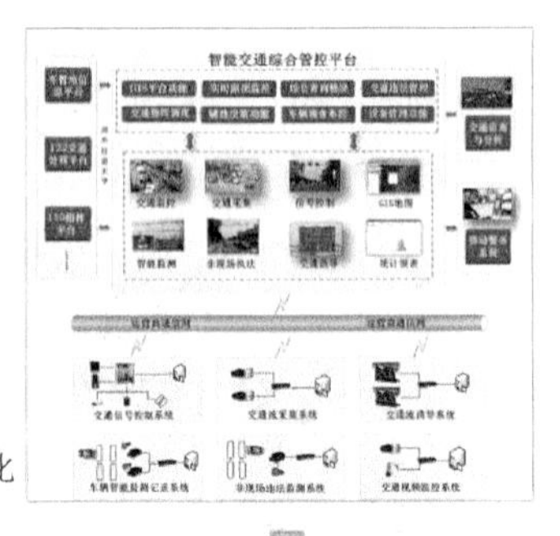

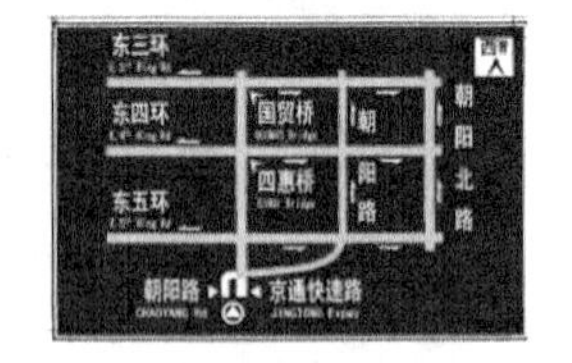

图 1.12　智能红绿灯控制系统

智能交通监控系统通过将在路面和路边铺设的各类传感器或摄像机,以及车载导航信息采集到的当前车速信息等反馈到智能交通服务器,然后通过物联网在道路、车辆和驾驶员之间建立快速通信联系。哪里发生了交通事故,哪里交通拥挤,哪条路最为畅

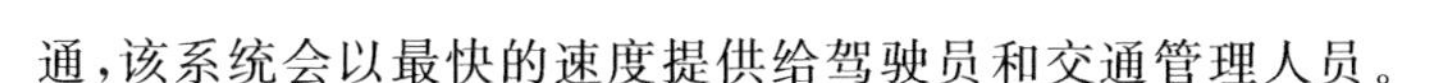

通，该系统会以最快的速度提供给驾驶员和交通管理人员。

6. 汽车电子标识

汽车电子标识（见图 1.13）又叫电子车牌，通过 RFID 技术，自动地、非接触地完成车辆的识别与监控，将采集到的信息与交管系统连接，实现车辆的监管，以及解决交通肇事、逃逸等问题。

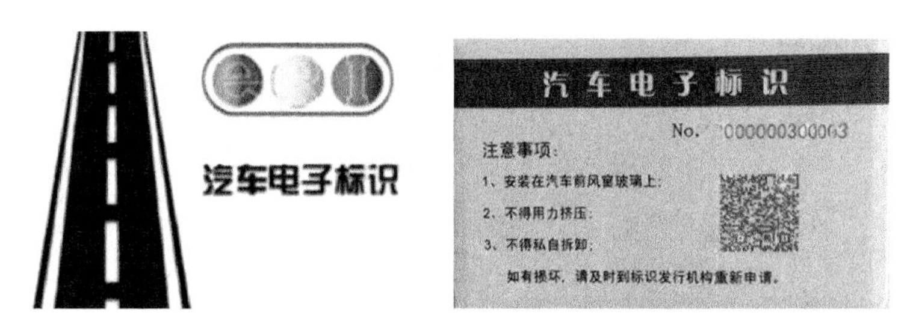

图 1.13　汽车电子标识

7. 智慧停车

在城市交通出行领域，由于停车资源有限、停车效率低下等问题，智慧停车应运而生。智慧停车以停车位资源为基础，通过安装地磁感应、摄像头等装置，实现车牌识别、车位的查找与预订及使用 App 自动支付等功能，见图 1.14。

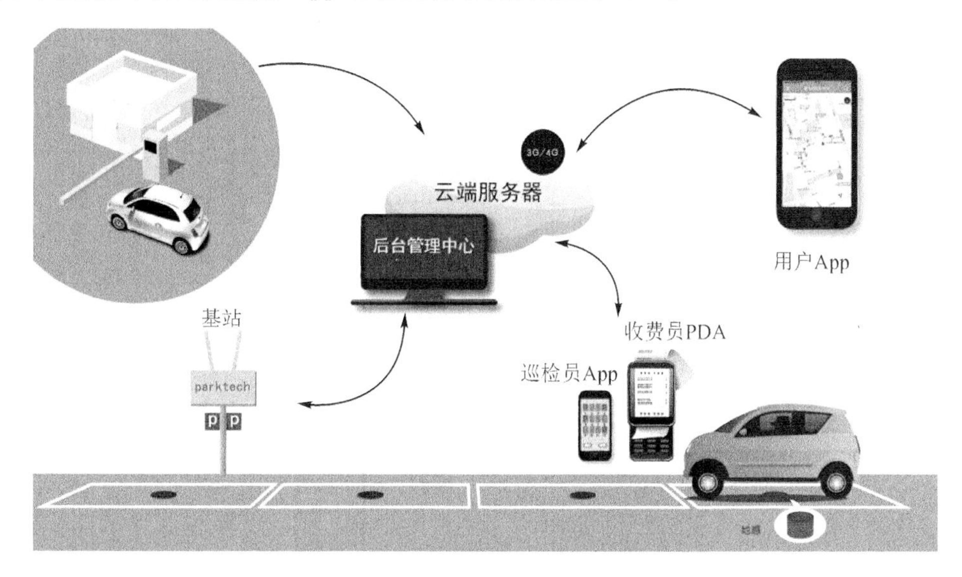

图 1.14　智慧停车示意图

8. 无感收费

无感收费是指通过摄像头识别车牌信息，将车牌绑定至银行卡、信用卡、微信或者支付宝，根据行驶的里程，自动通过银行卡、信用卡、微信或者支付宝收取费用，实现无感收费，以提高通行效率、缩短车辆等候时间等。高速公路匝道 ETC 自由流（无感支付）系统见图 1.15。

图 1.15　匝道 ETC 自由流(无感支付)系统

9. 道路监测

铁路沿线山体滑坡是一种易发生的地质灾害,会突然毁坏桥梁、铁路涵洞和轨道路基等基本设施,对铁路运输和安全危害很大。利用物联网,可以在易出现山体滑坡的区域安装倾角传感器、液位传感器和前端设备,把这些区域的铁道长度和山体数据提前存储到芯片里,通过铁道线路通信光缆互连。如果遇到山体滑坡,传感器就可在很短的时间内发出报警信息,便于车站调度员及时发布警报并迅速采取相应措施,避免事故发生。山体滑坡监测系统示意图见图 1.16。

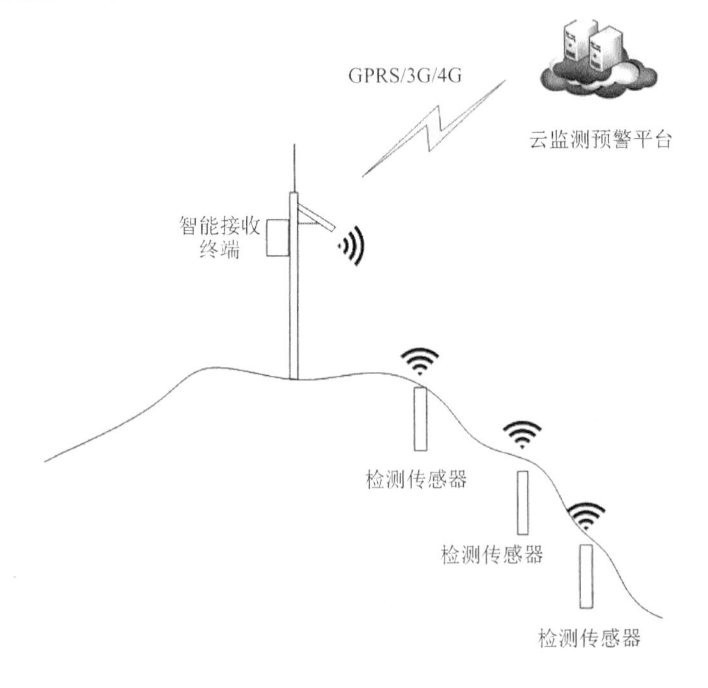

图 1.16　山体滑坡监测系统示意图

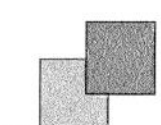

10. 智慧物流

物联网技术加上传统物流，就变成了智慧物流，见图 1.17。智慧物流指的是以物联网、大数据、人工智能等信息技术为支撑，在物流的运输、仓储、包装、装卸搬运、流通加工、配送、信息服务等各个环节实现系统感知、全面分析、及时处理以及自我调整的功能。

智慧物流的实现能大大降低各相关行业运输的成本，提高运输效率。根据当前行业的发展，物联网已经应用于与物流行业相关的很多场景，如货物仓储、运输监测以及智能快递终端等。

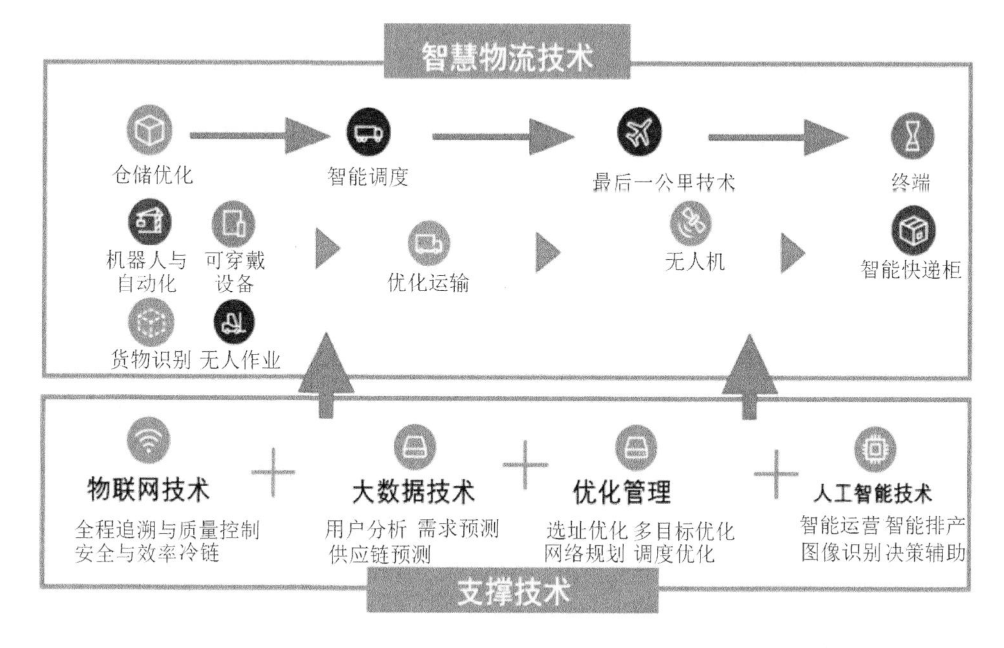

图 1.17　智慧物流示意图

2.1.2　工业物联网应用

随着物联网、大数据和移动应用等新一轮信息技术的发展，全球化工业革命开始提上日程，工业转型开始进入实质阶段。在中国，智能制造、中国制造 2025 等战略的相继出台，表明国家已开始积极行动起来，以把握新一轮工业发展机遇，实现工业化转型。

工业物联网能够根据需要部署传感器、人工智能(AI)、机器学习、增强/虚拟现实(AR/VR)、数字孪生/线程、云/边缘计算等智能技术，并且已渗透至工业的方方面面。工业物联网还能提供支持工业应用的平台，传感器、设备、机器、控制器、数据库和信息系统之间的通信主干，能够连接到现有技术并包装及扩展其功能，延长其使用寿命。

目前，物联网技术已在产品信息化、生产制造环节、生产管理环节、安全生产、节能减排等工业领域得到应用。

1. 在产品信息化领域的应用

产品信息化是指将信息技术物化在产品中，以提高产品中的信息技术含量的过程。

推进产品信息化的目的是增强产品的性能和功能，提高产品的附加值，促进产品升级换代。目前，汽车、家电、工程机械、船舶等行业通过应用物联网技术，提高了产品的智能化水平。

在工程机械行业，徐工集团、三一重工等都已在工程机械产品中应用物联网技术。通过工程机械运行参数实时监控及智能分析平台，客服中心可以通过电话、短信等纠正客户的不规范操作，提醒进行必要的养护，预防故障的发生。客服中心工程师通过安装在工程机械上的智能终端传回油温、转速、油压、起重臂幅、伸缩控制阀状态、油缸伸缩状态、回转泵状态等信息，对客户设备进行远程诊断，远程指导客户如何排除故障。

2. 在生产制造领域的应用

物联网技术应用于生产线过程检测、实时参数采集、生产设备与产品监控管理、材料消耗监测等，可以大幅度提高生产智能化水平。

在钢铁行业，利用物联网技术，企业可以在生产过程中实时监控加工产品的宽度、厚度、温度等参数，提高产品质量，优化生产流程。

物联网利用互联网技术连接工厂内的更多机器，各种设备通过嵌入智能传感器而获得通信功能。这些不仅是测量温度、压力、湿度和其他参数的传感器，而且是可以包括任何东西。例如，镜头可以成为传感器，用来透过红外线成像追踪行动、质量或温度。这一切都形成了更加智能的制造环境。物联网能将连通性与实时分析和云端服务结合起来，从而提高制造产量，延长正常运行时间，实现更灵活的制造，并透过整合孤岛式系统和专有网络降低成本。

工厂非常需要能快速获取和分析大量数据的技术，物联网能大幅改善工厂的核心流程。物联网创建的这种连通性可以让工厂更少关注成本，而更多关注于成长。物联网助力工厂在制造过程中进行智能活动，诸如分析、推理、判断、构思和决策等。通过人与智能机器的合作，部分取代专家脑力劳动。智能制造系统不只是人工智能，而是在突出以人为核心地位的同时，使智能机器和人能真正地结合在一起，其本质是人机一体化。

3. 在生产管理领域的应用

在纺织、食品饮料、化工等流程型行业，物联网技术已在生产车间、生产设备管理领域得到应用。例如，无锡一棉开发建立了网络在线监控系统，可对产量、质量、机械状态等 9 类 168 个参数进行监测，并通过与企业 ERP 系统对接，实现了管控一体化和质量溯源，提升了生产管理水平和产品质量档次。此外，还可以及时、准确地发现某台（或某眼、某锭）的异常情况，引导维修人员有的放矢地工作。

山东某有限公司车间温湿度监控物联网应用系统由前端设备、控制设备和管理后台组成。前端设备主要是各类温湿度传感器，负责实时采集车间环境数据并上传到控制设备；控制设备负责将各传感器数据通过 3G/4G/5G 网络上传到管理后台，并通过 LED 显示屏实时显示温湿度数据。如果环境数据超过既定的阈值，管理后台将通过短信等方式提醒相关工作人员，以便及时采取必要措施。该系统的应用使布机的作业效率从原先的 70%左右提高到目前的 90%。

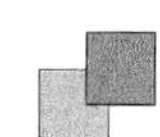

4. 在安全生产领域的应用

物联网已成为煤炭、钢铁、有色金属等行业保障安全生产的重要技术手段。通过建立基于物联网技术的矿山井下人、机、环监控及调度指挥综合信息系统，可以对采掘、提升、运输、通风、排水、供电等关键生产设备进行状态监测和故障诊断，并可以监测温度、湿度、瓦斯浓度等。一旦传感器监测到瓦斯浓度超标，就会自动拉响警报，提醒相关人员尽快采取有效措施，避免瓦斯爆炸和透水事故的发生。通过井下人员定位系统，可以对井下作业人员进行定位和跟踪，并识别他们的身份，以便在矿难发生时得到及时营救。

5. 在节能减排领域的应用

物联网技术已在钢铁、有色金属、电力、化工、纺织、造纸等“高能耗、高污染”行业得到应用，有效地促进了这些行业的节能减排。智能电网的发展将促进电力行业的节能。某省电网公司对分布在全省范围内的2万台配电变压器安装传感装置，对运行状态进行实时监测，实现用电检查、电能质量监测、负荷管理、线损管理、需求侧管理等高效一体化管理，一年来降低电损1.2亿千瓦时。

利用物联网技术建立污染源自动监控系统，可以对工业生产过程中排放的污染物COD等关键指标进行实时监控，为优化工艺流程提供依据。

2.1.3　智慧城市应用

智慧城市建设从一个高大上的概念越来越接地气地走进人们的日常生活中，给生活带来更多的智能与便捷，比如以前办事需要东奔西跑，如今只要网上提交一些资料就可以免去很多烦琐的步骤。物联网已不再是纸上谈兵，它真正走入了我们的生活。生活中还有很多智能系统都用到了物联网，下面就盘点一下物联网在智慧城市建设中的应用。

1. 智慧政务应用

“互联网＋政务服务”构建智慧型政府，运用物联网、大数据、人工智能和视频处理等现代信息技术，加快推进部门间信息共享和业务协同，简化群众办事环节，提升政府行政效能，畅通政务服务渠道，解决群众“办证多、办事难”等问题。

通过政务云、政务数据交换平台及完善的政务信息资源目录体系，实现跨部门的信息共享与资源整合，建立一体化的政务资源体系。

通过整合政府门户网站、呼叫中心等相关政务服务资源，实现政府、企业和公众随时随地通过互联网、电话、移动终端等多种渠道获取一致与整合的政务服务。

通过资源共享及流程整合，完善政务服务监管渠道，为企业、社会其他机构和公众等提供一站式服务，实现足不出户就可以随时随地办理相关业务。

通过建立完善的信息采集系统，利用强大的数据挖掘、加工处理等海量数据计算手段，以及科学的智能分析协同决策系统，实现政府科学、智能决策等。

2. 城市安全应用

智慧城市中城市安全管理主要是以物联网和人工智能技术为核心，获得全面的城市安全信息。基于此,可以建立统一的公共安全系统和应急处理机制,当出现城市安全问题时,可以立即启动应急联动机制,对其进行处理,以保障社会安全,维护人们的生命财产安全。例如:将物联网应用于电动车的防盗工作中,在电动车上安装无线传感器,这样车主就可以获知车辆的具体位置和使用现状。

提到城市安全,不得不提的就是视频监控系统,这也是整个安防系统的重要组成部分,它是报警系统中有效的复核手段。视频监控因直观、方便、实时、信息内容丰富而广泛应用于许多场合。物联网为了实现大面积、多场景以及全天候的安防检测,将摄像机、射频设备和雷达等传感器融入整个安防控制网络中。一旦在监控画面中发现异常情况,物联网便能以最快的方式发出警报并提供有价值的信息,因此,视频监控系统不仅能够有效地协助安全人员处理危机,而且可以最大限度地降低误报和漏报的现象。

基于人工智能和大数据,视频监控系统提供海量视频结构化处理、智能分析处理和人脸识别比对等平台级计算能力和动态扩展的智能分析服务。通过海量视频结构化处理能力,从视频中提取活动目标的特征信息、车辆信息、人员信息等结构化信息,并将提取到的结构化数据做视频云存储;通过视频智能分析处理能力,获得视频中的运动目标信息,提取语义级别的事件信息;通过人脸识别比对能力,将接收到的人脸图片和布控的人脸库人脸图片进行实时比对识别,对发现的嫌疑人实现提前预警。

3. 城市环境应用

基于物联网建设的城市环境监测系统,可以为城市移动设备的所属者提供相关信息,及时发送提示,如天气状况良好、适宜户外运动等,人们可以通过物联网系统查询气象和交通变化信息。同时,智能垃圾桶、智能井盖等相关物联网智能设施及应用,可以大幅度改善城市基础生活环境,提高人们生活的满意度。

水质监测包含饮用水质监测和水质污染监测两种。饮用水源监测是在水源地布置各种传感器、视频监视等传感设备,将水源地基本情况、水质的 pH 值等指标实时传至环保物联网,实现实时监测和预警;而水质污染监测是在各单位污染排放口安装水质自动分析仪表和视频监控,对排污单位排放的污水中的 BOD5、CODcr、氨氮、流量等进行实时监控,并同步到排污单位、中央控制中心、环境执法人员的终端上,以便有效防止过度排放或重大污染事故的发生。

对大气的监测一般可采用固定在线监测、流动采样监测等方式,可在污染源安装固定在线监测仪表,在监控范围内按网格形式布置有毒、有害气体传感器,并在人群密集或敏感地区布置相应的传感器。这样,一旦某地区大气发生异常变化,传感器就会通过传感节点将数据上报至传感网,直至应用层的"云计算",便可根据事先制定的应急方案进行处理。对于污染单位的超标排放,物联网可实现同步通知环保执法单位、污染单位,并将证据同步保存到物联网中,从而避免先污染后处理的情况。

4. 城市生活应用

物联网对于提高居民生活智能化水平,也起着重要作用。例如:智能家居通过物联网技术将家中的各种设备(如家电设备、照明系统、窗帘控制、家居安防等)连接到一起,解决安全防范、环境调节、照明管理、健康监测、家电控制、应急服务等问题。典型的场景包括：与智能手机联动的无线智能锁、保护门窗的无线窗磁门磁、保护重要抽屉的无线智能抽屉锁、防非法闯入的无线红外探测器、防燃气泄漏的无线可燃气体探测器、防火灾损失的无线烟雾火警探测器、防围墙翻越的太阳能全无线电子栅栏、防漏水的无线漏水探测器等。

借助物联网的技术能力，将家庭中的智能家居系统、小区的物业系统和社区的服务系统整合在一起，使社区管理者、用户和各种智能系统形成信息交互，以更加快捷的管理给用户带来更加舒适的“智慧化”生活体验。智慧社区各个设备之间的互联互通，使得社区瞬间就像有了“智慧”，能方便快捷地处理很多原本繁杂的事务，把人从社区管理中解放出来，也使得整个社区管理更加高效。哪里的消防通道上有违规停车、哪家的独居老人生命体征出现异常、哪条马路上的窨井盖被异常打开、……，都可以实现第一时间报警告知，及时进行现场维护。

【知识储备 2　物联网产业发展概况】

在全球新冠疫情蔓延时期，以智能物联网为代表的信息通信技术深刻改变着传统产业形态和社会生活，催生了大量的新技术、新产品、新模式，推动全球数字经济高速发展。

全球物联网市场进入稳步增长阶段，产业物联网进入纵深发展阶段，以低功耗、广覆盖为代表的蜂窝无线通信技术应用范围不断扩展，智慧城市、智能家居、智能交通和工业物联网等垂直行业应用规模不断扩大。

在我国，各级政府部门持续推出物联网发展政策，设备提供商、终端厂商、网络及业务运营企业协力共同推进物联网网络部署，逐步突破终端发展瓶颈，并积极推进物联网系列标准，工业互联网和车联网开始大范围商用，物联网产业呈现健康有序发展的态势。

随着“新基建”部署的加快，我国物联网成为全面构筑经济社会数字化转型的关键基础设施，物联网产业规模持续扩大，应用范围不断提升。

网络覆盖方面，随着 5G R16 标准冻结，技术层面支持物联网全场景网络覆盖。物联网基础设施建设加速，5G、LTE、Cat・1 等蜂窝物联网部署重点推进，推动传统基础设施“数字＋”“智能＋”不断升级。产业链方面，当前我国物联网产业链已较为完善，在政策的不断出台利好行业发展的同时，也在推动成本降低和技术发展。

2.2.1　全球物联网发展概况

在连接数量的大量增长下，物联网在各行业新一轮应用已经开启，落地加快，物联网在各行业数字化变革中的赋能作用已非常明显。得益于外部动力和内生动力的不断丰富，物联网应用场景迎来大范围拓展，智慧政务、智慧城市、智能家居、智能交通、工业物联网和个人信息化等方面产生大量创新性应用方案，物联网技术和方案在各行业渗透率不断提高。

前期全球物联网的发展：各国齐头并进，相继推出区域战略规划；RFID、传感器等

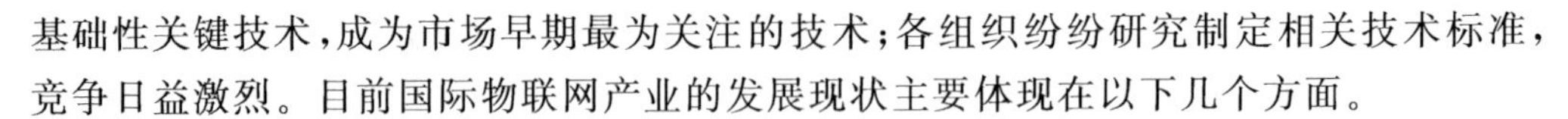

基础性关键技术，成为市场早期最为关注的技术；各组织纷纷研究制定相关技术标准，竞争日益激烈。目前国际物联网产业的发展现状主要体现在以下几个方面。

1. 从产业结构来看，产业物联网进入纵深发展阶段

根据GSMA（全球移动通信系统协会）预测，产业物联网的设备规模将在2024年超过消费物联网的设备规模。近年来，随着物联网技术逐步应用于各个行业，特别是在新冠疫情期间，远程诊疗、公共场所热成像体温检测、信息溯源、救援灾备等需求不断推动物联网应用深入发展。工业物联网、智慧交通、智慧健康、智慧能源、智能家居等领域将有可能成为产业物联网连接数量增长最快的领域。

2. 从网络接入技术来看，低功耗广域接入技术占比逐步提升

全球物联网连接设备保持稳步增长，截至2020年，全球物联网连接总规模达到126亿个，同比增长18%。物联网网络接入仍以无线接入为主，且在未来一段时间内继续保持以Wi-Fi、蓝牙和ZigBee等近距离无线接入方式为主要连接方式。随着5G及6G技术特性的不断增强、应用场景不断增多，授权的LPWA（Low Power Wide Area，低功耗广域）无线接入技术占蜂窝无线接入技术市场的份额逐步提升，由2017年的10%提升到2020年的15%。

非授权频率无线接入市场稳步增长。其中，LoRa市场保持稳步发展，根据公开资料显示，2020年，全球LoRa芯片出货量超过90亿，在157个国家和地区部署80多万个网关，部署终端节点超过1.5亿个。

3. 从产业应用来看，智慧城市、工业物联网和智能家居等应用需求旺盛

不同物联网技术具有不同的特性，彼此相互补充，以满足物联网各种碎片化的应用，最终实现万物互联。从全球来看，当前应用较为广泛的场景包括智慧公共事业、智慧供应链/智慧物流、智能家庭/智能楼宇、智慧农业、智慧城市、智能环境、智能工业控制和智慧医疗等。

在长距离低功耗无线接入技术中，NB-IoT具有海量连接、超低功耗、稳定可靠、深度覆盖的优势，其覆盖范围达到1～10 km，平均传输速度达70 kbit/s，主要应用于抄表、烟感等公共事业领域。LoRa适用于功耗低，距离远，大量连接，以及定位跟踪等，最大行业应用领域为表计类，其次为智慧城市、智慧社区/楼宇、车辆跟踪和宠物跟踪、智慧酒店、智慧园区、智慧农业、环境监测等。

在近距离无线接入技术中，Wi-Fi主要应用场景包括智能家居、智慧城市、超高清视频、工业物联网等；蓝牙技术主要应用场景包括手机、PC和平板电脑、耳机等音频设备，以及智能家居、资产跟踪、智能汽车、智慧楼宇、工业物联网等。

另外，物联网与5G、云计算、大数据、人工智能、区块链等新一代信息通信技术互促融合发展趋势日益凸显，将促进物联网朝着万物智联、云边协同、智能决策方向发展，既可满足自动驾驶、工业精准控制等低时延、高可靠类应用场景需求，又可满足智慧安防、智慧水务、城市管网监测等对时延不敏感类应用的需求。

4. 从企业网络部署来看，NB-IoT成为多数国际电信运营商选择的蜂窝物联网部署方式

越来越多的国际电信运营商采取混合技术组建物联网网络，其中选择NB-IoT组

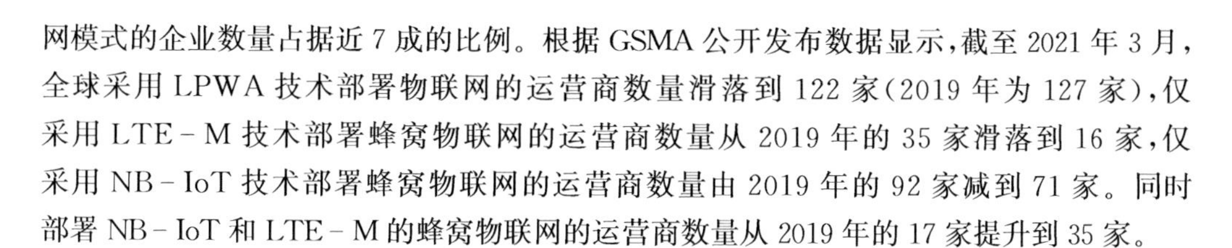

网模式的企业数量占据近7成的比例。根据GSMA公开发布数据显示,截至2021年3月,全球采用LPWA技术部署物联网的运营商数量滑落到122家(2019年为127家),仅采用LTE-M技术部署蜂窝物联网的运营商数量从2019年的35家滑落到16家,仅采用NB-IoT技术部署蜂窝物联网的运营商数量由2019年的92家减到71家。同时部署NB-IoT和LTE-M的蜂窝物联网的运营商数量从2019年的17家提升到35家。

2.2.2 中国物联网发展概况

近年来,我国政府出台了各类政策大力发展物联网行业,不少地方政府也出台物联网专项规划、行动方案和发展意见,从土地使用、基础设施配套、税收优惠、核心技术到应用领域等多个方面为物联网产业的发展提供政策支持。在工业自动控制、环境保护、医疗卫生、公共安全等领域开展了一系列应用试点和示范,并取得了明显进展。

在"十二五"以来发布的行业政策中,主要以推动物联网成果应用为主,利用物联网技术加强信息交换、提高监督管理水平等。

根据最新发布的《中华人民共和国国民经济和社会发展第十四个五年规划和2035年远景目标纲要》,5次提到关于物联网在"十四五"期间的规划发展,除了划定数字经济的7大重点产业外,其余4次提到的场景均为对物联网发展重点的表述。

"十四五"规划中划定了7大数字经济重点产业,包括云计算、大数据、物联网、工业互联网、区块链、人工智能、虚拟现实和增强现实,这7大产业也将承担起数字经济核心产业增加值占GDP超过10%目标的重任。

截至2021年5月底,工业和信息化部共公开2批《物联网关键技术与平台创新类、集成创新与融合应用类项目公示名单》,可以看出我国政府正在引导物联网产业向关键技术与平台创新、集成创新与融合应用方向发展。

2020年,国家发展和改革委员会明确"新基建"范围,物联网成为"新基建"的重要组成部分,从战略新兴产业角度被定位为新型基础设施,成为数字经济发展的基础,重要性进一步提高。2020年5月,工业和信息化部印发的《关于深入推进移动物联网全面发展的通知》(以下简称《通知》)提出,推动2G/3G物联网业务迁移转网,建立NB-IoT、4G(含LTE-Cat1)和5G协同发展的移动物联网综合生态体系,加快移动物联网建设,加强移动物联网标准和技术研究,提升移动物联网应用广度和深度。

2020年5月,工业和信息化部印发的《通知》中提出,制定移动物联网与垂直行业融合标准,推动NB-IoT标准纳入ITU IMT—2020 5G标准,推进移动物联网终端、平台等技术标准及互联互通标准的制定与实施。2020年7月,在国际电信联盟无线通信部门(ITU-R)国际移动通信工作组(WP5D)第35次会议上,NB-IoT技术正式被接受为ITU IMT—2020 5G技术标准,成为万物互联智能世界的基石,是5G标准的核心组成部分。

工业和信息化部发布的《2020年通信业统计公报》显示,截至2020年年底,3家基础电信企业蜂窝物联网用户达11.36亿户,全年净增1.08亿户。根据运营商公开资料显示,截至2021年3月底,3家基础运营商物联网用户数合计为11.9亿户,其中,中国

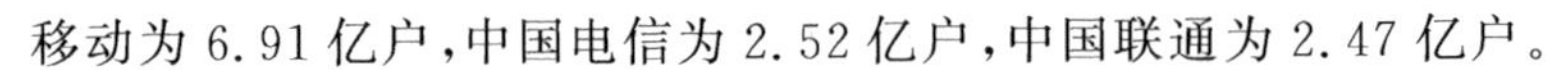

移动为6.91亿户，中国电信为2.52亿户，中国联通为2.47亿户。

网络建设方面，截至2020年年底，我国4G基站数量达575万个，城镇地区实现深度覆盖，为Cat·1规模化部署实施提供了良好的接入基础。新建5G基站60万个，已开通5G基站超过71.8万个，其中，中国电信和中国联通共建5G基站超过33万个，5G网络已覆盖全国地级以上城市及重点县市。

2020年年末，我国物联网的终端数量已经达到45.3亿个，预计2025年能够超过80亿个。2019年我国物联网市场规模在1.76万亿元左右，2020年我国物联网市场规模在2.14万亿元左右。预计未来三年，中国物联网市场规模仍将保持18%以上的增长速度。

目前，物联网已逐步成熟地运用于安防监控、智能交通、智能电网、智能物流、工业物联网、智能家居等。近几年来，在各地政府的大力推广和扶持下，物联网产业逐步壮大。加之近几年厂商对物联网应用的普及，民众对物联网认知程度的不断提高，使得我国物联网市场规模整体呈快速扩大的趋势。

2.2.3 中国物联网产业标准的发展概况

目前，物联网在全球呈现快速发展趋势，欧、美、日、韩等国均将物联网作为重要战略新兴产业推进，但在繁荣景象背后仍存在着众多阻碍发展的因素。其中核心标准的缺失，尤其是作为顶层设计的物联网参考架构等基础标准目前仍处于空白，为争夺物联网产业主导权，各国在国际标准方面的竞争亦日趋白热化。

物联网覆盖的技术领域非常广泛，涉及总体架构、感知技术、网络通信技术、应用技术等方面。物联网标准组织有的从机器对机器通信(M2M)的角度进行研究，有的从泛在网的角度进行研究，有的从互联网的角度进行研究，有的专注于传感网的技术研究，有的专注于移动网络的技术研究，有的专注于总体架构的研究。目前介入物联网领域主要的国际标准组织有IEEE、ISO、ETSI、ITU-T、3GPP、3GPP2等。

在泛在网总体框架方面进行系统研究的国际标准组织，比较有代表性的是国际电信联盟(ITU-T)及欧洲电信标准化协会(ETSI)M2M技术委员会。ITU-T从泛在网角度研究总体架构，ETSI从M2M的角度研究总体架构。

在感知技术(主要是无线传感网)方面进行研究的国际标准组织比较有代表性的是国际标准化组织(ISO)、美国电气及电子工程师学会(IEEE)。

在通信网络技术方面进行研究的国际标准组织主要有3GPP和3GPP2。他们主要从M2M业务对移动网络的需求方面进行研究，只限定在移动网络层面。

在应用技术方面，各标准组织都有一些研究，主要是针对特定应用制定标准。

总的来说，目前各标准组织自成体系，标准内容涉及架构、传感、编码、数据处理、应用等，不尽相同。

在我国，经过十多年的发展，物联网产业链逐步完善，标准化水平达到了国际领先水平。目前我国已有涉及物联网总体架构、无线传感网、物联网应用层面的众多标准正在制定中，并且有相当一部分的标准项目已在相关国际标准组织立项。中国研究物联

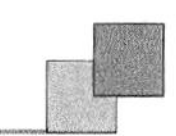

网的标准组织主要有传感器网络标准工作组(WGSN)、中国电子技术标准化研究院(CESI)和中国通信标准化协会(CCSA)。有关物联网中国标准请登录 http://openstd.samr.gov.cn/查阅。

目前,我国物联网标准化水平已居世界领先地位,在已公布的 26 个物联网国际标准中,我国主导 8 个,占总量的 30%;在研的物联网国际标准/技术报告 20 份,我国有 12 个主导和参与,占 60%。政策支持是我国物联网产业可持续发展的原动力。"十三五"期间,国家和地方政府持续优化政策环境,在物联网方面持续增加政策供给,统筹协调,直接推动了我国物联网产业近几年的高速发展。由我国主导的物联网标准如下:

传感器网络参考体系结构标准 ISO/IEC29182 于 2013 年发布,其中有 7 个部分,定义了传感网参考架构的主要接口,包括系统物理实体接口、功能实体接口、传感节点和网关功能层间接口。在这方面,信息技术传感器网络:传感器网络参考架构(SHBA)第 2 部分:词汇和术语、第 5 部分:界面定义,由我国牵头制定。

同一年,信息技术标准分类号为 ISO/IEC20005—2013,传感器网络、在智能传感器网络中支持协同信息处理业务和界面发布。

国际标准化组织/国际电工委员会第一联合技术委员会(ISO/IECJTCI)于 2015 年进行了三个月的投票之后,通过了由我国牵头发起的传感器网络测试框架国际标准工作项目,项目号为 ISO/IEC19637。该标准是继"物联网参考架构"之后,由中国提出并成功实施的又一个物联网国际标准项目,也是在物联网领域再次实现国际标准化的突破。

2017 年 8 月,ITU - TSG17 安全研究小组全体会议和各工作小组会议在瑞士日内瓦召开。会上,由中国电子技术标准化研究院等众多 OID 应用联盟成员提出并牵头开发的国际标准提案《OID 在物联网中的应用指南》获得 ITU—TSG17 全会核准,作为国际标准的正式发布文件。

由 WAPI 产业联盟牵头组织,我国自主开发的近场通信安全测试技术(以下简称 NEAU - TEST)于 2018 年正式发布,成为国际标准化组织/国际电工委员会(ISO/IEC)国际标准,标准编号为 ISO/IEC22425:2017。

2018 年,ISO/IECJTC1/SC41(SIoT 技术分委会)标准项目 ISO/IEC30141:2018《物联网参考架构》正式发布。这一国际方案是 2013 年 9 月由中国电子标准化研究院和无锡物联网产业研究院共同提出的,经过 5 年的发展取得了突破性成果。

2020 年,我国自主研发的物联网安全测试技术(TRAIS - PTEST)被国际标准化组织/国际电工委员会(ISO/IEC)发布为国际标准。

在国内,为了解决物联网行业高度碎片化的问题,互联网和家电巨头都构建了自己的物联网生态,各地也出现了地方性行业联盟和组织,在一定程度上推动了局域性物联网标准的产生,但很难在整体上形成最终的统一。

2020 年年底,在工信部的指导和支持下,我国 24 位两院院士联合阿里、百度、京东、小米、华为等 65 家成员单位成立了 OLA 联盟,主要目标就是打造物联网统一连接标准。

2022 年 3 月国务院重磅发布的《中共中央国务院关于加快建设全国统一大市场的

意见》的第十七条中，也提出了要完善标准和计量体系。其具体内容包括："强化标准验证、实施、监督，健全现代流通、大数据、人工智能、区块链、第五代移动通信(5G)、物联网、储能等领域标准体系。深入开展人工智能社会实验，推动制定智能社会治理相关标准。推动统一智能家居、安防等领域标准，探索建立智能设备标识制度。"

【知识储备 3　物联网人才的发展】

据 IHS⑧ 调查，未来五年物联网人才需求量将达到 1 000 万人以上；而传统物联网设备属于嵌入式开发范畴，据政府部门统计，我国嵌入式人才缺口每年有 50 万人左右；随着物联网技术的广泛普及，社会需求量与人才供给量远不成比例，因此人才短缺状况非常严峻。

从产业需求来看，物联网人才总体上可以分为研究型人才、工程应用型人才和技能型人才。

研究型人才主要为研究生层次或研究型高校所培养的毕业生，是各类"研究型企业"或"高新企业"的研发部、研究院所亟须的人才。我国现在大力强调自主创新，而自主创新最终要落实在企业身上，因此具有研究和创新特色的企业，应该得到大力培育。根据国内的划分，研发投入占销售收入 9%以上是"研究型企业"的重要判断标准之一，这类企业主要以物联网政策研究、行业标准制定、咨询顾问、规划测评、技术研发等为主。高等院校和科研院所培养的物联网人才，偏重于研究型和创新型，具有跨学科复合型特点，具有创新精神、创造能力和创业才能，具有开放的意识、国际视野以及国际交往能力，具有自主学习及获取信息的能力，具有较完备的知识结构。

工程应用型人才主要为各类本科院校或信息类高职学院毕业生，以从事物联网系统设计、产品开发、物联网项目实施等为主，包括 RFID 系统设计与开发、嵌入式软件开发、网络安装调试、物联网硬件开发、传感技术开发、市场营销、售前售后技术支持等工作。以系统设计、产品开发、工程项目策划与实施为主的企业，在我国数量庞大，其需要的工程应用人才除了需要具备必要的基础理论知识外，更应具备工程应用技术能力，应加强工程实践的实际训练，培养技术应用能力，培养创新能力。从统计的情况来看，随着近几年大量物联网应用系统开发的完成，应用开发开始转到系统的实施与维护过程，物联网应用型人才需求的占比已赶上甚至超过了研发型人才。

技能型人才主要为各类高职院校或信息类中职院校毕业生，如各类物联网业务运营管理人才、市场销售人才、业务应用人才、客户服务人才和系统维护人才等。技能型人才主要服务于物联网服务型企业或物联网系统使用方，如提供物联网业务服务的运营企业、物联网系统集成类企业等。物联网技能型人才往往需要较强的综合能力，不但需要掌握物联网基础知识、业务知识，更要结合区域的物联网产业情况，具备技术应用能力、沟通交流能力和管理能力。

在互联网的迅速发展趋势下，物联网已经成为势不可挡的浪潮，物联网相关企业也对人才有着极大的需求。但同时，物联网相关专业毕业生就业压力却不容小觑。学生在校期间难以接触企业，对自身专业不够了解，以及缺乏专业的规划，导致许多物联网

⑧　埃信华迈(IHS Markit，纽约证交所股票代码：INFO)是信息处理、研究咨询领域的全球先进企业。

相关专业学生未能把握学习知识与能力发展的黄金时间；然而毕业后，企业对人才要求高，大学生更加难以适应企业需求。对此，有志往物联网方向发展的学生可从以下三个方面着手，提高就业能力：

1. 培养自身学习能力，增强学习主动性

无论是哪方面的物联网企业，在招聘时，首要关注的都是学生的在校成绩，而在校成绩直接反映了该学生的学习能力。另外，物联网产业发展迅猛，学生在校所学知识是无法完全跟上时代需求的。应届毕业生在进入企业后，往往要先进行为时不短的培训，更新知识储备以达到企业需求。在培训中，企业会进一步考察求职者的学习能力以及解决问题的能力。

2. 培养动手能力和团队协作能力

在应聘过程中，企业时常会遇到成绩优异，实践能力却差强人意的“学霸”，而这些人往往是不被企业优先考虑的。尽管不同的职位，对人才需求的重点不同，但应聘者的团队协作能力以及动手能力等是大部分企业都十分重视的。尤其是物联网企业对技术要求程度高，一个项目往往需要各个专业协同配合，那么学生的动手能力，团队合作能力就尤为重要。因此，在校学生应有意识地参加一些科技创新、社会工作，以便提高自身的核心竞争力。

3. 尽早进行职业规划

建议同学们尽早进行职业规划，弄清自己所学专业的就业方向，如果决定选择这条道路，就要坚定地走下去。如果不合适，也应该努力发掘自身兴趣，尽早找到方向。在校期间应积极参与企业实习，实际了解企业需求，只有这样才能不断提高自身水平，找到适合的工作。

【任务实施与评价】

<table>
<tr><td colspan="2">任务单 2　了解物联网应用与发展</td></tr>
<tr><td rowspan="2">任务实训</td><td>(一) 知识测试</td></tr>
<tr><td>一、单项选择题
1. 感知中国中心设在(　　)。
A. 北京　B. 南京　C. 广州　D. 无锡
2. 第三次信息技术革命指的是(　　)。
A. 移动互联网　B. 物联网　C. 智慧地球　D. 感知中国
3. 小王自驾车到一座陌生的城市出差，对他来说可能最为有用的是(　　)。
A. 停车诱导系统　B. 实时交通导航服务　C. 自动驾驶系统　D. ETC 系统
4. 实施农产品的跟踪与追溯，需要在农产品供应链的各个环节对农产品信息进行标识、采集、传递和关联管理。其实质就是要形成一条完整的(　　)，使得农产品的信息流、物流联系起来，根据农产品的信息追查农产品的实体。
A. 供应链　B. 产业链　C. 信息链　D. 黄金链
5. (　　)是将先进的通信和操作处理等物联网技术应用于农业领域，由信息、遥感技术与生物技术支持的定时、定量实施耕作与管理的生产经营模式。
A. 绿色农业　B. 精准农业　C. 生态农业　D. 智能农业</td></tr>
</table>

任务实训

二、填空题

1. 物联网专业名称设置在中高职及本科院校中分别是____________________、____________________、____________________。

2. 列举典型的物联网应用场景____________________、____________________、____________________

（二）实训内容要求

选题：以5～6个同学为一个小组，分工查阅、搜索和阅读相关物联网资料，进行整理、过滤、归纳、分析和总结，完成“物联网工程师就业市场调研报告”。

报告书需包括以下关键点：

1. 调研统计不少于30份关于物联网工程师相关岗位的招聘信息；
2. 统计记录岗位名称、薪资待遇、技能要求和工作职责；
3. 至少运用一种分析方法进行统计分析，例如对比分析、象限分析、分组分析、预测分析、假设分析、回归分析等

（三）实训提交资料

主题：物联网工程师就业市场调研报告。

内容：包括但不限于任务目标、报告数据展示、报告结论、小组成员分工计划等。

格式要求：演示文稿(PPT)。图片、表格配合文字展示

任务考核

名称：____________________	姓名：____________________	日期： 20____年____月____日
项目要求	**扣分标准**	**得　分**
主题选择(30分) 选题名自拟	对所选主题表述不清(扣10分) 所选主题内容与要求不符(扣10分)；	
关键要求一(15分) 采用图片、表格配合文字形式展示	所选内容与要求不符、描述不清(扣5分)； 未能用图片、表格配合文字形式展示(扣5分)	
关键要求二(15分) 内容数据量样板收集不少于30份	少一条(扣1分，最多扣15分)	
关键要求三(15分) 分析方法的运用	没有分析(扣5分)； 分析方法不恰当(扣5分)	
整体内容(25分) 报告整体层次分明，语言表述通畅，无错别字，图片清晰，表格美观，图表文结合合理，全文颜色字体使用合理美观	根据文案整体及表达进行评价，酌情扣分	
评价人	**评　语**	
学生：____________________		
教师：____________________		

思考题

1. 课堂思考:观察生活,找出条码技术、射频识别技术、传感器技术的应用案例,介绍这些技术在应用中所起的作用。

2. 头脑风暴:假设没有物联网技术我们的生活会是怎样的?并以此思考,学习物联网技术的意义是什么。

3. 课后能力要求:能绘制物联网的三层架构图。

4. 思政小论文:物联网技术与中华民族伟大复兴的中国梦之间有什么关系?

项目二

自动识别技术应用

项目引导

当你要走出住宅小区时，拿出一台智能手机，用手机背面靠近门边的读卡器，人行道的门自动打开了；你后面过来的一位老人拿出一个钥匙卡靠近门边的读卡器，人行道的门再次自动打开了；你看到有汽车驶向门口时，道闸自动开启，汽车驶出小区。

当你在超市拿了面包、牛奶放到收银台时，服务员拿起扫描枪扫了面包、牛奶上面的条码，你拿出智能手机打开了微信支付二维码，向二维码识读器靠近了一下，完成了付款。

当你来到地铁站，买了一张单程地铁票，进站时，在道闸机上靠近了一下，道闸自动打开了；当你到达目的地，出站时，将刚才的那张单程地铁票塞入道闸机，道闸自动打开了。

当你来到公司，进门时，面对门口的一台机器微笑了一下，公司的玻璃门自动打开了，并记录了你进门的时间。

同学们，你能说出在上面的过程中，利用了哪些自动识别技术吗？接下来我们开始学习上述的相关技术。

任务1 认识基于条码技术的生产可追溯系统

【任务目标】

【知识目标】

- 熟悉自动识别技术的基本概念、特点；
- 理解一维条码的相关定义、编码规则、常用编码及应用场合；
- 理解二维码的编码规则、常用编码及特点。

【技能目标】

- 能够根据不同条码应用系统的特点选用相应的条码识别设备。

【素质目标】

- 培养主动收集资料的习惯；

- 培养独立思考的习惯；
- 培养积极沟通的习惯；
- 培养团队合作的习惯。

【任务描述】

1. 可追溯性的相关概念

可追溯性是由 Traceability 翻译过来的，Traceability 是由 trace(追踪)和 ability(能力)组合而成的复合词，在汽车、电子零件、食品、医疗、制造业等不同行业中的定义也有所不同。在制造业中的含义如下：从原材料和零件的采购到加工、装配、流通、销售等各工序中，记录制造商、供应商、销售商等信息，使其处于可追踪历史记录的状态。[2]

可追溯性的定义有很多种，大致可分为供应链可追溯性与内部可追溯性两种。供应链可追溯性是指可以追踪(溯及)从原材料和零件的采购到加工、流通、销售历史记录的状态。制造者可以知道自己制造的产品“去往哪里(＝ 可追踪)”，下游工序的业者或消费者可以知道自己手中的产品“来自哪里(＝ 可溯及)”。因此，对于制造者来说，当产品出现意外问题时，可追溯性有利于调查原因和回收产品。对于消费者来说，可追溯性可以作为高信赖度产品的选择指标，并消除对于虚假标识等的担忧。内部可追溯性指在整体供应链中的一个企业或工厂中，在限定的特定范围内掌握零件、产品动向的可追溯性。[2]

在可追溯性中，将利用累积的信息追踪产品动向称为向前追溯(追踪)，将按照时间顺序倒退寻找记录称为向后追溯(溯及)[2]，见图 2.1。

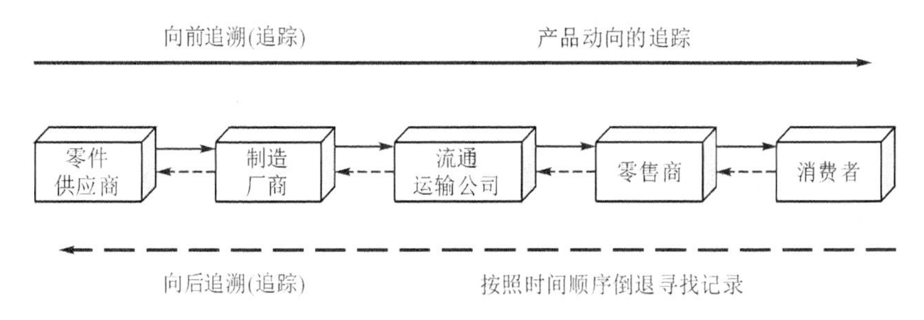

图 2.1　向前追溯向后追溯示意图

2. 系统认识及思考

- 请思考能否利用条码识别技术实现生产可追溯系统？
- 该生产可追溯系统由哪些部分构成？
- 该生产可追溯系统如何在生产过程中实现和应用？

【知识储备 1　自动识别技术】

传统的信息识别和管理多以单据、凭证和传票等为载体，通过手工记录、电话沟通、人工计算、邮寄或传真等方法对信息进行采集、记录、处理、传递和反馈。这不仅极易出现差错、信息滞后，也使管理者对物品在流动过程中的各个环节难以统筹协调，因而造成了信息的识别和管理不能被系统控制，无法实现系统优化和实时监控，效率低下，导致人力、运力、资产和场地的大量浪费。并且,随着人类社会步入信息时代,人们所获取和处理的信息量不断加大。那么怎么解决这一问题呢?答案是,利用以计算机和通信技术为基础的自动识别技术。

近几十年来,自动识别技术在全球范围内得到迅猛发展,极大地提高了数据采集和信息处理的速度,改善了人们的工作和生活环境,提高了工作效率,并为管理的科学化和现代化做出了重要贡献。自动识别技术在制造、物流、医疗、防伪和安全等领域中得到了广泛应用。

1. 基本概念

自动识别(Automatic Identification, Auto-ID)技术是指通过非人工手段(应用一定的识别装置)获取被识别对象所包含的标识信息或特征信息,通过被识别物品和识别装置之间的接近活动,自动地获取被识别物品的相关信息,并提供给后台的计算机处理系统或者其他微控制设备来完成相关后续处理的一种技术。自动识别技术是包括条码、射频识别、磁识别、声音识别、图形识别、光字符识别和生物识别等集计算机、光、磁、物理、机电、通信技术为一体的高新技术学科。

自动识别技术是信息数据自动识读、自动输入计算机的重要方法和手段,是一种高度自动化的信息或数据采集技术,解决了人工数据输入速度慢、错误率高、劳动强度大、工作简单重复性高等问题,为计算机信息处理提供了快速、准确地进行数据采集输入的有效手段。

2. 特　点

- 准确性:自动数据采集,彻底消除人为错误。
- 高效性:信息交换实时进行。
- 兼容性:自动识别技术以计算机技术为基础,可与信息管理系统无缝连接。

自动识别技术是物联网的重要支撑技术。通过一维码、二维码、射频识别、传感器等技术,实现将各种实体物品与虚拟物(环境)自动链入网络的功能,构建万事万物相互连接的物联网。

【知识储备 2　条码识别技术】

根据 GB 12905—2019《条码术语》标准中的定义:

条码(Bar Code),由一组规则排列的条、空组成的符号,可供机器识读,用以表示一切信息,包括一维条码和二维码,如图 2.2 所示。

- 一维条码(Linear Bar Code),仅在一个维度方向上表示信息的条码符号;
- 二维码(Two Dimensional Bar Code),在两个维度方向上表示信息的条码符号。

条码技术是将条码信息符号进行扫描处理,转换成可以自动阅读的数据。它是一门综合技术,包括条码编制规则、条码译码技术、条码印刷技术、数据通信技术及计算机技术等。它解决了计算机应用中数据采集的“瓶颈”问题,实现了信息的快速、准确获取与传输,是信息管理系统和管理自动化的基础。

条码识别技术是指利用光电转换设备对条码进行自动识别的技术,通过条码符号

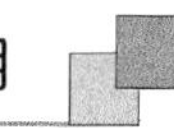

一维条码

1234567890

信息表达方向

图 2.2　一维码和二维码示意图

保存相关数据，并通过条码识读设备实现数据的自动采集。条码识别技术通常用来对物品进行标识，就是首先给某一物品分配一个代码，然后以条码的形式将这个代码表示出来，并且标识在物品上，以便识读设备通过扫描识读条码符号对该物品进行识别，是广泛用于商业、邮政、图书管理、仓储、工业生产过程控制、交通等领域的一种自动识别技术，具有输入速度快、准确度高、成本低、可靠性强等优点，在当今的自动识别技术中占有重要的地位。

1.2.1　一维条码

为了解决物品自动化管理中信息采集和数据录入的瓶颈问题，20 世纪 20 年代，出现了一维条码技术。一维条码具有识读速度快、差错率低、规范性强等优点。

一、一维条码符号结构

一维条码符号可分为左侧空白区（静区）、起始字符、数据字符、校验字符（可选）、终止字符、右侧空白区（静区）条码部分和供人识读的字符部分，如图 2.3 所示。

图 2.3　一维条码结构示意图

① 左右两侧空白区：用于提示识读器准备开始识读。

② 起始字符：条码字符的第一位字符，用于标识一个条码符号的开始，识读器确认此字符存在后，开始处理识读器读到的一系列脉冲。

③ 数据字符：位于起始字符右侧，是用条码符号表示的具体数据，是这个条形码符号表示的真正信息，允许双向识读。

④ 校验字符：该部分是可选项，校验字符是用来判断此次识读是否有效的字符，通常是通过对数据字符按某种算法运算得出。识读器读入条码进行译码时，对读入的各

字符按相同算法进行运算,如果运算结果与校验码相同,则可判断此次识读有效,从而可以提高条码识读的准确性。

⑤ 终止字符:位于条码符号右侧,是表示信息结束的特殊符号。

二、编码规则

条码符号利用“条”(黑条)和“空”(白条)构成二进制的 0 和 1,并以它们的组合来表示某个数字或字符,以反映某种信息。不同码制的条码在编码方式上有所不同,一般有以下两种不同的编码方式。

1. 宽度调节编码法

宽度调节编码法,即条码符号中的条和空由宽、窄两种单元组成的条码编码方法。按照这种方式编码时,是以窄单元(条或空)表示逻辑值 0,宽单元(条或空)表示逻辑值 1,通常宽单元是窄单元的 2 倍或 3 倍。

采用宽度调节编码规则的有 39 码、库德巴码、25 码等。图 2.4 中的标注部分是 39 码编码表示的数据字符“6”,其二进制编码是 001110000。

2. 模块组配编码法

模块组配编码法,即条码符号的字符由规定的若干个模块组成的条码编码方法。其中“条”和“空”单位模块宽度相同,“条”表示二进制的 1,“空”表示二进制的 0。一个模块组由 7 个“条”或“空”模块组成,当“条”或“空”的宽度为单位模块的 1 倍或多倍时,表示 1 个“1”或“0”,或者多个连续的“1”或“0”。

常用的使用模块组配法编码的条码有 EAN 码、93 码和 128 码等,如图 2.5 中标注的是 EAN 码编码规则的数据字符“9”,其二进制编码是 0001011。

图 2.4　宽度调节编码法条码符号结构

图 2.5　模块组配编码法条码符号结构

三、常用编码

常用的一维码的码制包括:EAN 码、39 码、交叉 25 码、UPC 码、128 码、93 码、Codabar(库德巴)码及 ISBN 码等。不同的码制有其各自的应用领域。

1. EAN 码

EAN 码(European Article Number)是国际物品编码协会制定的一种商品用条码,通用于全世界。EAN 码符号有标准版 13 位数字(EAN－13)和缩短版 8 位数字(EAN－8)两种。EAN 条码长度固定,所表达的信息全部为数字,无特定含义,主要应用于商品标识。

EAN 码由前缀码、厂商识别码、商品项目代码和校验码组成,大多商品采用 EAN13 编码。

以 13 位数字条码为例说明，前缀码由 2～3 位数字组成，是国际物品编码组织分配给各国家(或地区)的编码组织的代码(我国为 690～699)；厂商代码由 4～6 位数字组成；前缀码与厂商代码共同组成厂商识别代码。在我国，厂商识别代码由 7～9 位数字组成，由中国物品编码中心(以下简称编码中心)负责分配管理；商品项目代码由 3～5 位数字组成，由厂商负责编制；校验码为最后 1 位数字，用来校验前 12 位数字编码的正确性。最常见的 13 位数字条码结构如图 2.6 所示。

图 2.6 最常见的 13 位数字条码结构

当把一个 EAN－13 码关联为某种商品时，形成的商品条码就是商品的身份证，编码就是商品的“身份证号”。将这个编码对应的商品的名称、规格、品牌、价格等具体信息，存储在超市计算机的数据库系统中时，收银员用扫描枪扫描这个商品条码后，计算机根据该编码自动搜索出该商品的名称、价格等信息，系统就能自动按搜索到的商品价格进行计价收费。

2. 其他码制

39 码和 128 码，见图 2.7 和图 2.8。它们是国内企业内部自定义码制，可以根据需要确定条码的长度和信息，其编码的信息既可以是数字，也可以包含字母，主要应用于工业生产线领域、图书管理等。

图 2.7 39 码

图 2.8 128 码

39 码，是用途广泛的一种条形码，可表示数字、英文字母，以及“－”、“.”、“/”、“＋”、“％”、“$”、“”(空格)和“ * ”等共 44 个字符，其中“ * ”仅作为起始符和终止符。其既能用数字，也能用字母及有关符号表示信息。

93 码，是一种类似于 39 码的条码，它的密度较高，能够替代 39 码，见图 2.9。

交叉 25 码，主要应用于包装、运输以及国际航空系统的机票顺序编号等，见图 2.10。

图 2.9　93 码

图 2.10　25 码

Codabar 码:应用于血库、图书馆、包裹等的跟踪管理,见图 2.11。

ISBN:用于图书管理,见图 2.12。

图 2.11　Codabar 码

图 2.12　ISBN 码

1.2.2　二维条码

随着条码技术的发展,人们开始意识到一维条码的信息容量不足(约 30 个字符),部分污损时不能识读等缺陷,20 世纪 80 年代中期,开始出现了二维条码技术。

生活中常见的二维码是用于收/付款、添加好友/群、商品介绍等由个人或商家生成的二维码;部分商品在包装上印刷的追溯二维码,属于商品二维码,但目前只有少部分商品有。

1. 编码规则

二维条码/二维码(2 - dimensional bar code)是用某种特定的几何图形按一定规律在平面(二维方向上)分布的、黑白相间(通常)的、记录数据符号信息的图形;在代码编制上巧妙地利用构成计算机内部逻辑基础的“0”“1”比特流的概念,使用若干个与二进制相对应的几何形体来表示文字数值信息,通过图像输入设备或光电扫描设备自动识读以实现信息自动处理。它具有条码技术的一些共性:每种码制有其特定的字符集,每个字符占有一定的宽度,具有一定的校验功能等,同时还具有对不同行的信息自动识别及处理图形旋转变化等功能。

通常我们所看到的以及大多数软件生成的二维码都是黑色的,但如果前景色为深色,背景色为浅色,也可生成可识读的彩色二维码,如从 2020 年开始各地推出的健康码,有绿码、黄码、红码。基于二维码的纠错功能,即使二维码部分被覆盖或丢失,扫描设备依然能够识别出其记录的完整信息。当前已有不少“个性二维码”的生成工具,把一些个性图案与二维码进行合成,得到个性化并能被扫描设备识别的二维码,如微信名片二维码。

2. 常用编码

二维条码/二维码可以分为堆叠式/行排式二维条码和矩阵式二维条码。

堆叠式/行排式二维条码(又称堆积式二维条码或层排式二维条码),其编码原理是建立在一维条码基础之上,按需要堆积成二行或多行。它在编码设计、校验原理、识读方式等方面继承了一维条码的一些特点,识读设备与条码印刷与一维条码技术兼容。但由于行数的增加,需要对行进行判定,其译码算法与软件也不完全相同于一维条码。有代表性的行排式二维条码有:Code 16K、Code 49、PDF417、MicroPDF417 等。

矩阵式二维条码(又称棋盘式二维条码),是在一个矩形空间通过黑、白像素在矩阵中的不同分布进行编码。在矩阵相应元素位置上,用点(方点、圆点或其他形状)的出现表示二进制"1",点的不出现表示二进制"0",点的排列组合确定了矩阵式二维条码所代表的意义。矩阵式二维条码是建立在计算机图像处理技术、组合编码原理等基础上的一种新型图形符号自动识读处理码制。具有代表性的矩阵式二维条码有:Code One、MaxiCode、QR Code、Data Matrix、Han Xin Code、Grid Matrix 等。

QR Code 二维码是 1994 年由日本 DW 公司发明的,QR 来自英文 Quick Respe 的缩写,即快速反应的意思,是目前主要流行的二维码。QR Code 具有超高速识读,全方位识读,能够有效表示中国汉字、日本文字、各种符号字母数字等特点。QR Code 广泛应用于生活中的收付款、防伪溯源、工业自动化生产线管理、电子凭证等各种各样场景。

Data Matrix 二维码简称 DM 码,由美国国际资料公司研发。它的尺寸比其他类型的二维码都小,适用于小零件,比如医疗保健药品、外科手术设备等,这些物品的标识、商品防伪,可以直接印刷或者激光雕刻在实体上。

PDF417 二维码是 1990 年由美国讯宝科技公司研发的,意为"便携数据文件",因为组成条码的每一字符都是由 4 个"条"和 4 个"空"共 17 个模块构成的,所以称为 PDF417 条码,广泛应用于工业生产、卫生、商业、交通运输等领域。

常用二维码见图 2.13。

QR Code

Data Matrix

PDF417

图 2.13　常用二维码

3. 二维码的特点

二维码作为多行组成的条形码,不需要连接一个数据库,本身可存储大量数据,可应用于医院、驾驶证、物料管理、货物运输。当条形码受到一定破坏时,错误纠正能使条形码正确解码二维码。它是一个多行、连续性、可变长、包含大量数据的符号标识。具体特点如下:

① 高密度编码,信息容量大:可容纳多达 1 850 个大写字母,或 2 710 个数字,

或 1 108 个字节，或 500 多个汉字，比普通条码信息容量约大几十倍。

② 编码范围广：该条码可以把图片、声音、文字、签字、指纹等以数字化的信息进行编码，用条码表示出来；可以表示多种语言文字；可以表示图像数据。

③ 容错能力强，具有纠错功能：这使得二维条码因穿孔、污损等引起局部损坏时，照样可以正确得到识读，损毁面积达 30%仍可恢复信息。

④ 译码可靠性高：它比普通条码译码错误率百万分之二要低得多，误码率不超过千万分之一。

⑤ 可引入加密措施：保密性、防伪性好。

⑥ 成本低，易制作，持久耐用。

⑦ 条码符号形状、尺寸大小比例可变。

⑧ 二维条码可以使用激光或 CCD 阅读器识读。

1.2.3 条码技术的应用

一维条码和二维条码都可以作为信息的入口载体，由条码识读设备自动识读后将相应信息送到计算机，再利用相应的数据库应用系统就可以实现多种应用，如超市商品管理系统、固定资产管理系统、物流管理系统等。二维码还可以直接进行信息传播，比如一些商家将广告信息制成二维码进行网络分享，大家用智能手机扫码即可阅读。从以上信息可看出，条码识读设备是构成条码技术应用系统的关键设备之一。

条码识读设备

条码识读就是用一定的专用设备，将条码图形符号中含有的编码信息转换成计算机可识读的数字信息。条码识读设备一般包含光学装置、光电转换器、信号整形电路、译码器，各部分的作用如下：

① 光学装置，光源发出的光经光学装置照射到条码上再反射到光电转换器。

② 光电转换器，根据条码不同颜色位置将光线反射回来的情况不同，将一个条码转换成相应的电信号。

③ 信号整形电路，将电信号放大、滤波、整形，并转换成脉冲信号。

④ 译码器，将脉冲信号转换成二进制 0、1 码的形式。

最终根据条码应用系统的需求，将得到的 0、1 码字符串信息传输、存储到指定位置。

条码扫描设备从原理上可分为光笔、CCD 和激光三类，从形式上有手持式和固定式两种。条码识读设备一般不需要驱动程序，接上后可直接使用。这些识读设备有的只能识读一维条码或者二维条码，有的一维条码和二维条码都可以识读，有的条码打印识读一体机还具有条码打印功能。常见条码识读设备见图 2.14。

图 2.14　常见条码识读设备

【任务实施与评价】

<table>
<tr><td colspan="2">任务单　认识基于条码技术的生产可追溯系统</td></tr>
<tr><td rowspan="2">任务实训</td><td>(一) 知识测试</td></tr>
<tr><td>一、单项选择题
1. 自动识别技术是一门依赖于(　　)的多学科结合的边缘技术。
A. 机械技术　B. 光电技术　C. 电磁技术　D. 信息技术
2. 一般来说,自动识别系统由标签、标签生成设备、识读器及计算机等设备组成,其中(　　)是信息的载体。
A. 标签　B. 标签生成设备　C. 识读器　D. 计算机
3. (　　)技术是最早的也是最著名和最成功的自动识别技术。
A. RFID　B. 条码　C. 虹膜识别　D. 指纹识别
4. 条码识读器有光笔识读器、CCD 识读器和激光识读器等几类。(　　)一般需与标签接触才能识读条码信息。
A. 手持式识读器　B. 激光识读器　C. CCD 识读器　D. 光笔识读器
5. 在条码的结构中,位于条码中间的条、空结构,包含条码所表达的特定信息的是(　　)。
A. 终止符　B. 数据符　C. 校验符　D. 静区
6. QR Code 是由(　　)于 1994 年 9 月研制的一种矩阵式二维条码。
A. 日本　B. 中国　C. 美国　D. 欧洲
7. 二维码目前不能表示的数据类型是(　　)。
A. 文字　B. 数字　C. 二进制　D. 视频
8. 矩阵式二维条码有(　　)。
A. PDF417　B. CODE49　C. CODE16K　D. QR Code
9. 行排式二维条码有(　　)。
A. PDF417　B. QR Code　C. Data Matrix　D. Maxi Code</td></tr>
</table>

任务实训

二、判断题

1. 使用一维条码,必须通过连接数据库的方式提取信息,才能明确条码所表达的信息含义。( )

2. 一维条码表达的既能是字母和数字,又能是汉字和图像。( )

3. 二维条码主要用于对物品的标识,一维条码用于对物品的描述。( )

(二)实训内容要求

阅读以下内容,回答问题。

ERP条码追溯系统[3]

本案例介绍的是一套用于齿轮生产的ERP条码追溯系统。基于条码追溯技术开发的条码追溯系统具有分析、判断、索引等功能,通过可疑零部件质量信息可以追溯出总成质量信息,可以通过扫描条码进行先进先出管理,可以通过扫描人员信息判断操作人员资质,可以通过扫描设备、工装、模具信息自动防错,可以通过扫描流转卡、零件条码防止错误使用零件、漏掉工序等,同时也能对条码进行扫描后将追溯内容自动存档到服务器上。[3]该系统采用基于用友 ERP-U9 的条码追溯系统设计方案,最后通过提供 API 接口将用友 ERP-U9 生产系统与条码系统进行集成,进行条码追溯系统编程,实现条码追溯功能。

1. 系统硬件条件

条码追溯系统根据所要实现的功能需要,将使用PC终端、条码打印机、PDA、条码枪、无线AP等硬件设备,如图2.15所示。

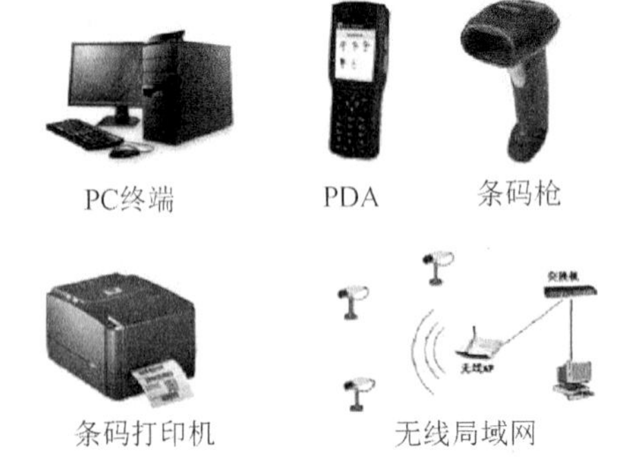

图2.15 硬件设备

2. 条码系统实现

梳理系统流程,实现产品系统流程与条码的关联后,按条码编写规则,将订单、批次、工艺等信息形成二维条码,打印到产品和包装上,以追溯最终产品的订单、批次和车间相关加工时间、加工生产线、加工人员、加工数量、质检情况等信息。

3. 条码应用设计

自动化条码扫描代替人工录入,杜绝人为出错,提升信息提取与存储速度。

在双啮工序,扫描批次流转卡后,自动按件生成二维码并打印或者刻印在零件上,包装入箱前再扫描每个零件上的二维码,自动识别并在满箱后生成包装盒一维条码。这样二维码、盒条码、批次号三码就相互关联,并能互相联查

<table>
<tr><td rowspan="2">任务实训</td><td>（三）实训提交资料</td></tr>
<tr><td>查阅生产可追溯系统的相关资料，用语言文字或思维导图、框图等回答下列问题：
• 该生产可追溯系统用到了哪些条码识别技术？
• 该生产可追溯系统由哪些部分构成？为该系统选择合适的条码阅读器。
• 该生产可追溯系统是如何将条码识别技术实现和应用在生产过程中的</td></tr>
<tr><td>任务考核</td><td>

名称：________	姓名：________	日期：20____年____月____日
项目要求	扣分标准	得　分
该生产可追溯系统用到了哪些条码识别技术？（20分）	答错一点扣10分	
该生产可追溯系统由哪些部分构成？为该系统选择合适的条码阅读器。（40分）	答错一点扣10分	
该生产可追溯系统是如何将条码识别技术实现和应用在生产过程中的？（40分）	答错一点扣10分	
评价人	评　语	
学生：________		
教师：________		

</td></tr>
</table>

任务2　认识智能仓储管理系统

【任务目标】

【知识目标】

- 熟悉磁卡识别技术的特点；
- 熟悉接触式、非接触式 IC 卡识别技术的特点；
- 理解射频标签的组成、分类及各自的优势；
- 理解生活中常见的 RFID 应用。

【技能目标】

- 能够准确描述射频识别系统的组成；
- 能根据射频识别系统的特点选择合适的阅读器。

【素质目标】

- 培养主动收集资料的习惯；
- 培养独立思考的习惯；
- 培养积极沟通的习惯；

● 培养团队合作的习惯。

【任务描述】

目前仓储作业中还存在大量的手工操作,工作效率低下。在出、入库及库存盘点中的货物信息往往是手工填写到纸面单据上或人工录入到计算机中,货物出、入库登记手续繁琐,库存盘点统计困难,大量的实时数据信息传递滞后,导致管理人员不能及时掌握库存量。由于数据的采集方式难以标准化,降低了仓库空间利用率,最终影响企业效益。

请思考是否可以利用某类自动识别技术实现智能仓储管理呢?

【知识储备 1 卡类识别技术】

本节主要介绍磁卡和 IC 卡识别技术。

一、磁卡识别技术

磁卡是一种卡片状的磁性记录介质,利用磁性载体记录字符与数字信息,用来标识身份等。根据使用基材的不同,磁卡可分为 PET 卡、PVC 卡和纸卡三种,见图 2.16;根据磁层构造的不同,又可分为磁条卡和全涂磁卡两种。

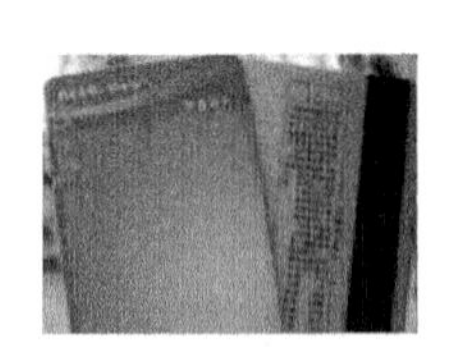

(a) PET卡(磁条卡)

(b) PVC卡(磁条卡)

(c) 纸卡(全涂磁卡)

图 2.16 磁卡种类

ISO7810 规定了磁条卡的物理特性,包括卡的材料、构造和尺寸。通常磁条卡的尺寸为 85.5 mm×54 mm×0.76 mm;ISO7811 规定了磁条卡上三条磁道的数据格式和记录信息的位置,如表 2.1 所列。

表 2.1 磁条卡磁道分配

磁 道	可记录的字符	字符容量	读写说明
1	数字(0~9)、字母(A~Z)和其他一些符号(如括号、分隔符等)	最多可记录 79 个数组或字母	在一般应用中为只读
2	数字(0~9)	磁道 2 最多可记录 40 个字符	在一般应用中为只读
3	数字(0~9)	最多可记录 107 个字符	在一般应用中既可以读出也可以写入

磁卡成本低廉，易于使用，便于管理，且具有一定的安全特性。利用磁卡读卡器、磁卡读写器就能实现对磁卡的阅读和写卡，所以磁卡应用十分广泛。常见的磁卡应用有银行卡、购物卡、公交卡、地铁卡、高铁票等。常见的磁卡读/写设备如图 2.17 所示。

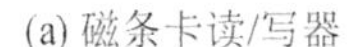
(a) 磁条卡读/写器

(b) 吞吐式磁卡读卡器

图 2.17　磁卡读/写设备

磁卡在使用中会受到诸多外界磁场因素的干扰，如皮包的磁扣、手机辐射的电磁场等，另外，磁条卡受压、被折、长时间磕碰、曝晒、高温，磁条划伤、弄脏等也会使磁条卡无法正常使用。同时，在刷卡器上刷卡交易的过程中，磁头的清洁、老化程度，数据传输过程中受到干扰，系统错误动作，刷卡人员操作不当等都可能造成磁条卡无法使用。

随着磁卡应用的不断扩大，有关磁卡技术，特别是安全技术已难以满足越来越多的对安全性要求较高的应用需求。以前在磁卡上应用的安全技术，如水印技术、全息技术、精密磁记录技术等，随着时间的推移其相对安全性已大为降低。其工作的基本原理是依靠自身“卡的号码”来识别不同磁卡，因此在读卡时卡号相对公开，比较容易复制。因此，从 2017 年 5 月 1 日起，我国银行全面关闭了芯片磁条复合卡的磁条交易。

二、IC 卡识别技术

IC 卡是集成电路卡(Integrated Circuit Card)的简称，是镶嵌集成电路芯片的塑料卡片，其外形和尺寸都遵循国际标准(ISO/IEC 7816，GB/T16649)。芯片一般具有非易失性的存储器(ROM、EEPROM)、保护逻辑电路，甚至带微处理器 CPU。

1. 接触式 IC 卡

接触式 IC 卡的表面嵌入了一个带有内存存储器或微处理器的集成电路芯片，从卡的表面可以看到一个长方形的镀金接口，共有 8 个或 6 个镀金触点，用于与读/写器接触，能通过电流信号完成读/写操作，读/写操作时须将 IC 卡插入读写器。接触式 IC 卡及读卡器见图 2.18。

(a) 接触式IC卡

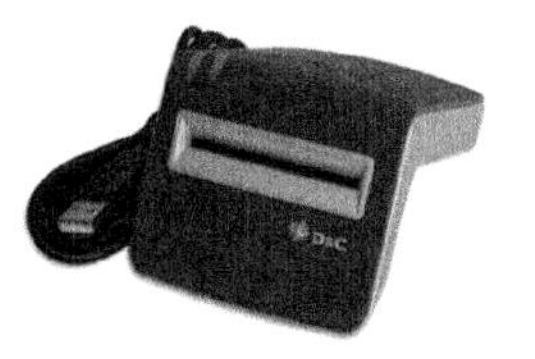

(b) 接触式IC卡读卡器

图 2.18　接触式 IC 卡及读卡器

接触式IC卡分为三种类型:存储器卡、逻辑加密卡、智能卡。

存储器卡,指非加密存储器卡:卡内的集成电路是可用电擦除的可编程只读存储器EEPROM,它仅具数据存储功能,没有数据处理能力;存储卡本身无硬件加密功能,只在文件上加密,很容易被破解。这类卡信息存储便利,使用简单,价格低,很多场合可替代磁卡,适用于保密性要求不高的应用场合。

逻辑加密卡,指逻辑加密存储器卡:在非加密存储器卡的基础上增加了加密逻辑电路,加密逻辑电路通过校验密码方式来保护卡内的数据对于外部访问是否开放,但只是低层次的安全保护,无法防范恶意性的攻击。

智能卡,也称CPU卡:卡内的集成电路中带有微处理器CPU、存储单元(包括随机存储器RAM、程序存储器ROM(FLASH)、用户数据存储器EEPROM)以及芯片操作系统COS。装有COS的CPU卡相当于一台微型计算机,不仅具有数据存储功能,而且具有命令处理和数据安全保护等功能,广泛用于信息安全性要求特别高的场合。

生产接触式IC卡的厂商有西门子公司(Siemens)、艾特梅尔公司(Atmel)、贝岭公司等,目前国产芯片占了市场99%的份额。复旦公司生产的接触式IC卡FM4428,其存储卡芯片,采用0.6 μm CMOS EEPROM工艺,容量为1 KB×8 bit EEPROM,带写保护功能及编程安全码认证功能。外围接口遵循ISO7816协议标准(同步传输),可广泛应用于各类IC存储卡。

常见的接触式IC卡有第三代社会保障卡、磁卡接触式IC复合银行卡,如图2.19所示;手机的SIM卡、UIM卡、USIM卡等。

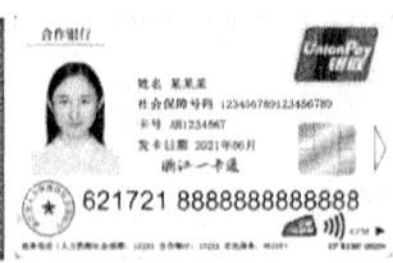

(a) 第三代社会保障卡

(b) 磁卡接触式IC复合银行卡

图2.19 常见的接触式IC卡

2. 非接触式IC卡

非接触式IC卡又称射频卡,是和IC卡射频识别技术(详见下节)结合的产物,其由IC芯片、感应天线组成,封装在一个标准的PVC卡片内,芯片及天线无任何外露部分。

从2004年3月29日起,中国大陆正式开始为居民换发内置非接触式IC卡智能芯片(芯片采用符合ISO/IEC14443—B标准的13.56 MHz的电子标签)的第二代居民身份证。二代身份证表面采用防伪膜和印刷防伪技术,使用个人彩色照片,并可用机器读取数字芯片内的信息。常见的第二代身份证识读设备见图2.20。

与接触式IC卡相比较,非接触式IC卡具有以下优点:

(1) 可靠性高

非接触式IC卡与读写器之间无机械接触,避免了由于接触读写而产生的各种故障。例如由于粗暴插卡、非卡外物插入、灰尘或油污导致接触不良造成的故障。此外,非接触式卡表面无裸露芯片,无须担心芯片脱落、静电击穿、弯曲损坏等问题,既便于卡

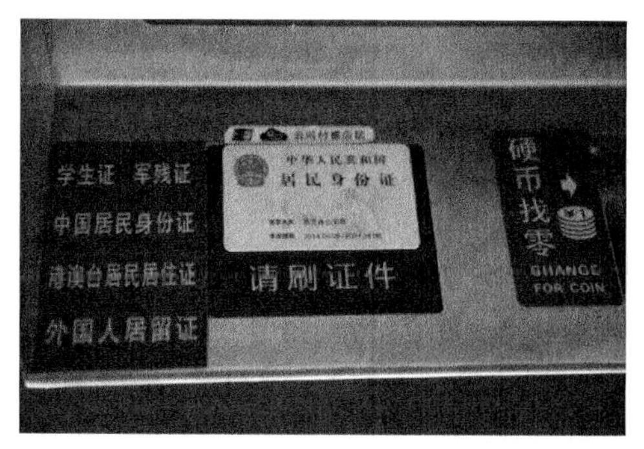

(a) 内嵌身份证识读模块的售票机

(b) 身份证阅读器

图 2.20　常见的第二代身份证识读设备

片印刷，又提高了卡片的使用可靠性。

(2) 操作方便

由于非接触通信，读写器在 10 cm 范围内就可以对卡片操作，所以不必插拔卡，非常方便用户使用。非接触式卡使用时没有方向性，卡片可以在任意方向掠过读写器表面，即可完成操作，这大大提高了每次使用的速度。

(3) 防冲突

非接触式 IC 卡中有快速防冲突机制，能防止卡片之间出现数据干扰，因此，读写器可以“同时”处理多张非接触式 IC 卡。这提高了应用的并行性，无形中提高了系统工作速度。

(4) 适合于多种应用

非接触式 IC 卡的序列号是唯一的，制造厂家在产品出厂前已将此序列号固化，不可再更改。非接触式 IC 卡与读/写器之间采用双向验证机制，即读写器验证 IC 卡的合法性，同时 IC 卡也验证读写器的合法性。非接触式 IC 卡在处理前要与读写器之间进行三次相互认证，而且在通信过程中所有的数据都加密。此外，卡中各个扇区都有自己的操作密码和访问条件。

非接触式 IC 卡的存储器结构特点可使它一卡多用，能运用于不同系统，用户可根据不同的应用设定不同的密码和访问条件。

【知识储备 2　射频识别技术】

射频识别的英文是 Radio Frequency Identification，缩写为 RFID。它是一种高级的非接触式的自动识别技术，通过无线射频信号自动识别目标对象并获取相关数据，无须人工干预，可工作于各种恶劣环境，是物联网技术的核心技术之一。

相对于传统的条码和磁条技术，RFID 技术具有多标签识别、信息容量大、非接触式识别和使用持久等优点。RFID 技术被广泛应用于工业自动化、商业自动化、交通运输控制管理等众多领域，如汽车、火车等交通监控，高速公路自动收费系统，停车场管理系统，物品管理，流水线生产自动化，安全出入检查，仓储管理，动物管理，车辆防盗等，在很多应用领域作为条形码等识别技术的升级换代产品。

2.2.1 射频识别系统

一、系统组成

射频识别系统主要由射频标签(Tag)、阅读器(Reader)以及数据交换与管理系统(Processor)三大部分组成,如图 2.21 所示。

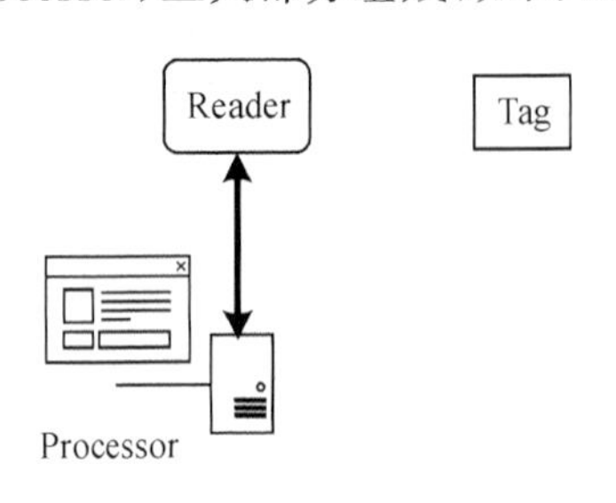

图 2.21 RFID 系统组成

阅读器和射频标签之间通过无线射频信号进行信息传递,阅读器将采集到的信息或数据进行解码后,传送到计算机进行信息或数据处理。

射频标签又称电子标签、应答器、数据载体。阅读器又称为读出装置、扫描器、读头、通信器、读写器(取决于电子标签是否可以无线改写数据)。

每个射频标签内部都具有世界唯一的标识符(UID),该标识符在出厂时被写入标签,不能更改,确保了标签的唯一性和安全性。将射频标签和物品绑定,就可以通过无线通信技术实现对目标对象的识别。

二、射频标签

1. 组　成

射频标签由标签芯片和标签天线构成。标签芯片用来存储和处理物体的数据,标签天线用来接收和发送射频无线信号。

射频标签有微型卡片、标准卡片、带背胶的标签贴纸等多种物理形式。其背胶种类亦可以根据使用环境选择泡棉胶、普通涂刷背胶等多种形式。对于微型卡片等形式,还可以用胶粘剂、机械穿孔等多种方式固定。载体材料则可以选择纸张、PET 薄膜,PVC 塑料卡、陶瓷、线路板等多种材质。国内的电子标签生产厂家数量较多,不同厂家可以提供不同规格的产品,还可以进行订制服务,可根据用量、形状尺寸等使用参数,结合适用场景进行选择。常见的电子标签如图 2.22 所示。

射频标签具有体积小,容量大,寿命长,可重复使用等特点,支持快速读/写、非可视识别、移动识别、多目标识别、定位及长期跟踪管理。

2. 分　类

电子标签按不同的分类方法,有多种类别,如下:

(1) 按工作频率分类

电子标签按频率分类的情况见表 2.2。

(2) 按照供电方式分类

按标签的供电方式,射频标签可分为无源 RFID 标签、有源 RFID 标签、半有源 RFID 标签。

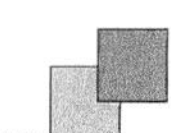

(a) 标签芯片和天线

(b) 非接触式IC卡

(c) 非接触式IC用户卡、钥匙卡

(d) 不干胶电子标签

(e) 泡棉胶电子标签

(f) 抗金属电子标签

(g) 井盖抗金属电子标签

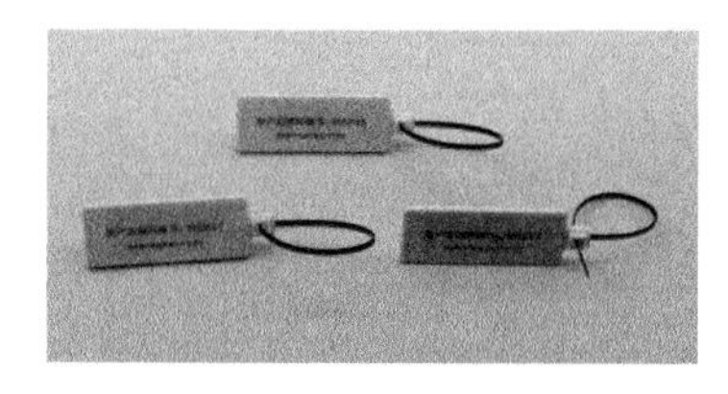

(h) 扎带固定电子标签

(i) 合成条码的电子标签

(j) 洗衣店用电子标签

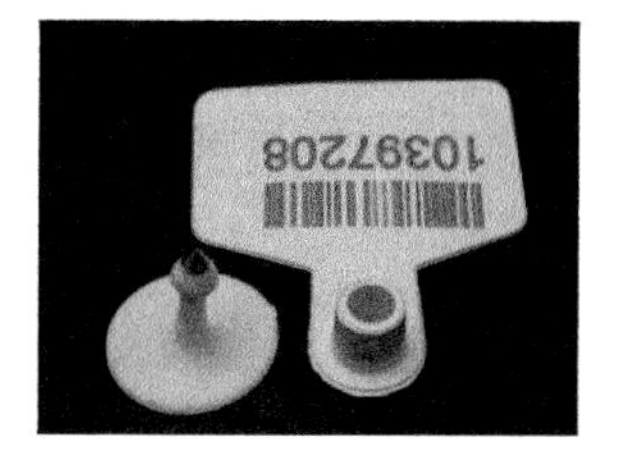

(k) 动物耳标

(l) 珠宝标牌

图 2.22　常见电子标签

表 2.2　电子标签按频率分类

分　类	典型频率	读/写距离	典型应用	相关技术标准
低频(LF)	125～134 kHz	5～10 cm。专用的远距离读头配远距离卡，可达到 1 m 左右	动物耳标识别、商品零售、电子闭锁防盗等	ISO 11784/11785 ISO/IEC18000－2
高频(HF)	13.56 MHz	5～10 cm。专用的远距离读头配远距离卡，可达到 1 m 左右	电子车票、电子身份证、小区物业管理等	ISO/IEC 14443 ISO/IEC18000－3 ISO/IEC 15693

续表 2.2

分　类	典型频率	读/写距离	典型应用	相关技术标准
超高频(UHF)	433.92 MHz	常见 0～50 m	生产线产品识别、车辆识别、集装箱、包裹识别等	ISO/IEC18000－7
	860～960 MHz	可达到 25 m，常见 2～8 m		ISO/IEC18000－6
微波	2.45 GHz 或 5.8 GHz	可达到 200 m	ETC 高速不停车收费、雷达和无线电导航等	ISO/IEC18000－4

无源 RFID 标签内部没有电源电路，它通过电磁感应线圈从读写器输出的微波信号获取能量给电路供电，所以无源标签只有在与读/写器距离较近时才能将信息发送给读/写器。无源 RFID 标签主要工作在低频和高频段，不需要供电模块，结构简单，成本低，用于近距离的信息识别。

有源 RFID 标签使用外部电源供电，相对于无源 RFID 标签其体积比较大，可以主动向读/写器发送数据信号。有源 RFID 标签主要工作在超高频和微波频段，其传输距离和传输速率跟无源标签相比有了很显著的提升，最高传输距离可达百米。

半有源 RFID 标签采用自主供电模式工作，一般情况下半有源 RFID 标签处于休眠状态，只给标签中数据电路部分供电，耗电量很小，只有在接收到读/写器低频信号后才会进入正常工作状态，在工作状态下再发送高频信号将数据发送给读/写器。半有源 RFID 标签能实现较远的传输距离和较高的传输速率。

3. 优　势

RFID 标签相比于传统条形码来说，在获取标签信息的操作机制、重复使用性、环境适应性、获取数据速度、应用领域等方面都具有很大的优势。表 2.3 所列为 RFID 标签与传统条形码的比较结果。

表 2.3　RFID 标签与传统条形码比较

属　性	RFID 标签	传统条形码
分类多样性	可分为有源、无源、半有源	形式单一，多为纸质条码
读取信息操作机制	无需对准标签，一定范围内即可读取信息	近距离对准条形码读取信息
重复使用性	可重新写入新的标签信息，可重复使用	一次性使用，不可再次使用
环境适应性	可适应高温、水、酸碱等恶劣环境	极易在水、酸碱环境下损坏，不能使用
获取数据实时性	读取标签信息速度快，每秒可读取几百个	读取信息较慢
应用领域	应用范围广，可应用在物流、零售、制造、军工、航天等领域	由于受环境影响较大，应用场景也受到很大限制

三、阅读器

阅读器的种类很多，选用阅读器时，根据射频系统需求，可从适用频率、外观尺寸、性能、数据输出接口等方面进行选择。常见阅读器如图2.23所示。

(a) 低频阅读器

(b) 高频阅读器

(c) 需外接天线的超高频阅读器

(d) 超高频读/写天线一体机

图2.23　常见阅读器

2.2.2　射频识别技术应用

一、生活中常见的RFID技术应用

1. 智慧交通：车辆自动识别

通过采用RFID技术对车辆进行识别能够随时了解车辆的运行情况，实现车辆的自动跟踪管理。在车辆识别领域的典型应用有：高速公路电子不停车收费系统(ETC)、公交优先通行系统、无人值守自动称重系统、土石方车辆自动计数管理系统、无人驾驶车辆路线预警系统等。

2. 智能制造：生产的自动化及过程控制

RFID技术因其具有抗恶劣环境能力强、非接触识别等特点，在生产过程控制中有很多应用。通过在大型工厂的自动化流水作业线上使用RFID技术，实现了物料跟踪和生产过程自动控制、监视，提高了生产效率，改进了生产方式，降低了成本。在智能制造领域的典型应用有：RFID生产跟踪及追溯系统、AGV无人搬运站点识别系统、巡检机器人路径识别系统、混凝土预制构件质量追溯系统等。

3. 智慧畜牧：动物识别管理

RFID技术可以用于动物的识别跟踪与管理，可以标识牲畜，监测动物健康状况等，为牧场的现代化管理提供可靠的技术手段。在大型养殖场，可以采用RFID技术建立饲养档案、预防接种档案等，达到高效、自动化管理牲畜的目的，同时为食品安全提供保障。在动物识别领域的典型应用有：牛羊出入栏自动点数系统、犬只电子标识信息化管理系统、生猪养殖追溯系统、畜牧保险标的身份识别系统、动物身份识别与追溯系统、实验动物身份识别系统、母猪自动化精准饲喂系统等。

4. 智慧医疗

利用RFID技术实现患者与医务人员、医疗机构、医疗设备之间的互动，逐步达到信息化，使医疗服务走向真正意义的智能化。在智慧医疗领域的典型应用有：医疗废物管理系统、内镜清洗消毒追溯系统等。

5. 资产管理:物资盘点及出入库管理

利用RFID技术,对固定资产进行标签式管理,通过加装RFID电子标签,在出入口等位置安装RFID识别设备,实现资产全面可视和信息实时更新,监控资产的使用和流动情况。将RFID技术用于智能仓库货物管理,可以有效实现仓库里与货物流动相关的信息的管理,监控货物信息,实时了解库存情况,自动识别盘点货物,确定货物的位置。在资产管理领域的典型应用有:RFID仓库管理系统、RFID固定资产管理系统、透明保洁智能监管系统、垃圾收运智慧监管系统、电子标签亮灯拣货系统、RFID图书管理系统、RFID巡线管理系统、RFID档案管理系统等。

6. 人员管理

使用RFID技术可以有效地识别人员身份,进行安全管理,简化了出入手续,提高了工作效率,并且有效地进行了安全保护。人员出入时系统会自动识别身份,非法闯入时会有报警。在人员管理领域的典型应用有:中长跑计时计圈系统、人员定位及轨迹管理、远距离人员自动识别系统、叉车防撞预警系统等。

7. 物流配送:邮件、邮包的自动分拣

RFID技术已成功应用到邮政领域的邮包自动分拣系统中。该系统具有非接触、非视线数据传输的特点,所以包裹传送中可以不考虑包裹的方向性问题。另外,当多个目标同时进入识别区域时,可以同时识别,大大提高了货物分拣能力和处理速度。由于电子标签可以记录包裹的所有特征数据,更有利于提高邮包分拣的准确性。

8. 军事管理

RFID可识别高速运动目标并可同时识别多个目标,无须人工干预,操作快捷方便,可适应各种恶劣环境。利用RFID技术,无论军用物资处于采购、运输、仓储、使用、维修的哪个环节,各级指挥人员都可以实时掌握其信息和状态。RFID能以极快的速度在读写器和电子标签之间采集和交换数据,具有智能读写及加密通信的能力、世界唯一性密码、极强的信息保密性,这对于军事管理要求的准确、快速、安全、可控提供了切实可行的技术途径。

9. 零售管理

零售业中的RFID应用主要集中在供应链管理、库存管理、店内商品管理、客户关系管理以及安全管理五个方面。由于RFID的独有识别方式和技术特性,能为零售商、供应商及顾客带来巨大的益处。它以一种高效的方式,使供应链系统能够更简易、自动地追踪商品动态,实现真正的自动化管理。此外,RFID还为零售业提供了先进便捷的数据采集方式、便利的顾客交易、高效的运营方式、快速而有洞察力的决策手段等条码技术无可比拟的好处。

10. 防伪溯源

伪造问题在世界各地都是令人头疼的问题,将RFID技术应用在防伪领域有它自身的技术优势,具有成本低又很难伪造的优点。电子标签本身具有内存,可以储存、修改与产品有关的数据,利于进行真伪的鉴别。利用这种技术不用改变现行的数据管理体制,唯一的产品标识号完全可以做到与已用数据库体系兼容。

【任务实施与评价】

<table>
<tr><td colspan="2">任务单 2 认识 RFID 智能仓储管理系统</td></tr>
<tr><td rowspan="2">任务实训</td><td>(一)知识测试</td></tr>
<tr><td>一、单项选择题
1. 射频识别技术的核心在(　　)。
A. 中间件　B. 天线　C. 电子标签　D. 阅读器
2. (　　)电子标签系统用于短距离、低成本的应用中。
A. 低频　B. 中频　C. 高频　D. 超高频
3. RFID 属于物联网的(　　)层。
A. 应用　B. 网络　C. 业务　D. 感知
4. RFID 卡(　　)可分为:低频(LF)标签、高频(HF)标签、超高频(UHF)标签以及微波(μW)标签。
A. 按供电方式　B. 按工作频率　C. 按通信方式　D. 按标签芯片
5. RFID 硬件部分不包括(　　)。
A. 读写器　B. 天线　C. 二维码　D. 电子标签
6. 射频识别系统中决定整个射频系统的工作频率和工作距离的是(　　)。
A. 电子标签　B. 上位机　C. 读/写器　D. 计算机通信网络
7. 电子标签正常工作所需要的能量全部是由阅读器供给的,这一类电子标签称为(　　)。
A. 有源标签　B. 无源标签　C. 半有源标签　D. 半无源标签
8. 有关 IC 卡的描述正确的是(　　)。
A. 必须有 CPU 中央处理器　B. 逻辑加密 IC 卡必须验证操作密码后进行操作
C. 防水、耐用　D. 可以不限使用次数
9. 抗损性强、可折叠、可局部穿孔、可局部切割的 AID 技术是(　　)。
A. 二维条码　B. 磁卡　C. IC 卡　D. 光卡
10. (　　)不属于一个标准的 IC 卡应用系统。
A. IC 卡　B. 读/写器　C. 通信网络　D. PC
11. 目前,最重要的自动识别技术是(　　)。
A. 条形码　B. IC 卡　C. 语音识别　D. RFID 技术
二、填空题
1. RFID 系统按照工作频率分类,可以分为________、________、________和________四类。
2. 高频 RFID 系统典型的工作频率是________。
3. 典型的 RFID 系统主要由________、________、________和________四部分构成。
4. RFID 标签按________方式分为低频标签、高频标签和超高频标签等。
常见的自动识别技术有________、________、________和________(至少列出四种)。
三、判断题
1. 在物流技术中应用最广泛的自动识别技术是条码技术和射频识别技术。(　　)
2. 磁卡和 IC 卡的本质是一样的。(　　)
3. 目前,我国射频识别技术及应用处于初级发展阶段,存在技术水平不高、标准规范不完整等诸多问题。(　　)
4. RFID 与条码相比,其最大的优势是可以同时识别多个标签。(　　)
5. 电子标签具有各种各样的形状,任意形状都能满足阅读距离及工作频率的要求。(　　)
6. 现今的条形码印刷上去之后就无法更改,RFID 标签则可以重复地新增、修改、删除 RFID 卷标内储存的数据,方便信息的更新。(　　)</td></tr>
</table>

7. EAS是一种设置在需要控制物品出入的门口的RFID技术。(　　)

8. RFID系统的工作频率划分中,低频系统应用于需要较远的读/写距离和较高的读/写速度的场合。(　　)

9. 在射频识别系统的工作过程中,始终以能量为基础,通过一定的时序方式来实现数据的交换。(　　)

10. 对于任何一只射频电子标签来讲,都具有唯一的ID号,这个ID号对于一只标签来讲,是不可更改的。(　　)

11. 目前RFID存在两个技术标准阵营,一个总部在美国,一个总部在中国。(　　)

12. RFID射频识别是一种接触式的自动识别技术。(　　)

13. 任一RFID系统至少应包含两根天线,一根完成信号发射,一根承担信号接收。(　　)

14. IC卡是集成电路卡。卡片内封装有集成电路,用以存储和处理数据。(　　)

15. IC卡将一个微电子芯片嵌入卡基中,做成卡片形式。(　　)

16. IC卡与读/写器之间的通信方式既可以是接触式,也可以是非接触式。(　　)

17. 磁卡是一种磁记录介质卡片。(　　)

任务实训

(二)实训内容要求

RFID智能仓储管理系统,从根本上解决了各行各业仓储的进出记录复杂、管理效率低下等问题,进一步提高了数据读取速度及准确率,降低人为不可控因素的影响。将RFID电子标签贴在每个货物的包装上、托盘上或货架上,通过RFID读/写器在标签中写入货物的具体资料、货架位置、库位等信息。通过对RFID标签数据的获取,实现货物信息的确认,完成成品信息的不间断跟踪,为仓储物流的货物出入库、货物转拨、货位的精确管理提供基础信息保障,能为企业降低人工成本,提高仓储管理效率,实现仓储精益化管理。RFID仓储管理系统示意如图2.24所示。

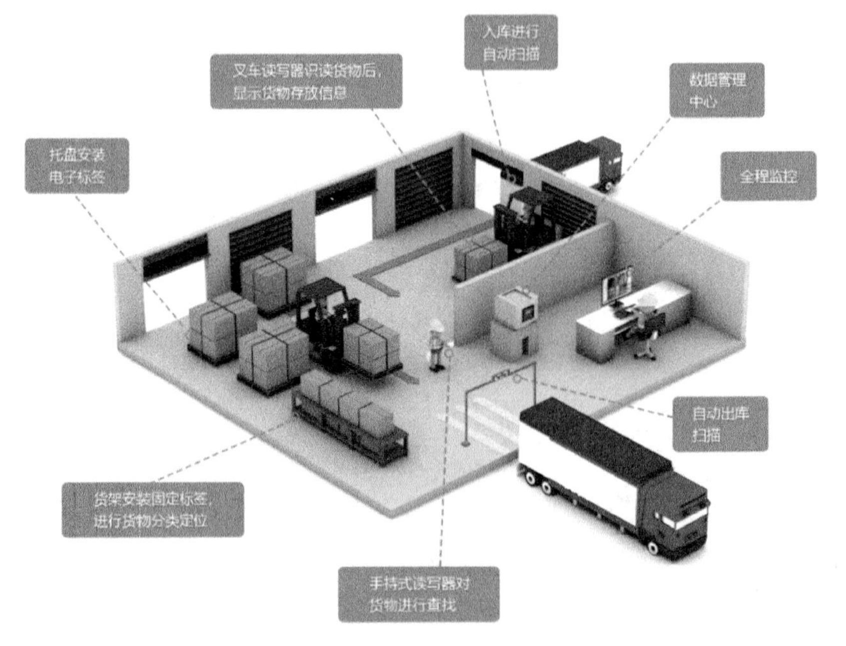

图2.24　RFID仓储管理系统示意图

<table>
<tr><td rowspan="4">任务实训</td><td>在库房的出入口均安装RFID射频门系统，并与智能仓储系统接口，实现货物进出库房时，自动群体录入的功能。在叉车上安装射频装置和车载电脑，可实现自动识别车载物体和给出送料指示；当叉车叉起物资时，安装于叉车上的RFID射频装置自动识别托盘物资信息，通过与物资调度平台系统的物资信息对比，在车载电脑上向司机给出操作流程和搬运信息。手持式读写器包括扫描仪、图像仪、RFID模块和Wi-Fi通信模块等电路。利用手持机可以对仓库物资进行群体识别、物资盘点，通过Wi-Fi网络实时与物资调度平台系统连接获取物资盘点信息，完成出入库物资的实时跟踪核对。从而，RFID智能仓储管理系统可实现仓储管理、计划管理、联动调度、综合统计、决策分析、资产管理等功能</td></tr>
<tr><td>(三)实训提交资料</td></tr>
<tr><td>绘制文中RFID智能仓储管理系统的组成结构框图</td></tr>
</table>

任务考核			
	名称：________	姓名：________	日期： 20___年___月___日
	项目要求	扣分标准	得　分
	系统组成部分齐全(60分)	答错一点扣10分	
	组成部分的关系表达(40分)	答错一点扣10分	
	评价人	评　语	
	学生：________		
	教师：________		

任务3 基于EasyDL图像的车辆智能分类

【任务目标】

【知识目标】

- 熟悉机器视觉的主要技术方向；
- 知道机器视觉系统的优点。

【技能目标】

- 能够利用EasyDL图像模型实现车辆智能分类。

【素质目标】

- 培养主动收集资料的习惯；
- 培养动手实践的习惯；
- 培养独立思考的习惯；

- 培养积极沟通的习惯；
- 培养团队合作的习惯。

【任务描述】

随着智慧城市中智能交通的发展，应用于智能交通系统的核心技术发展迅速，持续更新。作为深度学习的一个应用领域，车辆分类在智能交通系统、无人驾驶和公共安全中扮演着重要角色。智能交通系统中关于车型分类识别技术课题的研究也具有很高的应用价值和理论意义。

百度大脑 AI 开放平台提供了 EasyDL 图像模型，借助它无需算法基础就可以定制高精度深度学习模型，只需要少量数据就可以获得精度在 90%以上的模型。

请收集车辆图像资料，体验使用 EasyDL 实现车辆智能分类的过程。

【知识储备　机器视觉识别技术】

在物联网应用系统中，机器视觉是一种重要的信息采集手段，相当于物联网的“眼睛”，是物联网感知技术的主要技术。机器视觉系统是通过机器视觉产品(即图像摄取装置，分 CMOS 和 CCD 两种)将被摄取目标转换成图像信号，传送给专用的图像处理系统，得到被摄目标的形态信息，根据像素分布和亮度、颜色等信息，转变成数字化信号；图像系统对这些信号进行各种运算来抽取目标的特征，进而根据判别的结果来控制现场的设备动作。

机器视觉识别技术，是人工智能、计算机科学、图像处理、模式识别等诸多领域学科的交叉应用，其应用领域涵盖了工业、农业、医药、军事、航天、气象、天文、公安、交通、安全等国民经济的各个行业。

一、机器视觉的主要技术方向

机器视觉的技术方向主要有以下四个方面，如图 2.25 所示。

(a) 视觉检测

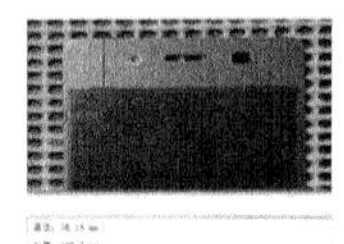
(b) 视觉测量

(c) 视觉定位

(d) 视觉识别

图 2.25　机器视觉的技术方向

1. 视觉检测

机器视觉检测是对目标物体进行外观检测，在多个行业都得到了广泛应用，可用于检测生产线上产品有无质量问题。如制造业用于产品的表面装配缺陷、表面划痕等检测，印刷业用于检测表面印刷缺陷、如色差检测，食品业用于产品表面形状缺陷检测等。

2. 视觉测量

视觉测量，即目标物体的几何形状测量，比如外形轮廓、孔径、高度、面积等尺寸的测量。尺寸测量无论是在产品的生产过程中，还是产品生产完成后的质量检验中都是必不可少的步骤，而机器视觉在尺寸测量方面有其独特的技术优势。

对于产品尺寸的测量包括产品的一维、二维和三维尺寸测量。运用机器视觉测量，是把获取的图像信息标定成常用的度量衡单位，然后在图像中精确地计算出目标物体的几何尺寸。机器视觉测量方法不但速度快、非接触、易于自动化，而且精度高。其中CCD摄像机与显微镜相结合的测量方式，可以进行细微的尺寸测量，如晶圆测量、芯片测量等。

目前利用机器视觉测量技术能够达到的最高精度已经达到亚微米级以上，能够满足现阶段绝大部分自动化生产上的精度要求，通过机器视觉系统进行测量定位能让生产线速度更快，生产效率更高。

3. 视觉定位

视觉定位是指在识别出物体的基础上，精确给出物体的坐标和角度信息，自动判断物体的位置。利用机器视觉系统的视觉定位技术，可以快速准确地找到被测零件并确认其位置，引导机械手臂准确抓取，比如在半导体封装生产线上，设备根据机器视觉获取的芯片位置信息，控制拾取头准确拾取芯片。

4. 视觉识别

目前机器视觉识别有图片文字识别和AI视频识别应用，利用机器视觉识别对图像进行处理、分析和理解，以识别各种不同模式的目标和对象，可以实现数据的采集和追溯，比如工业生产线上识别检测条码、字符、二维码；自动驾驶汽车识别视频图像中的路沿、障碍物等。

二、机器视觉系统的优点

机器视觉相较于人眼有很多的优点，也存在差异，具体见表2.4。机器视觉在智能制造生产过程中检测产品具有比人工检测效率更高，准确性和稳定性更好，便于数字化管理、信息集成，避免了对产品的直接接触，可在恶劣环境中检测，长期使用成本更低等优点。

表2.4　机器视觉和人类视觉的差异

对比项目	机器视觉	人类视觉
适应性	适应性差，容易受复杂背景及环境变化的影响	适应性强，可在复杂及变化的环境中识别目标
智能性	可利用人工智能及神经网络技术，但不能很好识别变化目标	具有高级智能，可运用逻辑分析及推理能力识别变化目标并总结规律
彩色识别	对色彩的分辨能力较差，但可量化	对色彩识别能力强，易受到人的心理影响，不可量化
灰度分辨力	强，分辨256个灰度级	差，分辨64个灰度级
空间分辨力	通过配置各种光学镜头，可以观测到从微米到天体的目标	较差，不能观看微小目标

续表 2.4

对比项目	机器视觉	人类视觉
速度	快门时间可达到 10 μs,高速相机帧速可达到 1 000 帧/s 以上,处理器的速度越来越高	0.1 s 的视觉暂留使人眼无法看清快速运动目标
感光范围	从紫外到红外的较宽光谱范围,另外有 X 光等特殊摄像机	400～750 nm 范围的可见光
环境要求	对环境适应性强,另外可加防护装置	

【任务实施与评价】

<table>
<tr><td colspan="2">任务单 3　基于 EasyDL 图像的车辆智能分类体验</td></tr>
<tr><td rowspan="2">任务实训</td><td>(一)知识测试</td></tr>
<tr><td>单项选择题
1. 在机器视觉领域,(　　)是图像分辨率。
A. 图像中物体的清晰度　　B. 图像中像素的数量
C. 图像中颜色的深浅　　D. 图像中亮度的变化
2. 在机器视觉中,(　　)是深度学习。
A. 一种用于图像处理的算法　　B. 一种基于神经网络的机器学习方法
C. 一种传统的图像分类技术　　D. 一种用于图像压缩的算法
3. 在机器视觉中,(　　)是图像分割。
A. 将图像转换为灰度图像的过程　　B. 将图像转换为二进制图像的过程
C. 将图像划分成多个区域的过程　　D. 将图像中的噪声去除的过程
4. 在机器视觉中,(　　)是特征匹配。
A. 通过比较图像的像素值来寻找相似之处
B. 通过检测图像中的边缘来寻找相似之处
C. 通过对图像进行滤波来寻找相似之处
D. 通过比较图像的特征描述子来寻找相似之处
5. 在机器视觉中,(　　)是全景图像。
A. 由多个图像拼接而成的大幅图像　　B. 只能显示一小部分场景的图像
C. 通过计算机生成的虚拟图像　　D. 只包含黑白像素的图像
6. 在机器视觉中,(　　)是图像增强。
A. 将图像分割成多个区域的过程
B. 通过调整图像的亮度、对比度等参数来改善图像质量
C. 使用卷积神经网络进行图像分类的过程
D. 在图像中检测和识别特定目标的过程
7. 在机器视觉中,(　　)是数据增强。
A. 通过使用更多数据来改善模型的性能
B. 通过对图像进行变换来增加数据的多样性
C. 在图像中添加噪声以提高算法的鲁棒性
D. 使用更高分辨率的图像来训练模型</td></tr>
</table>

任务实训	（二）实训内容要求

（二）实训内容要求

EasyDL 为各行业提供了一个高效易用的 AI 开发平台，其中图像模型在工业质检、视频安防等领域已得到广泛应用。

一、工业质检

1. 瑕疵检测

微小瑕疵检测，针对原始图片或基于光学成像图片进行瑕疵标注及训练，将模型集成在检测器或流水线中，辅助人工提升质检效率，降低成本。如进行木材虫眼识别，见图 2.26。

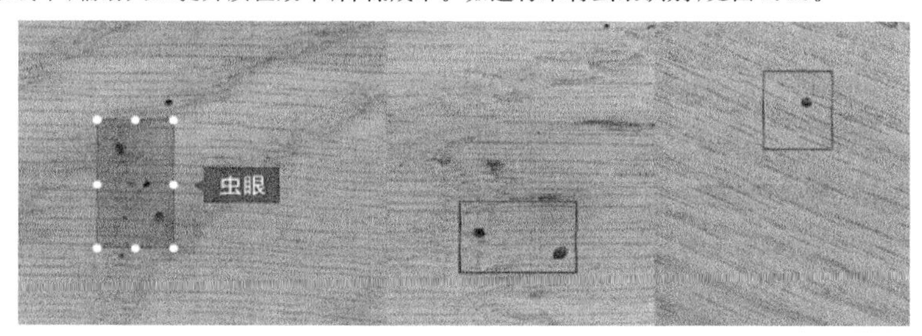

图 2.26　木材虫眼识别

2. 产品组装合格性检查

在流水线作业中针对组合型产品可能存在的不合格情况进行列举，并投入示例图片进行训练，从而训练出自动判断合格或不合格的模型，辅助人工判断产品质量。如图 2.27 所示，进行键盘缺键识别。

图 2.27　键盘缺键识别

二、视频图像监控

生产环境安全监控

对生产环境现场做安全性监控，如是否出现挖掘机等危险物品，工人是否佩戴安全帽，是否穿工作服等，辅助人工判断安全隐患并及时预警，保证生产环境安全运行，如图 2.28 所示。

图 2.28　生产环境安全识别

在百度大脑 AI 开放平台提供了一些场景实操教程，并且已提供数据集，可以快速体验模型的零代码开发与落地。

请根据教程体验如何实现车辆智能分类

任务实训	（三）实训提交资料 根据体验过程，撰写实训报告，描述如何实现车辆智能分类的过程及对机器视觉识别技术的深刻理解。实训报告至少包括4部分内容：创建模型、准备数据、训练模型、部署应用

任务考核

名称：______________	姓名：______________	日期： 20____年____月____日
项目要求	扣分标准	得　分
创建模型(20分) 按提示完善模型信息，创建车辆智能分类模型	未成功实现模型创建，扣20分	
准备数据(30分) 创建数据集、导入数据集、数据集链接	未完成创建数据集，扣10分； 未完成导入数据集，扣10分； 未完成数据集链接，扣10分	
训练模型(20分) 训练配置、开始训练	未完成训练配置，扣10分； 未完成开始训练，扣10分	
部署应用(20分) 部署流程、应用流程、部署文档链接	未成功实现部署应用，扣20分	
实训效果及体会(10分) 展示车辆智能分类效果； 结合机器视觉识别技术阐述本次实现体会	未展示效果，扣5分； 未结合机器视觉识别技术阐述本次实现体会，扣5分	
评价人	评　语	
学生：______________		
教师：______________		

任务4　考勤机调研

【任务目标】

【知识目标】

- 熟悉生物识别技术的概念、类别；
- 知道常用生物识别技术的特征和适用场景；
- 熟悉指纹识别、人脸识别、静脉识别、声纹识别技术。

【技能目标】

- 能够根据需求选用生物识别技术。

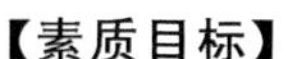

- 培养主动收集资料的习惯；
- 培养动手实践的习惯；
- 培养独立思考的习惯；
- 培养积极沟通的习惯；
- 培养团队合作的习惯。

【任务描述】

现在你的公司要购买一台考勤机，请你对市面上的考勤机进行调研，撰写一份调研报告，为选购提供参考。

【知识储备　生物识别技术】

一、概　述

生物识别技术，就是利用人体生物特征进行身份认证的一种技术。通过利用计算机技术与光学、声学、生物传感器、生物统计学原理等技术的融合，将人体固有的生理或行为特征收集起来，运用图像处理和模式识别的方法进行取样和数字化处理，转换成数字代码，并将代码组成的特征模板存放在数据库中。当有人在使用识别系统进行身份认证时，识别系统获取其特征并与数据库中的特征模板进行比对，通过是否匹配确定身份。这个过程中关键的技术是如何获取生物特征，并将其转换为数字信息进行存储，再利用可靠的匹配算法完成验证与个人身份识别。

生物识别信息包括两大类：一是面部特征、指纹、声纹、个人基因、掌纹、虹膜等生理特征信息；二是笔迹、步态等行为特征信息。与传统的身份鉴定手段相比，基于生物特征识别的身份鉴定技术具有不易遗忘或丢失、防伪性能强、不易伪造或被盗等优点。

目前，常用的生物识别方法有指纹识别、人脸识别、声纹识别、虹膜识别等，它们的应用场景可分为以下五类。在商业应用方面主要包括考勤、门禁、锁类应用等。在司法应用上，采用指纹、人脸自动识别系统等实现司法鉴证系统。在公众项目应用方面，用于医疗、教育、社会保险的账户认证等。在公共与社会安全应用方面，用于证照（身份证、护照等）系统、出入境控制系统、黑名单追踪系统、敏感岗位任职人员背景调查系统、门禁系统等。在个人消费类应用产品方面，用于门锁、手机、玩具、家电及其他 IT 产品等的结合应用等。

常用生物识别技术的适用场景和特征如表 2.5 所列。

表 2.5 常用生物识别方式技术的适用场景和特征[4]

名　称	主要场景	技术成熟度	是否必须接触	认证准确性	便利性	防伪能力
指纹识别	公安侦查、门禁、消费电子设备等场景	高	是	高	高	易被低成本伪造
人脸识别	公共场所人证比对，终端的人脸解锁验证，门禁、金融等身份验证	较高	否	较高	高	易被欺骗
静脉识别	公安、金融、军队等的智能门禁安防领域、身份认证等	较高	否	高	高	不易被伪造
声纹识别	移动设备声纹解锁屏、声纹门禁、声纹锁、远程声纹身份认证等声纹识别	中	否	中	中	能被伪造

二、常用的生物识别方法

1. 指纹识别

每枚指纹都有几个具有唯一性的可测量特征点，每个特征点大约有 7 个特征，10 个手指可产生几千个独立、可测量的特征。指纹识别技术通过分析指纹的全局特征和局部特征完成个人身份识别；每个人手指的皮肤纹路是唯一并且终身不变的，具有唯一性和稳定性。指纹识别是种可靠的鉴别方式。

指纹识别技术实用性强，指纹样本便于获取，指纹识别产品性价比高，指纹扫描速度快，且易于开发识别系统，因此指纹识别技术应用广泛。

指纹识别产品的核心部件是指纹模块，是安装在指纹门禁、指纹考勤机等器件上，用来完成指纹的采集和指纹识别的模块。指纹模块主要由指纹采集模块、指纹识别模块和扩展功能模块（如锁具驱动模块）组成。

指纹模块按其指纹识别方式可以分为光学指纹模块、电容指纹模块、射频指纹模块三类，如图 2.29 所示。

(a) 光学指纹模块

(b) 电容指纹模块

(c) 射频指纹模块

图 2.29　指纹模块

(1) 光学指纹模块

光学指纹采集器的原理是靠光的反射采集指纹表层纹理图像。当手指接触棱镜表面时，光线照到压有指纹的玻璃表面，被CCD获取反射光线，反射光的量因压在玻璃表面指纹的脊和谷的深度以及皮肤与玻璃间的油脂和水分的不同而不同。光线经玻璃照射到谷的地方后在玻璃与空气的界面发生全反射，光线被反射到CCD，而射向脊的光线不发生全反射，而是被脊与玻璃的接触面吸收或者漫反射到别的地方，这样就在CCD上形成了指纹的图像。光学指纹采集器是出现最早的指纹采集器，因其工艺成熟，产品性能可靠，价格低，寿命长，成为现阶段使用最为普遍的指纹采集器。光学指纹模块的缺点是体积大，对干燥皮肤的手指识别效果没有湿润皮肤的手指识别效果好。

(2) 电容指纹模块

目前市场上常见的还有电容式指纹采集模块，它通过电容的数值变化来采集指纹。在一块集成有成千上万半导体器件的平板上，当手指贴在上面时，与面板构成了电容的两个极板，由于手指平面凹凸不平，凸点处和凹点处接触平板的实际距离不同，形成的电容数值也就不同，模块将采集到的不同数值组成图像，就实现了指纹的采集。电容指纹模块采集的指纹图像成像质量高，灵敏度高，但是对湿润皮肤的手指识别效果没有干燥皮肤的手指识别效果好，识别指纹的平板区域较脆弱，价格较高。

(3) 射频指纹模块

射频指纹模块又叫刮擦指纹模块，是利用微量射频信号来探测纹路。射频传感器发射出微量射频信号，穿透手指的表皮层去探测里层的纹路，来获得最佳的指纹图像。由于它的独特工作原理，所采集到的指纹图像对应于手指内层的真皮指纹纹理，对手指表面的外层皮肤不敏感，并对表面的一些脏物、油渍、灰尘等物质具有穿透能力。因此，它对各种类型的手指在各种使用条件下都能采集到理想的高质量的图像，具有显著的优越性能。它对汗手指、干手指等困难手指的通过率可高达99.5%，并且指纹防伪能力强，因为它只对人的真皮皮肤有反应，从根本上杜绝了人造指纹的问题。另外，它的温区宽，适合特别寒冷或特别酷热的地区。

2. 人脸识别

人脸识别，是一种基于人的脸部特征信息进行身份识别的生物识别技术。用摄像机或摄像头采集含有人脸的图像或视频流，并自动在图像中检测和跟踪人脸，进而对检测到的人脸进行脸部识别的一系列相关技术，通常也叫做人像识别、面部识别。常见的人脸识别应用设备见图2.30。

人脸识别技术具有主动识别，识别速度快，识别准确度高，免接触，防盗刷，无损耗，系统扩展性好等优点。

3. 静脉识别

静脉识别技术是先通过静脉识别仪取得个人手指或手掌静脉分布图，将特征值存

(a) 人脸识别测温一体机

(b) 人脸识别指纹考勤机

(c) 人脸识别门禁闸机

图 2.30 常见的人脸识别应用设备

储;比对时,实时采集静脉图,运用先进的滤波、图像二值化、细化手段对数字图像提取特征,采用复杂的匹配算法同存储的静脉特征值比对匹配,从而对个人进行身份鉴定,确认身份。该技术克服了传统指纹识别速度慢,手指有污渍或手指皮肤脱落时无法识别等缺点,提高了识别效率。指静脉和掌静脉识别仪见图 2.31。

(a) 指静脉识别仪

(b) 掌静脉识别仪

图 2.31 指静脉和掌静脉识别仪

静脉识别系统另一种方式是通过红外线 CCD 摄像头获取手指、手掌、手背静脉的图像,将静脉的数字图像存储在计算机系统中,实现特征值存储。静脉比对时,实时采集静脉图。

4. 声纹识别

声纹识别,是把声信号转换成电信号,再用计算机进行声纹识别。所谓声纹(Voiceprint),是用电声学仪器显示的携带言语信息的声波频谱。人类语言的产生是人体语言中枢与发音器官之间一个复杂的生理物理过程,人在讲话时使用的发声器

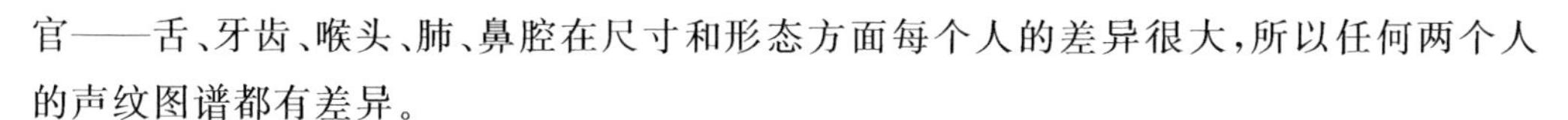

官——舌、牙齿、喉头、肺、鼻腔在尺寸和形态方面每个人的差异很大，所以任何两个人的声纹图谱都有差异。

声纹识别，也称为说话人识别，分两类：说话人辨认和说话人确认。说话人辨认是判断某段语音是若干人中的哪一个所说的，是“多选一”问题；说话人确认是确认某段语音是否是指定的某个人所说的，是“一对一判别”问题。不同的任务和应用会使用不同的声纹识别技术，如缩小刑侦范围时可能需要辨认技术，而银行交易时则需要确认技术。

声纹识别具有非接触识别，准确性较高，易于实现一些远程识别应用等优点。但声纹识别应用也具有一些缺点，每个人的语音声学特征既有相对稳定性，又有变异性，不是绝对的、一成不变的。这种变异可来自生理、病理、心理、模拟、伪装，也与环境干扰有关。

目前，生物识别技术除了前面提到的这些常用的技术之外，还有虹膜识别技术、视网膜识别技术、掌纹识别技术、签名识别技术等。

【任务实施与评价】

<table>
<tr><th colspan="2">任务单 4　考勤机调研</th></tr>
<tr><td rowspan="2">任务实训</td><td>(一) 知识测试</td></tr>
<tr><td>一、单项选择题
1. 生物识别技术中最常用的指纹识别方法是(　　)。
A. 红外光谱法　B. 触摸式传感器　C. 声音分析法　D. 静电容量法
2. 通常不用于面部识别的生物特征是(　　)。
A. 眼睛形状　B. 嘴唇纹理　C. 耳廓形态　D. 声纹
3. 生物识别技术中常用的虹膜识别方法是检测虹膜中的(　　)。
A. 纹路　B. 颜色　C. 血管网　D. 厚度
二、填空题
1. 生物识别技术中常用的虹膜识别方法是检测虹膜中的________。
2. 指纹识别技术中，将指纹图像转换成可用于识别的数字表示的过程称为________。
3. 人脸识别技术中，常用的人脸对齐方法是________。
三、判断题
1. 生物识别技术是利用人的生理特征或行为特征来进行个人身份的自动识别技术。(　　)
2. 生物识别指的是利用可以测量的人体生物学或行为学特征来核实个人的身份。(　　)
3. 声纹识别是一种基于个体声音特征进行识别的生物识别技术。(　　)
4. 虹膜识别技术比人脸识别技术更容易受到光照条件的影响。(　　)
5. 虹膜识别技术比指纹识别技术更容易受到环境光条件的干扰。(　　)
6. 声纹识别是一种基于个体的声音特征进行识别的生物识别技术。(　　)</td></tr>
</table>

<table>
<tr><td rowspan="4">任务实训</td><td>(二)实训内容要求</td></tr>
<tr><td>现你的公司需要购买一台考勤机,对公司的 300 名员工进行上下班考勤。不同的考勤机采用的生物识别技术不同,可存储的生物特征数量不同,传输数据的方式也不同。
请你调研市面上考勤机的功能、性能参数指标和价格情况,为公司选购考勤机提供参考</td></tr>
<tr><td>(三)实训提交资料</td></tr>
<tr><td>撰写调研报告,请列举出符合实训内容要求的三款以上的考勤机的详细资料</td></tr>
<tr><td>任务考核</td><td>
<table>
<tr><td>名称:________</td><td>姓名:________</td><td>日期:
20____年____月____日</td></tr>
<tr><td>项目要求</td><td>扣分标准</td><td>得　分</td></tr>
<tr><td>考勤机资料(80 分)
列举出三款以上的考勤机的详细资料</td><td>缺少一款考勤机的资料(扣 25 分);
考勤机的资料不够详细(扣 5 分)</td><td></td></tr>
<tr><td>选择理由(20 分)
着重从生物识别技术方面,充分说明选择理由</td><td>未说明选择理由(扣 20 分);
理由不充分(扣 10 分)</td><td></td></tr>
<tr><td>评价人</td><td colspan="2">评　语</td></tr>
<tr><td>学生:________</td><td colspan="2"></td></tr>
<tr><td>教师:________</td><td colspan="2"></td></tr>
</table>
</td></tr>
</table>

思考题

1. 什么是自动识别技术?自动识别技术包括哪几种类型?
2. 条码技术按码制分为哪几类?
3. 简述条码技术的应用情况。
4. 简述 RFID 技术的主要特点。
5. 简述射频识别技术的应用情况。
6. 请解释机器视觉中的目标检测技术。
7. 请解释机器视觉中的图像分割技术。
8. 请解释机器视觉中的场景理解技术。
9. 请解释机器视觉中的姿态估计技术。

10. 请解释机器视觉中的语义分割技术。

11. 请解释机器视觉中的多目标跟踪技术。

12. 请简要解释 DNA 分析在生物识别中的应用。

13. 生物识别技术在现实生活中有哪些应用?

14. 请简要解释手掌几何特征在生物识别中的应用。

15. 生物识别技术在医疗领域有哪些应用?

项目三

认识传感器与智能硬件

项目引导

现在很多人的生活中已经离不开智能手机了，手机是怎样从一种通信工具变成了一个具有魔力的智能设备呢？其中，就有各种传感器的功劳。

我们对着手机说话的时候，声音传感器会把语音信号转换成电信号。当我们触摸具有电容式触摸传感器的智能手机触摸屏时，会引起电容表面局部静电场的变化，图像处理控制器连续监测静电场，就可以找到手指确切触摸屏幕的位置。用手机玩过平衡球这类游戏的读者有没有想过，为什么游戏软件知道手机是平放的，或是向某个角度有倾斜呢？那就是加速度传感器和陀螺仪的作用。手机能根据环境亮度自动调节屏幕亮度，是由于有光线传感器能测量出环境的光线强弱。手机上的传感器还有很多，大家还知道哪些呢？

任务1 智能家居系统传感器应用情况分析

【任务目标】

【知识目标】

- 熟悉传感器的概念和组成；
- 熟悉传感器的分类、发展历程和应用；
- 知道传感器的特性指标、选用原则；
- 熟悉典型温度传感器、湿敏传感器、光电传感器、气敏传感器和压敏传感器的类型和特点。

【技能目标】

- 能够理解和判断典型应用系统中采用的传感器类型。

【素质目标】

- 培养主动收集资料的习惯；
- 培养动手实践的习惯；
- 培养独立思考的习惯；

- 培养积极沟通的习惯；
- 培养团队合作的习惯。

【任务描述】

请查阅相关内容，分析图 3.1 各子系统中用到了哪些类型的传感器？

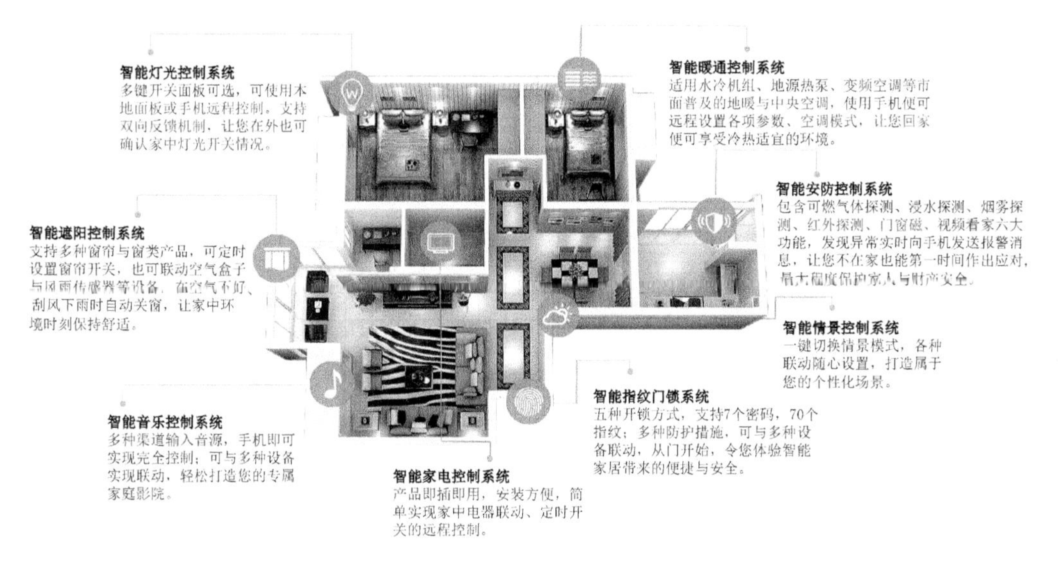

图 3.1　ZigBee 2.4G 无线智能家居全套解决方案

【知识储备 1　传感器技术概述】

传感器作为信息获取的重要手段，与通信技术和计算机技术共同构成信息技术的三大支柱，是构成物联网应用系统的基础。传感器是物联网系统中的感知终端，物联网应用平台以传感器采集到的大量各类数据为依据实现相应的智能应用。

1.1.1　传感器的组成

我国国家标准(GB7665—2005)对传感器的定义是：“能感受被测量并按照一定的规律转换成可用输出信号的器件或装置。”传感器利用物理效应、化学效应、生物效应，把被测的物理量、化学量、生物量等非电量转换成符合需要的电量。

传感器一般由敏感元器件、转换元器件、转换电路三部分组成，见图 3.2。

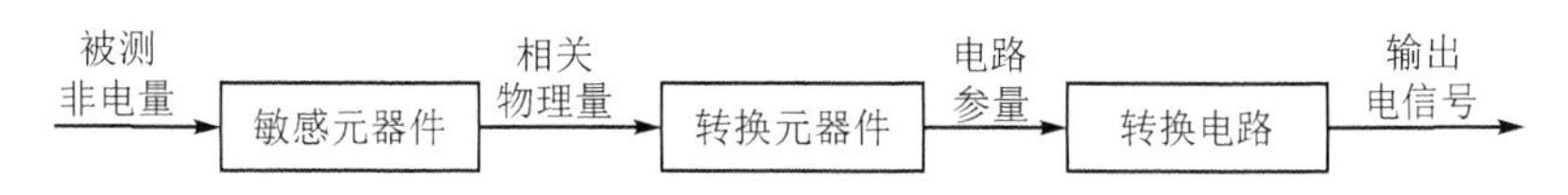

图 3.2　传感器的组成

敏感元器件：指传感器中能直接感受和响应被测量的部分，并输出与被测量成确定关系的某一物理量的元件。

转换元器件是指传感器中能将敏感元器件感受或响应的被测量转换成适于传输和

测量的电信号的部分。

转换电路：把转换元器件输出的电信号转换成便于处理、控制、记录和显示的有用电信号的部分，如放大、滤波、电桥、阻抗转换电路。

1.1.2 传感器的分类

传感器的种类非常多，并且分类方法也很多。常见的传感器分类法及相应种类见表3.1。

表3.1 传感器分类

分类方法	型式	说明
按构成效应分	物理型、化学型、生物型	分别以转换中的物理效应、化学效应等命名
按构成原理分	结构型	以其转换元件结构参数特性变化实现信号转换
	物性型	以其转换元件物理特性变化实现信号转换
按能量关系分	能量转换型	传感器输出量直接由被测量能量转换而得
	能量控制型	传感器输出量能量由外源供给，但受被测输入量控制
按作用原理分	应变式、电容式、压电式、热电式等	以传感器对信号转换的作用原理命名
按输入量分	位移、压力、温度、流量、气体等	以被测量命名(即按用途分类法)
按输出量分	模拟式	输出量为模拟信号
	数字式	输出量为数字信号

本书主要按传感器的工作原理和测量的物理量来分类，按此分类方法可以直观地体现传感器的功能。传感器按被测量(输入量)分类可以分为温度、压力、流量、物位、加速度、速度、位移、力矩、湿度、浓度等传感器。

1.1.3 传感器的发展历程和应用

一、传感器的发展历程

到目前，传感器的发展经历了三个历史发展阶段。

第一代传感器是开始于20世纪50年代的结构性传感器，它通过结构参量的变化来感受和转化信号。例如，电阻应变式传感器，是一种利用金属材料受到应力作用时发生形变从而引起电阻值改变的特性，即把传感器内部变形转换为电阻值变化的传感器。

第二代传感器包括固体传感器和集成传感器。20世纪70年代开始了固体传感器的发展。固体传感器包含了电介质、半导体和磁性材料这样的固体元件，利用这些材料的某些特性实现测量。如，利用光敏效应、热电效应和霍尔效应等，分别可以制作光敏二极管、热电阻和霍尔开关等传感器。在70年代后期，随着微电子技术、计算机技术、集成技术等的发展，出现了集成传感器。集成传感器有两大类型：自身集成化传感器和后续电路集成化的传感器。常见的集成传感器有数字温度传感器AD590、DS18B20，集成霍尔传感器SS49E等。这类传感器具有体积小，性能良好，可靠性高，接口灵活和成本低等特点。

第三代传感器是从 20 世纪 80 年代开始发展起来的智能传感器。智能传感器是指以微处理器为核心，并且把微处理器和信号调节电路、存储器、接口电路等集成在一块芯片上，对外界的信息有着一定的检测、数据处理、自诊断及自适应能力及联网通信能力的智能化传感器。

二、传感器的应用

随着科学技术的发展，传感器在人们的日常生活、国民经济各行业中都得到了广泛应用。

1. 在家用电器和智能家居中的应用

现代家用电器中普遍应用着传感器。比如智能燃气灶、自动电饭锅、扫地机器人、空调、电热水器、热风取暖器、洗衣机、洗碗机、电冰箱、自动窗帘、空气质量检测仪等电器中都用到了传感器。例如在智能燃气灶中利用温度探头检测锅底温度可以防止干烧，预防火灾发生；自动窗帘利用光照传感器采集光照变化控制窗帘的关、开等。

图 3.3 所示为空气质量盒子，其采用高精度传感器，能同时检测 CO_2、温度、湿度、PM2.5。图 3.4 所示为扫地机器人，其可以用激光雷达和触碰传感器检测障碍物等。

图 3.3　空气质量盒子

图 3.4　扫地机器人

2. 在医学领域的应用

采用医用传感器可以对人体的表面和内部温度、血压及腔内压力、血液及呼吸流量、血液成分、脉搏及心音、心脑电波等进行测量。显然，传感器对促进医疗技术的提高起着非常重要的作用。可穿戴心电检测仪见图 3.5，血压血糖测试仪见图 3.6。

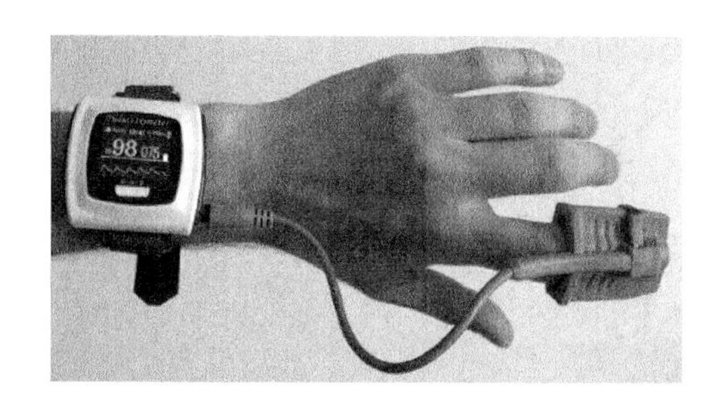

图 3.5　可穿戴心电检测仪

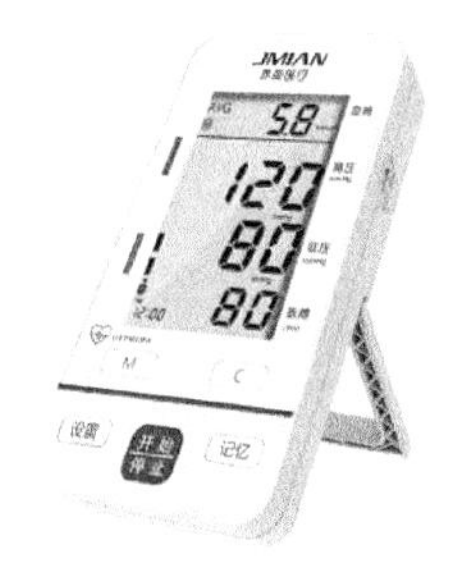

图 3.6　血压血糖测试仪

3. 在航空航天方面的应用

传感器在航空航天方面有四种用途，主要包括：提供航天器工作信息，起诊断作用；判断各分系统间工作的协调性，验证设计方案；提供各分系统、整机内部检测参数，验证设计的正确性；提供全系统自检所需信息，为指挥员下命令提供依据。

中国军机见图 3.7，每架军用飞机需 20 多种力学传感器，以实现对操纵杆拉力、起落着陆冲击力、发动机的推动力、救生装置弹射力、进气管压力场压力、振动、加速度、角加速度、位移等参量的测量；还要实现对过载、飞行员呼吸的流量等参数的测量，以及实现机舱内含氧量、舱内烟雾报警检测等。

4. 在舰船上的应用

在现代舰艇装备中，用到的传感器包括压力、位置、速度、温度、扭矩、流量、偏航速率等类型。每万吨级使用温度传感器 150 多个，压力传感器 150 多个。吨位越大，用量越多。福建舰如图 3.8 所示。

图 3.7 中国军机

图 3.8 福建舰

5. 在环境保护方面的应用

人类工业生产和生活给环境带来了大气污染、水污染、固体废弃物（垃圾）污染、噪声污染和室内空气污染等。为保护环境，利用传感器制成的各种环境监测仪器正在发挥着积极的作用。如在排污监控系统中用传感器检测排污量、污水成分，达到实时监控水质的目的。

预计到 2045 年，将会有超过 1 000 亿的移动设备、可穿戴设备、家用电器、医疗设备、工业探测器、监控摄像头、汽车等设备连接在互联网上，构成一个庞大的物联网系统。污水监测系统结构示意见图 3.9。

1.1.4 传感器的特性

传感器的基本特性可以分为静态特性和动态特性。静态特性是指被测量不随时间变化或随时间缓慢变化时传感器输入与输出间的关系。动态特性是指被测量随时间快速变化时传感器输入与输出间的关系。

一、传感器静态性能指标

传感器典型的静态特性参数包括：量程、精度、灵敏度、线性度、重复性、分辨力和漂移。

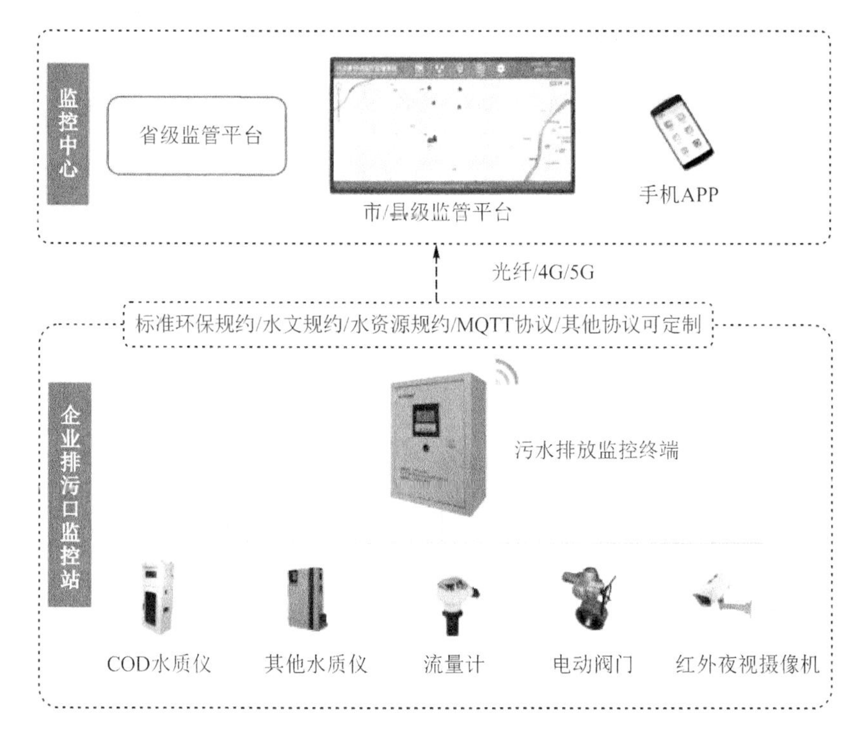

图 3.9　污水监测系统

1. 量　程

传感器的测量范围是一个确定的量，所能测量到的最小输入量与最大输入量之间的范围称为传感器的量程。

2. 精　度

传感器的精度是指实际测量观测结果与真值（或被认为是真值）之间的接近程度，即测量值与真值的最大差异。

3. 灵敏度

灵敏度定义为输出量的增量与引起该增量的相应输入量增量之比，即输出量的变化值除以输入量的变化值。

4. 线性度

其输出量与输入量之间的实际关系曲线偏离直线的程度，又称为非线性误差。

5. 重复性

重复性表示传感器在按同一方向作全量程多次测试时，所得特性不一致的程度，可以简单理解为对同一个被测量进行多次测量的结果的一致性。

6. 分辨力

分辨力是指传感器可感受到的被测量的最小变化的能力。

7. 漂　移

传感器的漂移是指在输入量不变的情况下，传感器输出量随着时间变化的现象。

二、传感器的动态指标

在动态(快速变化)的输入信号作用下,要求传感器不仅能够精确测量信号幅值的大小,而且能测量出信号的变化过程。这就要求传感器能迅速准确地响应和再现被测信号的变化,即具有良好的动态特性。传感器的动态特性常用频域的频率响应法和时域的阶跃响应法来分析。

传感器的频率响应特性有传感器的动态灵敏度(或称增益)或幅频特性、传感器的相频特性。

当给传感器输入一个单位阶跃信号时,其输出信号称为阶跃响应。衡量阶跃响应的主要技术指标有:延迟时间、上升时间、时间常数、峰值时间、响应时间等。

1.1.5　传感器选用原则

结合传感器使用时实际工作环境、具体功能要求、成本等几方面的因素,通过以下几个原则选择合适的传感器设备:

一、性能指标

1. 根据测量对象与测量环境确定类型

根据被测量的特点和传感器的使用条件、量程的大小,被测位置对传感器体积的要求,测量方式为接触式还是非接触式,信号的引出方法:是有线还是非接触测量,根据工作环境的温度、粉尘浓度和湿度、腐蚀性、电磁场、防爆等情况来综合考虑,以确定使用哪种类型的传感器。

2. 根据传感器的灵敏度

通常,在传感器的线性范围内,希望传感器的灵敏度越高越好。因为只有灵敏度高时,与被测量变化对应的输出信号的值才比较大,有利于信号处理。但要注意的是,传感器的灵敏度高,与被测量无关的外界噪声也容易混入,也会被放大系统放大,影响测量精度。因此,要求传感器本身应具有较高的信噪比,尽量减少从外界引入的干扰信号。传感器的灵敏度是有方向性的。当被测量是单向量,而且对其方向性要求较高时,应选择其他方向灵敏度低的传感器;如果被测量是多维向量,则要求传感器的交叉灵敏度越低越好。

3. 根据传感器的精度

精度是传感器的一个重要的性能指标,它是关系到整个测量系统测量精度的一个重要环节。传感器的精度越高,其价格越高,因此,传感器的精度只要满足整个测量系统的精度要求就可以,不必选得过高。这样就可以在满足同一测量目的的诸多传感器中选择比较便宜和简单的传感器。如果测量目的是定性分析的,选用重复精度高的传感器即可,不宜选用绝对量值精度高的;如果是为了定量分析,必须获得精确的测量值,就需选用精度等级能满足要求的传感器。

4. 根据传感器的线性范围和稳定性

传感器的线性范围是指输出与输入成正比的范围。从理论上讲,在此范围内,灵敏

度保持定值。传感器的线性范围越宽,则其量程越大,并且能保证一定的测量精度。在选择传感器时,当传感器的种类确定以后,首先要看其量程是否满足要求。但实际上,任何传感器都不能保证绝对的线性,其线性度也是相对的。当所要求测量精度比较低时,在一定的范围内,可将非线性误差较小的传感器近似看作线性的,这会给测量带来极大的方便。

传感器使用一段时间后,其性能保持不变的能力称为稳定性。影响传感器长期稳定性的因素除传感器本身结构外,主要是传感器的使用环境。因此,要使传感器具有良好的稳定性,传感器必须要有较强的环境适应能力。在选择传感器之前,应对其使用环境进行调查,并根据具体的使用环境选择合适的传感器,或采取适当的措施,减小环境的影响。

5. 判断频率响应特性

传感器的频率响应特性决定了被测量的频率范围,必须在允许频率范围内保持不失真。实际上传感器的响应总有一定延迟,希望延迟时间越短越好。传感器的频率响应越高,可测的信号频率范围就越宽。在动态测量中,应根据信号的特点(稳态、瞬态、随机等)。判断频率响应特性,以免产生过大的误差。

二、硬件接口和信号输出形式

不同的传感器信号输出形式和适用的硬件接口不尽相同,将决定后续处理电路及后续设备的选择,具体内容见 3.2.5 小节智能传感器通信接口。

【知识储备 2　典型传感器】

根据测量分类法,常用的传感器有温度传感器、湿度传感器、位移传感器、气体传感器、压力传感器、光电传感器、红外传感器、霍尔传感器、接近开关等,下面对几种典型传感器进行介绍。

1.2.1　温度传感器

温度传感器是一种能够将温度变化转换为电信号的装置。它是利用某些材料或元件的性能随温度变化的特性进行测温的,如将温度变化转换为电阻、热电动势、磁导率变化以及热膨胀的变化等,然后再通过测量电路来达到检测温度的目的。

温度传感器按照是否与被测物直接接触可分为接触式和非接触式测温传感器两类。

一、接触式测温传感器

接触式测温传感器(如使用温度计测试水温)——感温元件与被测对象接触,彼此进行热量交换,使感温元件与被测对象处于同一环境温度下,感温元件感受到的冷热变化就是被测对象的温度。常用的接触式测温的温度传感器主要有热膨胀式温度传感器、热敏电阻、热电阻、热电偶、半导体温度传感器、集成温度传感器等。

1. 热敏电阻

热敏电阻是一种电阻值随温度变化的半导体传感器,是利用某些金属氧化物或单晶硅、锗等半导体材料，按照一定的工艺制成。其体积小，热容量小，响应速度快，能在空隙和狭缝中测量；阻值高，测量结果受引线的影响小，可用于远距离测量；过载能力强，成本低。

热敏电阻可分为正温度系数(PTC)、负温度系数(NTC)、临界温度(CTR)热敏电阻，其特性曲线如图3.10所示，外观如图3.11所示。正温度系数热敏电阻器的电阻值随温度的升高而增大；负温度系数热敏电阻器的电阻值随温度的升高而减小；而临界温度热敏电阻处于某个临界温度值时，其电阻值会突变，常用作温度开关。

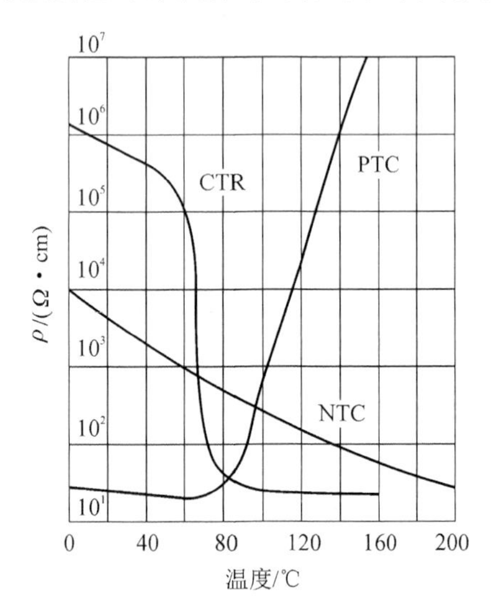

图3.10　热敏电阻特性曲线

(a) PTC热敏电阻

(b) NTC热敏电阻

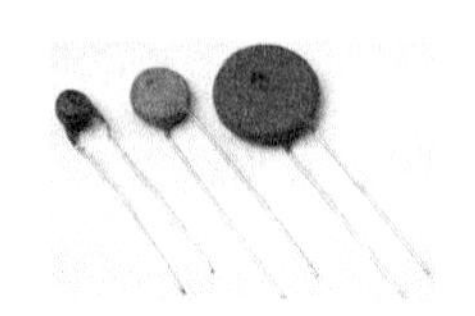

(c) CTR热敏电阻

图3.11　热敏电阻外观

2. 热电偶

热电偶温度传感器(热电温度计)是以热电偶为测温元件，由仪表显示出温度的一种仪器。广泛用来测量-200～1 300 ℃范围内的温度，在特殊情况下，可测2 800 ℃的高温或4K的低温，应用也最普遍，市场占有量也是最大的。

热电偶是由两种不同的导体连接在一起，构成一个闭合的回路。其结构见图3.12，当该闭合回路的两个接点温度不同时，在回路中就会产生热电动势，这种现象称为热电效应，该电动势就是著名的“塞贝克温差电动势”，简称“热电动势”。热电偶就是通过测量热电动势来实现测温的。

当热电偶的测量端和冷端存在温度差时，在回路中会产生热电动势，温差越大，热

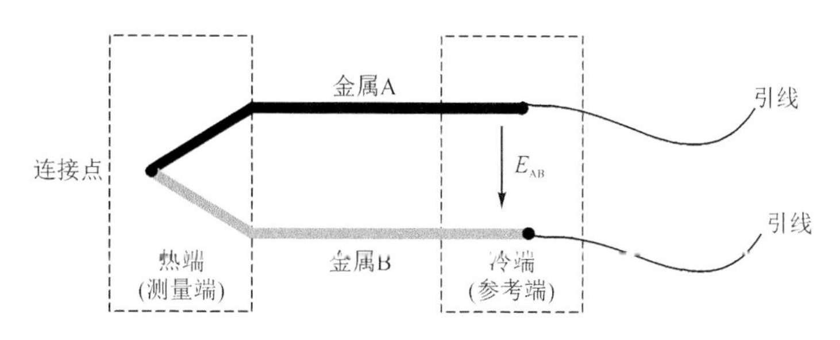

图 3.12　热电偶结构示意图

电动势越大,从而在金属导体内部将产生热电流,接上显示仪表,仪表上就会指示所产生的热电动势对应的温度值。热电偶的热电流运动力与线径大小或长度无关,与热电偶的材质以及两端的温度有关。

热电偶按分度号的分类、测温范围、精度以及优缺点见表 3.3。

表 3.3　热电偶特性

分度号	材　料	测温范围/℃	Ⅰ级允差	Ⅱ级允差	优/缺点
K 型	镍铬-镍硅	−200～+1 300	±1.5 ℃或±0.4%t	±2.5 ℃或±0.75%t	价格低,应用广泛,适于氧化性及惰性气体中使用;裸丝不适于真空、含碳、含硫以及氧化还原交替的气氛中使用;高温热电动势率稳定性不及 N 型好
J 型	铁-铜镍	−200～+950	±1.5 ℃或±0.4%t	±2.5 ℃或±0.75%t	价格低,热电动势率比 K 型大,既可以在氧化,又可以在还原气氛中使用,耐H_2,CO 腐蚀;不能在含硫气氛中使用,超过 538 ℃以后,铁极氧化很快,耐温不够高,高温区无法使用
E 型	镍铬-铜镍	−200～+850	±1.5 ℃或±0.4%t	±2.5 ℃或±0.75%t	价格低,热电动势率最大,灵敏度高,耐温不够高,高温区无法使用,其他特性和 K 型相似
N 型	镍铬硅-镍硅镁	−200～+1 300	±1.5 ℃或±0.4%t	±2.5 ℃或±0.75%t	价格低,高温抗氧化性强,耐核辐照,耐超低温,热电动势率长期稳定性好,热电动势率小,推出时间相对其他类型晚,应用不广泛
T 型	铜-铜镍	−200～+350	±0.5 ℃或±0.4%t	±1.0 ℃或±0.75%t	价格低,精度高,抗氧化性差,不耐高温
S 型	铂铑 10 -铂	−200～+1 600	±1.0 ℃或±0.4%t	±1.5 ℃或±0.4%t	耐超高温,适于氧化性及惰性气体中使用,价格高,常温热电势极小,不适合中低温测量

续表 3.2

分度号	材　料	测温范围/℃	Ⅰ级允差	Ⅱ级允差	优/缺点
R 型	铂铑 13 -铂	−200～+1 600	±[1+(t−1 100)×0.3%]℃	±1.5℃或±0.25%t	耐超高温,适于氧化性及惰性气体中使用,价格高,常温热电势极小,不适合中低温测量
B 型	铂铑 30 -铂铑 6	−200～+1 800	—	±0.25%t (600～1 700 ℃)	耐超高温,适于氧化性或中性气氛中使用,价格高,常温热电势极小,不适合中低温测量

注:① t 为被测温度的绝对值。

② 允许误差以℃值或实际温度的百分数表示时,从两者中采用计算数值的较大者。

热电偶按封装特点可分为普通装配型热电偶、铠装型热电偶、薄膜型热电偶,见图 3.13。

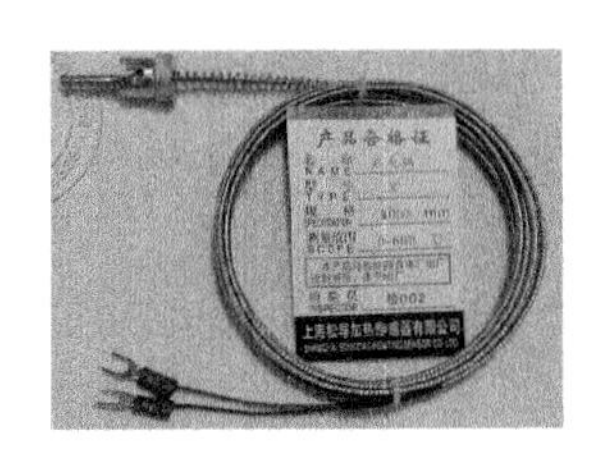
(a) 普通装配型热电偶

(b) 铠装热电偶

(c) 薄膜热电偶

图 3.13　热电偶

普通装配型热电偶主要用于测量气体、蒸气和液体等介质的温度。

铠装热电偶属于特殊结构的热电偶,它是将热电偶丝和绝缘材料一起紧压在金属保护管中制成的热电偶。

薄膜热电偶测量端既小又薄,热容量小,响应速度快,适宜测微小面积上的瞬变温度。

3. 集成温度传感器 DS18B20

典型的集成温度传感器 DS18B20,其内部结构主要由 4 部分组成:64 位光刻 ROM、温度传感器、非挥发的温度报警触发器 TH 和 TL、配置寄存器。DS18B20 内部有温度寄存器,用于存放经过模数转换之后的温度值。

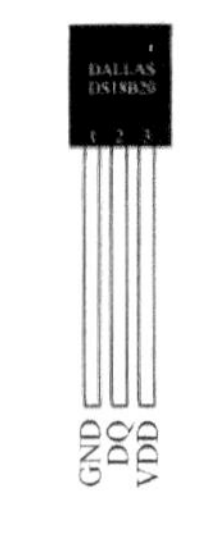

图 3.14　DS18B20 外形和引脚图

DS18B20 的外形和引脚排列见图 3.14。

(1) DS18B20 引脚定义

1) DQ 为数字信号输入/输出端。

2) GND 为电源地。

3) VDD 为外接供电电源输入端(在寄生电源接线方式时接地)。

(2) DS18B20 主要特性

DS18B20通过DQ引脚以One－Wire总线（单总线）进行数据双向传输。根据One－Wire总线定义，可以由一个总线主节点、一个或多个从节点组成系统，通过一根信号线对从芯片进行数据的读取。主芯片对各个从芯片的寻址依据DS18B20的64位ROM的不同来进行。具体情况如下：

1）适应电压范围宽，电压范围：3～5.5 V，在寄生电源方式下可由数据线供电。

2）独特的单线接口方式，DS18B20在与微处理器连接时仅需要一条I/O口线即可实现微处理器与DS18B20的双向通信。

3）DS18B20支持多点组网功能，多个DS18B20可以并联在唯一的三线上，实现组网多点测温。

4）DS18B20在使用中不需要任何外围元件，全部传感元件及转换电路集成在形如一只三极管的集成电路内。

5）测温范围为－55～＋125 ℃，在－10～＋85 ℃时精度为±0.5 ℃。

6）可编程的分辨率为9～12位，对应的可分辨温度分别为0.5 ℃、0.25 ℃、0.125 ℃和0.062 5 ℃，可实现高精度测温。

7）在9位分辨率时最多在93.75 ms时间内把温度值转换为数字，12位分辨率时最多在750 ms时间内把温度值转换为数字。

8）测量结果直接输出数字温度信号，以“单总线”串行传送给CPU，同时可传送CRC校验码，具有极强的抗干扰纠错能力。

9）负压特性：电源极性接反时，芯片不会因发热而烧毁，但不能正常工作。

二、非接触式测温传感器

非接触式测温传感器通过测量一定距离处被测物体发出的热辐射强度来确定被测物的温度，常见的有红外测温传感器。

图3.15(a)所示的红外测温模块测温范围在－40～125 ℃之间，测温距离在2 cm～1 m之间。图(b)所示的红外线温度变送器可用于工业场景的非接触式温度测量，其由光学系统、光电探测器、电子线缆、信号处理等组成，测温范围在－20～1 200 ℃之间，可输出4～20 mA的电流信号。

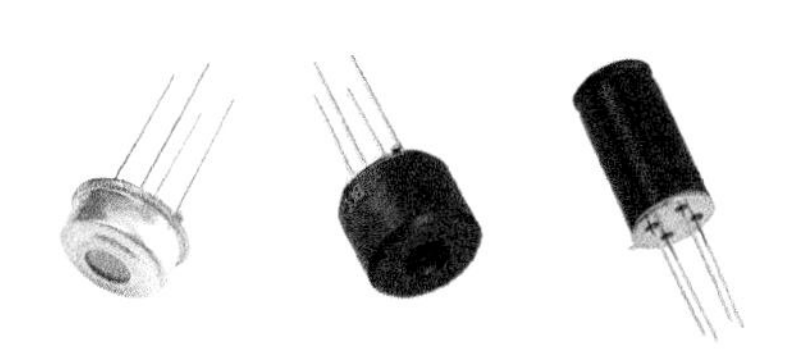

(a) 红外测温传感器模块

(b) 红外线温度变送器

图3.15　非接触式测温传感器

1.2.2　湿敏传感器

湿敏传感器是能够感受外界湿度变化，并通过器件材料的物理或化学性质变化，将湿度转化成有用信号的器件。

湿度检测较之其他物理量的检测显得困难,这首先是因为空气中水蒸气含量少;另外,液态水会使一些高分子材料和电解质材料溶解,一部分水分子电离后与溶入水中的空气中的杂质结合成酸或碱,使湿敏材料不同程度地受到腐蚀并加速老化,从而丧失其原有的性质。

常见的湿敏传感器有湿敏电阻、湿敏电容,见图 3.16。

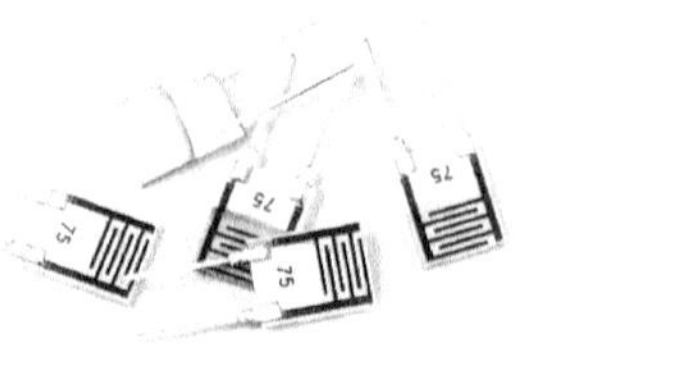

(a) 湿敏电阻

(b) 湿敏电容

图 3.16　常见的湿敏传感器

湿敏电阻是利用湿敏材料吸收空气中的水分而导致本身电阻值发生变化这一原理而制成的。工业上流行的湿敏电阻主要有氯化锂湿敏电阻、有机高分子膜湿敏电阻。

湿敏电容一般是用高分子薄膜电容制成的,常用的高分子材料有聚苯乙烯、聚酰亚胺、酪酸醋酸纤维等。当环境湿度发生改变时,湿敏电容的介电常数发生变化,使其电容量也发生变化,其电容变化量与相对湿度成正比。

1.2.3　光电传感器

光电式传感器就是将光信号转化成电信号的一种器件,简称光器件。

常用的光电传感器有光敏电阻、光敏二极管、光敏三极管、光电开关等。

一、光敏电阻

光敏电阻的实物和电路符号见图 3.17。

光敏电阻的阻值会随着入射光的变化而发生变化,当入射光较弱时,光敏电阻的阻值变大;当入射光变强时,光敏电阻的阻值会变小。

二、光敏二极管

光敏二极管的实物和电路符号见图 3.18。

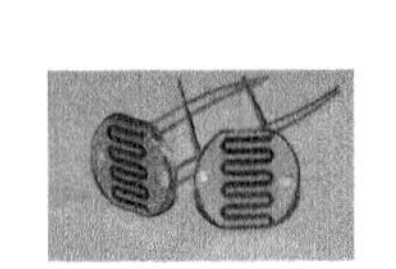

(a) 光敏电阻实物图

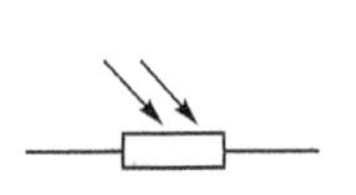

(b) 电路符号

图 3.17　光敏电阻

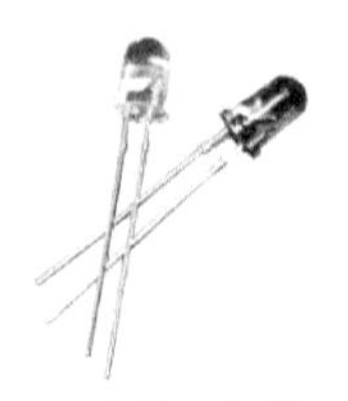

(a) 光敏二极管

(b) 电路符号

图 3.18　光敏二极管

光敏二极管也叫光电二极管。光敏二极管与半导体二极管在结构上是类似的，其管芯是一个具有光敏特征的 PN 结，具有单向导电性，因此工作时需加上反向电压。无光照时，有很小的饱和反向漏电流，即暗电流，此时光敏二极管截止。当受到光照时，饱和反向漏电流大大增加，形成光电流，它随入射光强度的变化而变化。当光线照射 PN 结时，可以使 PN 结中产生电子-空穴对，使少数载流子的密度增加。这些载流子在反向电压下漂移，使反向电流增大。因此可以利用光照强弱来改变电路中的电流。常见的有 2CU、2DU 等系列。

三、光敏三极管

光敏三极管的实物和电路符号见图 3.19。

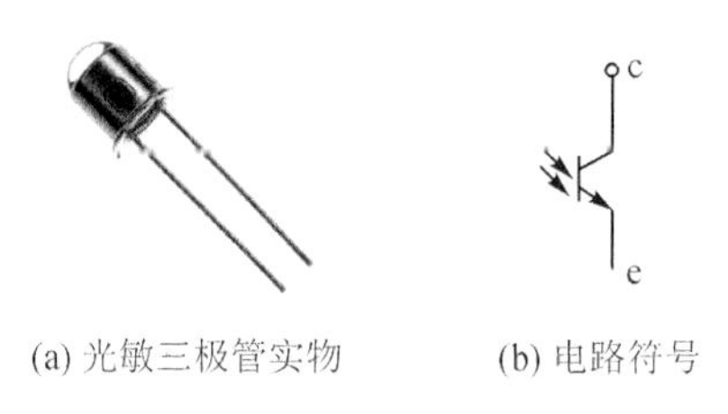

(a) 光敏三极管实物　(b) 电路符号

图 3.19　光敏三极管

光敏三极管又叫光电三极管，是一种晶体管。它有三个电极，其中基极未引出，仅引出集电极和发射极，基极作为光接收窗口。

当光照强弱变化时，电极之间的电阻会随之变化。光电三极管可以根据光照的强度控制集电极电流的大小，从而使光电三极管处于不同的工作状态。

四、光电开关

光电开关是光电接近开关的简称，它是利用被检测物对光束的遮挡或反射，由同步回路选通电路，从而检测物体有无的。物体不限于金属，所有能反射光线的物体均可被检测。多数光电开关选用的是波长接近可见光的红外线光波型。常用的光电开关有槽型对射红外开关和漫反射型红外开关，见图 3.20 和图 3.21。

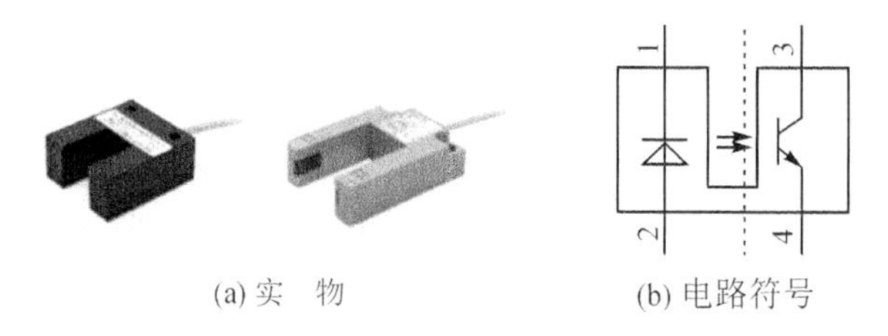

(a) 实　物　(b) 电路符号

图 3.20　槽型对射红外开关

当槽型对射红外开关 1、2 脚发射的红外线未被遮挡时，3、4 脚之间接通；若红外线被遮挡，3、4 脚之间断开。

图 3.21 中红外开关 2、4 脚之间发出的红外线如果没有被物体遮挡，1、3 脚之间断开；若红外线被遮挡，1、3 脚之间接通。

(a) 实　物

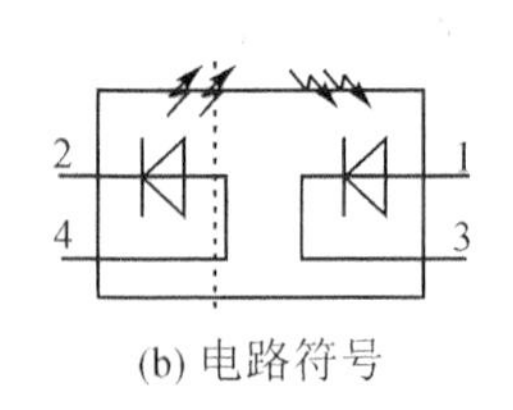

(b) 电路符号

图 3.21　漫反射型红外开关

1.2.4　气敏传感器

气敏传感器是用来检测气体浓度或成分的传感器，对于环境保护和安全监督方面起着极重要的作用。当气体中的甲苯、可燃气体、烟雾、一氧化碳、乙醇、氢气等浓度不同时，气敏传感器的阻值不同。常见的 MQ 系统气敏传感器见图 3.22。

图 3.22　常见的 MQ 系统气敏传感器

一般对气敏传感器有下列要求：能够检测报警气体的允许浓度和其他标准数值的气体浓度，能长期稳定工作，重复性好，响应速度快，共存物质所产生的影响小等。

1.2.5　压电传感器

压电传感器主要应用在加速度、压力和拉力等物理量的测量中。

压力传感器是工业实践中最为常用的一种传感器，见图 3.23 和图 3.24。我们通常使用的压力传感器主要是利用压电效应制成的，这样的传感器称为压电传感器。

图 3.23　拉力压力传感器

图 3.24　数显一体化压力传感器

压电式加速度传感器是一种常用的加速度计，它具有结构简单，体积小，重量轻，使用寿命长等优点，在飞机、汽车、船舶、桥梁和建筑的振动和冲击测量中已经得到了广泛

的应用，特别是航空和宇航领域中更有它的特殊地位。

常见加速度传感器都是压电式、压阻式、电容式和谐振式，如图 3.25 所示。

(a) 压电式

(b) 压阻式

(c) 电容式

(d) 谐振式

图 3.25　加速度传感器

【任务实施与评价】

任务单 1　智能家居系统传感器应用情况分析	
任务实训	(一) 知识测试 一、单项选择题 1. (　　)不属于智能家居的典型传感器。 A. 可燃气体传感器　B. 人体红外传感器　C. 加速度传感器　D. 火焰传感器 2. 声敏传感器接受(　　)信息，并转化为电信号。 A. 力　B. 声　C. 光　D. 位置 3. (　　)不是生态鱼塘环境光照监测单元的组成部分。 A. 温湿度传感器　B. 电源　C. 光照传感器　D. 微控制器 4. 要监测老人是否跌倒，可以采用下面(　　)。 A. 温湿度传感器　B. 三轴加速度传感器　C. 人体红外传感器　D. 振动传感器 5. 要监测植物是否需要浇水，可以采用(　　)。 A. 土壤温湿度传感器　B. 水质传感器　C. 光照传感器　D. 气压传感器 6. 下列不属于传感器组成部分的是(　　)。 A. 敏感元件　B. 转换元件　C. 转换电路　D. 输出装置 7. 传感器的静态特性指标之一是(　　)。 A. 幅频特性　B. 线性度　C. 相频特性　D. 稳定时间 8. 热敏电阻测温的原理是根据它们的(　　)。 A. 伏安特性　B. 热电特性　C. 标称电阻值　D. 测量功率 9. DS18B20 的分辨率为(　　)位。 A. 9　B. 12　C. 10　D. 9～12 10. 用来测量一氧化碳、二氧化硫等气体的固体电介质属于(　　)。 A. 湿度感器　B. 温度传感器　C. 力传感器　D. 气敏传感器 11. 适合作为温度开关的热敏电阻是(　　)。 A. PTC　B. NTC　C. CTR　D. 没有 12. 下列不属于按传感器的工作原理进行分类的传感器是(　　)。 A. 电路参量式传感器　B. 压电式传感器 C. 化学型传感器　D. 热电式传感器 13. 温度传感器是一种将温度变化转换为(　　)变化的装置。 A. 电流　B. 电阻　C. 电压　D. 电量

<table>
<tr><td rowspan="6">任务实训</td><td>14.（　　）不是 DS18B20 数字式温度传感器的特性。
A. 采用多总线技术
B. 可以直接将被测温度转化成串行数字信号供微机处理
C. 测温传感元件及转换电路集成在一起
D. 支持多点组网功能
15. 热电偶测量温度时，（　　）。
A. 需加正向电压　　B. 需加反向电压
C. 加正向、反向电压都可以　　D. 不需加电压
16.（　　）不是传感器的性能指标。
A. 量程　　B. 灵敏度　　C. 精度　　D. 成本
17.（　　）不属于传感器主要的选型依据。
A. 信号输出形式　　B. 生产厂商　　C. 性能指标　　D. 工作环境
二、填空题
1. 传感器系统由________、________和________三部分组成。
2. 传感器是指能够感受________并按照________转换成________的器件或装置。
3. 量程是指传感器在________内的上限值与下限值之差。
4. 通常用传感器的________和________来描述传感器输出一输入特性。
5. 传感器的精度是表示其输出量与被测物理量的________之间的符合程度。
6. 热敏电阻是利用________的________随温度变化而变化的原理制成的传感器。
7. 随温度的升高，电阻率减小的电阻是________热敏电阻。
8. 热电偶有两个________极。测温时，通常置于被测温度场中的接点称________，置于室温场中的接点称________。
9. 传感器在设计和选型时，要根据实际情况，留出指标的________。
10. 传感器的被测量处在稳定状态下，传感器输出与输入的关系称为传感器的________特性。动特性是指传感器________的输入量的响应特性。
11. 传感器灵敏度是指稳态标准条件下，________与________之比。线性传感器的灵敏度是个________</td></tr>
<tr><td>（二）实训内容要求</td></tr>
<tr><td>4.3.4 小节，图 4.34 中的 ZigBee 2.4G 无线智能家居的智能灯光控制系统，支持双向反馈机制，居住者在外也可确认家中灯光开关情况。请分析该系统可能使用了哪种传感器检测灯光的开关情况。
智能暖通控制系统，使用手机便可远程设置各项参数、空调模式，那么该系统可能使用了什么传感器来检测房间的温度和湿度情况呢？
智能遮阳控制系统，该系统能控制多种窗帘与窗类产品，可以在空气不好、刮风下雨时自动关窗，该系统可能采用了什么传感器检测空气质量和天气状况呢？
智能安防控制系统，可实现可燃气体探测、浸水探测、烟雾探测、红外探测、门窗磁、视频看家等六大功能，这些功能的实现，可以采用哪些传感器呢</td></tr>
<tr><td>（三）实训提交资料</td></tr>
<tr><td>逐项分析各智能家居子系统可能采用的传感器类型，并说明理由。</td></tr>
</table>

任务考核

名称：______	姓名：______	日期：20____年____月____日
项目要求	**扣分标准**	**得　分**
智能灯光控制系统传感器分析(20分) 哪种传感器检测灯光的开关情况	未正确分析(扣10分)； 未说明理由(扣10分)	
智能暖通控制系统传感器分析(20分) 使用了什么传感器来检测房间的温度和湿度情况	未正确分析一种(扣5分)； 一种未说明理由(扣5分)	
智能遮阳控制系统传感器分析(20分) 采用了什么传感器检测空气质量和天气状况	未正确分析一种(扣5分)； 一种未说明理由(扣5分)	
智能安防控制系统传感器分析(40分) 什么传感器是实现了可燃气体探测、浸水探测、烟雾探测、红外探测、门窗磁探测	未正确分析一种(扣4分)； 一种未说明理由(扣4分)	
评价人	**评　语**	
学生：______		
教师：______		

任务2　隧道安全监测传感器方案制定

【任务目标】

【知识目标】

- 熟悉智能传感器的定义和组成；
- 熟悉智能传感器的特性、分类；
- 熟悉典型智能传感器；
- 知道智能传感器常用通信接口及特点；
- 熟悉物联网智能硬件的定义、组成、发展趋势。

【技能目标】

- 能够根据功能需求选用相应的智能传感器或智能硬件产品。

【素质目标】

- 培养主动收集资料的习惯；
- 培养动手实践的习惯；
- 培养独立思考的习惯；
- 培养积极沟通的习惯；
- 培养团队合作的习惯。

【任务描述】

智慧高速的典型应用场景之一是隧道安全监测，可以在隧道内部署综合路侧基站，通过边缘运算单元分析来自各点位各种传感器的数据，做到第一时间检测到异常情况，第一时间上报，第一时间启动应急方案，保护生命财产安全。

现请选择合适的智能传感器或智能硬件产品，实现功能需求。

【知识储备1　智能传感器】

2.1.1　智能传感器的定义和组成

根据国家标准GB/T33905.3—2017《智能传感器第3部分：术语》中的定义，智能传感器(Intelligent Sensor)是具有与外部系统双向通信手段，用于发送测量、状态信息，接受和处理外部命令的传感器。

根据国家标准GB/T34069—2017《物联网总体技术智能传感器特性与分类》，智能传感器从功能角度一般由传感单元、智能计算单元和接口单元组成，如图3.26所示。

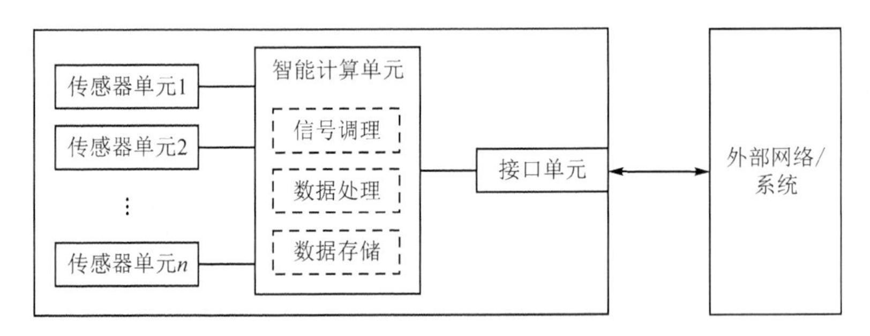

图3.26　智能传感器组成

智能计算单元，能根据设定对输入信号进行分析处理，得到特定的输出结果。

接口单元，即网络接口，应符合GB/T34068—2017的规定。智能传感器通过网络接口与物联网其他装置进行双向通信。

2.1.2　智能传感器的特性

智能传感器在信号采集、数据处理、信息交互、逻辑判断等过程中表现出一种或多种智能特性。所谓的智能特性体现在工作过程中利用数据处理子系统对其内部行为进行调节，减少外部因素的不利影响，得到最佳结果。这些智能特性有：数据处理、自动校准、自动诊断、自适应、双向通信、智能组态、信息存储和记忆、自推演、自学习等。它们的具体含义如下：

智能传感器对数字化的数据进行分析、计算，实现自动调校、自动平衡、自动补偿、自选量程等功能。

智能传感器可根据操作者输入的零值或某一标准量，调用自动校准软件对传感器进行调零和校准。

智能传感器在工作过程中可进行自检，判断传感器各部分是否正常运行，并进行故障定位。

智能传感器在工作过程中能够通过对自身模型和/或参数的调节主动适应外部环境的变化，从而保证其基本功能和性能。

智能传感器采用双向通信接口，向外部设备发送测量、状态信息，并能接收和处理外部设备发出的指令。

智能传感器设有多种模块化的硬件和软件，根据不同的应用需求，操作者可改变其模块的组合状态，实现多传感单元、多参量的复合测量。

智能传感器可存储传感器的特征数据和组态信息，如装置历史信息、校正数据、测量参数、状态参数等。在断电重连后能够自动恢复到原来的工作状态，也能根据应用需要随时调整其工作状态。

智能传感器可根据数据处理得到的结果或其他途径得到的信息进行多级推理和预测，可将获得的结果输出。

智能传感器可根据外部环境的变化和历史经验，主动改进/优化自身模型、算法和参数。

智能传感器具备物联网特性，即在物联网条件下具有即联即用的能力，主要表现在具有自动描述、自动识别、自动组织（包括自动组网）等特性，具体含义如下：

智能传感器在物联网中应能自动向外部设备发出信息，描述自身的位置、功能、状态等。

智能传感器在物联网中应能自动识别自身在网络中的位置、外部设备发出的指令和信号以及网络中的其他信息。

网络的布设和展开无需依赖于任何预设的网络设施，智能传感器启动后通过协调各自的行为，即可快速、自动地组成一个独立的网络，实现即联即用。

智能传感器可与物联网内其他智能传感器或外部设备进行相互操控。如某一传感器侦测到异常数据，它可以要求获得周围传感器的测量数据，以辅助判断是自身测量出现错误，还是被测量本身出现异常。同时，它也能根据情况要求周围传感器进行加大采样频率等调节。

智能传感器应具有数据传输安全和数据处理安全特性，确保数据的机密性、完整性和真实性。

2.1.3 智能传感器分类

智能传感器的种类很多，可按不同的分类方法进行分类，以下从智能化角度进行分类。

1. 按照智能传感器结构分类

按照智能传感器结构分类，可分为模块式智能传感器、集成式智能传感器、混合式智能传感器。

模块式智能传感器是指把传统传感器、信号调理电路、带数据总线的微处理器组合成一个整体而构成的智能传感器。

集成式智能传感器是采用微机械加工技术和大规模集成电路工艺技术，把传感器敏感元件、信号调理电路、接口电路和微处理等集成在一块芯片上构成的智能传感器。

混合式智能传感器是把传感器的各个环节部分以不同的组合方式集成在多块芯片上，并封装在一个外壳中构成的智能传感器。

2. 按照智能化技术分类

按照智能化技术分类，可分为采集存储型智能传感器、筛选型智能传感器、控制型智能传感器。

采集存储型智能传感器是可用于数据自动采集和存储，以供操作者随时调用的传感器。

筛选型智能传感器能根据特定要求，从采集到的数据中筛选出特定值并能进行传输的传感器。

控制型智能传感器能根据采集到的数据，按照预定的规则进行逻辑判断，并按照判断结果控制其他设备的传感器。

3. 按照信号处理硬件分类

按照信号处理硬件分类，可分为基于系统 IC 的智能传感器、基于 SoC 的智能传感器。

基于系统 IC 的智能传感器是指采用 CPU、MCU、DSP、ASIC/FPGA 等作为运算、处理和控制核心的传感器。

基于 SoC 的智能传感器指采用片上系统作为运算、处理和控制核心的传感器。

2.1.4 典型智能传感器

1. 常用智能传感器

常用的智能传感器有智能温度传感器，智能温湿度传感器，智能振动传感器，智能气体传感器，智能压力传感器和智能液位传感器等。

智能温湿度传感器见图 3.27，它将温度量和湿度量转换成容易被测量处理的电信号，并将采集到的温湿度数据通过智能网络传输到云平台供用户查看。可应用于酒窖、地下室、机房、粮仓粮库、农牧业产业园区、档案文物室、蔬菜大棚，以及食品、疫苗等食物、药物储藏运输等领域。

图 3.28 所示是智能液位传感器，可实现对液体静态、动态液位的测量，数据传输及智能控制。可应用于水厂、炼油厂、化工厂、污水处理厂、供排水系统、水库、河道等地的供水池、配水池、水处理池、水井、水罐、水箱、油井、油罐、油池等。

图 3.27　智能温湿度传感器

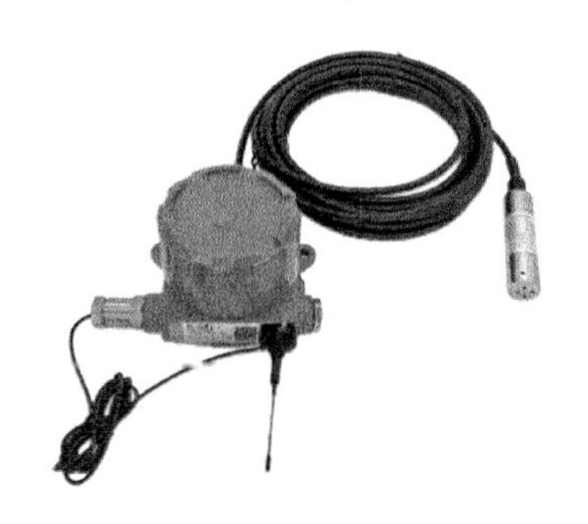

图 3.28　智能液位传感器

2. MEMS 传感器

MEMS 传感器是基于微机电系统(Micro-Electro-Mechanical System)的典型传感器件。它是利用集成电路制造技术和微加工技术，把微传感器、信号处理和控制电路、微执行器、通信接口和电源等制造在一块或多块芯片上的微型器件系统。

MEMS 传感器不仅能够感知力、光、声音、温度等被测参数，将其转换成方便度量的信号，而且能对所得到的信号进行分析、处理和识别、判断，因此也可属于智能传感器。

MEMS 传感器是多学科的前沿领域交叉应用的成果，具有体积小，重量轻，功耗低，可靠性高，成本低，适于批量化生产，易于集成等优势。常见的 MEMS 传感器有微型压力传感器、加速度传感器、微陀螺仪等。MEMS 传感器在汽车电子、运动追踪系统、手机拍照、智能穿戴设备等领域得到了广泛应用。

例如，车用 MEMS 压力传感器主要应用于测量气囊压力、燃油压力、发动机机油压力、进气管道压力及轮胎压力。这种传感器用单晶硅作材料，通过采用 MEMS 技术在材料中间制作成力敏膜片，然后在膜片上扩散杂质形成四只应变电阻，再以惠斯顿电桥方式将应变电阻连接成电路，来获得高灵敏度。

另外一种常用的 MEMS 加速度传感器 ADXL335，4 mm×4 mm×1.45 mm LFCSP 封装，是一款小尺寸、薄型、低功耗、完整的三轴加速度。MEMS 加速度传感器提供经过信号调理的电压输出，满量程加速度测量范围为 $\pm 3\ g$(最小值)，既可以测量倾斜检测应用中的静态加速度，也可以测量运动、冲击或振动导致的动态加速度。可用在对成本敏感的低功耗运动和倾斜检测中，如移动设备、游戏系统、磁盘驱动器保护、图像稳定、运动和保健器材等。

2.1.5 智能传感器通信接口

根据国家标准 GB/T 34068—2017《物联网总体技术智能传感器接口规范》，智能传感器通信接口是智能传感器之间、智能传感器与外部网络或系统之间进行双向通信所需具备的物理接口和通信协议技术要求。

通信接口包括不同的物理接口及通信协议，不同的通信协议之间应基于协议网关达到互操作和数据一致性的要求。智能传感器的通信接口分为有线通信接口和无线通信接口两大类。

智能传感器适宜的无线通信接口包括 ZigBee、蓝牙、WLAN 等，具体内容见第 4 章，本章主要介绍有线通信接口。用于物联网的智能传感器有线通信接口适宜采用以太网接口，也可采用 RS232、RS485、RS422 等接口，智能传感器有线通信分类接口见图 3.29。下面对常用的接口进行详细介绍。

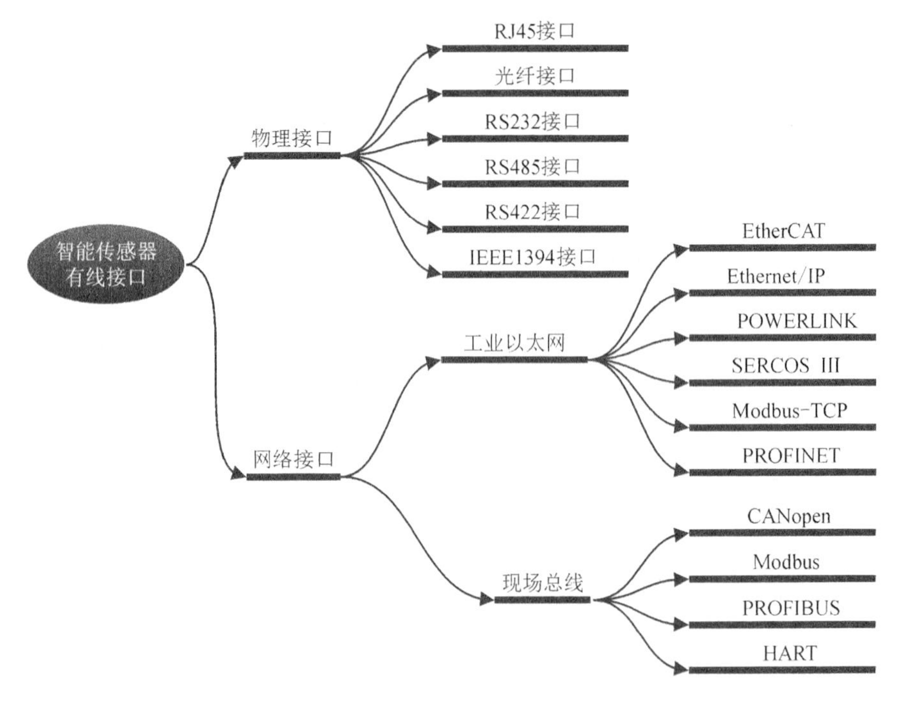

图 3.29 智能传感器有线通信接口

一、物理接口和标准

1. RJ45 接口

RJ45 接口是常用于以太网网卡、路由器等数据终端设备(DTE)和交换机这样的数据通信设备(DCE)的通信接口。RJ45 接口包括 RJ45 插座和 RJ45 型网线插头(水晶头)，如图 3.30 所示。

RJ45 接口之间的传输介质是双绞线，具体内容见第 4 章。

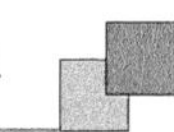

(a) RJ45插座

(b) RJ45插头

(c) RJ45接口的温湿度传感器

图 3.30　RJ45 接口

2. RS232

RS232 的最新版本是 EIA－RS－232C 标准，是美国电子工业联合会(EIA)与 BELL 等公司于 1969 年发布的。它规定连接电缆和机械、电气特性、信号功能及传送过程。它适合于 20 m 以内、数据传输速率在 0～19 200 bit/s 范围内的通信，波特率越大，传输速度越快，但稳定的传输距离越短，抗干扰能力越差。利用 RS232 可实现单工、半双工、全双工的通信方式。

由于 RS－232C 并未定义连接器的物理特性，因此，出现了 DB－25、DB－15 和 DB－9 各种类型的连接器，其引脚的定义也各不相同。常用的是 DB－25 和 DB－9 两种连接器，见图 3.31。

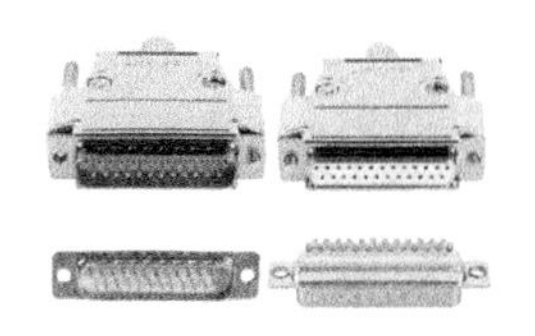

(a) DB-25插头和插座

(b) DB-9插头和插座

(c) RS232接口智能压力传感器

图 3.31　DB－25 和 DB－9 两种连接器

从上面内容可看出，RS232 通信距离短、速率低。另外，RS232 只能实现点对点通信，不能组建多机通信系统；在工业控制环境下，RS232 标准的通信系统常会由于外界的电气干扰而导致信号传输错误，因此，RS232 标准不适用于工业控制现场总线。

3. RS485

RS485 可实现几十到上千米距离的通信，最大传输速率可达 10 Mbit/s，并且易于实现多点通信，因此，RS485 是一种应用非常广泛的串行接口。常见的 RS485 应用见图 3.32。

RS485 信号传输如图 3.33 所示。RS485 数据线有两根，通常采用双绞线作为传输介质，一线定义为 A，另一线定义为 B；A、B 线之间电平为＋2～＋6 V，为逻辑“0”；A、B 线之间电平为－2～－6 V，为逻辑“1”；即用 A、B 线上的电压差代表数字信号 0 和 1。

因此，RS485 通信是差分通信模式，具有抑制共模干扰的能力，只能实现半双工的通信方式。

RS485 典型的多点通信为总线式结构，节点数量多少和采用的收发器芯片型号、

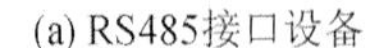
(a) RS485接口设备

(b) RS485接口的智能温度传感器

(c) 光照传感器

图 3.32 RS485

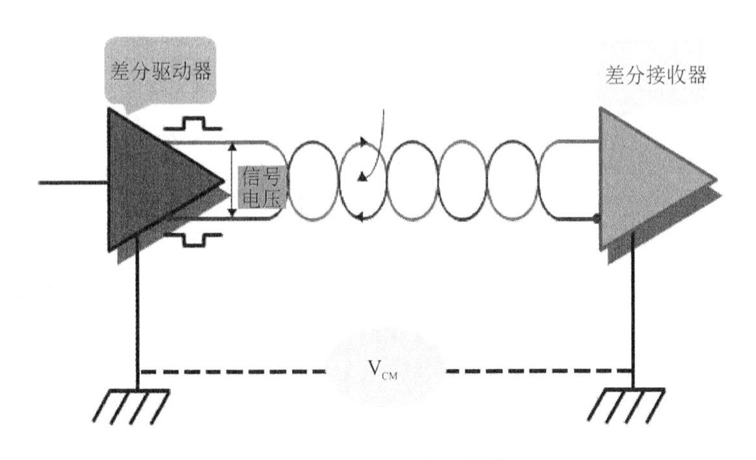

图 3.33 RS485 信号传输

电缆品质有关。RS485 收发器芯片支持的节点数有 32、64、128 和 256 多种。当节点数量多，传输距离远，电磁环境恶劣时，对所选用的电缆要求就越高。一个由 RS485 接口光照传感器组成的多点光照度采集系统见图 3.34。

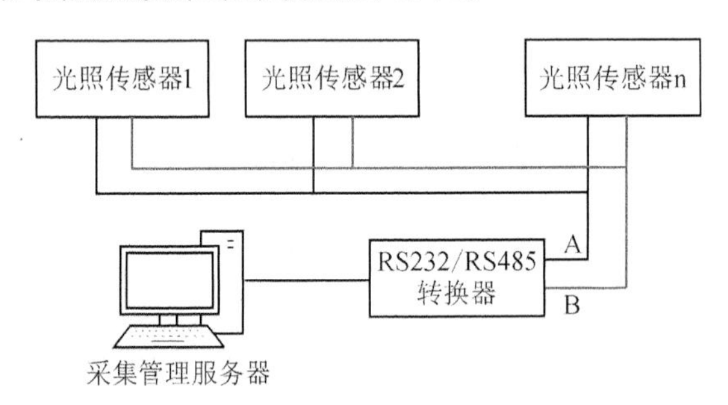

图 3.34 RS485 总线式多点光照度采集系统

有两组 RS485 接口可以构成 RS422 接口，RS422 通信基本原理和 RS485 相似，但可以实现全双工通信。

二、网络接口和协议

在现代工厂向数字化、智能化方向的发展过程中，工业物联网技术也不断发展，为了满足网络节点设备数量不断增加、数据传输时效性要求不断提高的需求，工业通信技术从工业现场总线向工业以太网、工业无线网络发展。根据 HMS Networks 每年度对全球自动化工厂的新配置节点数目统计[5]，估算出的以上三种通信技术的全球市场份额占比见图 3.35。

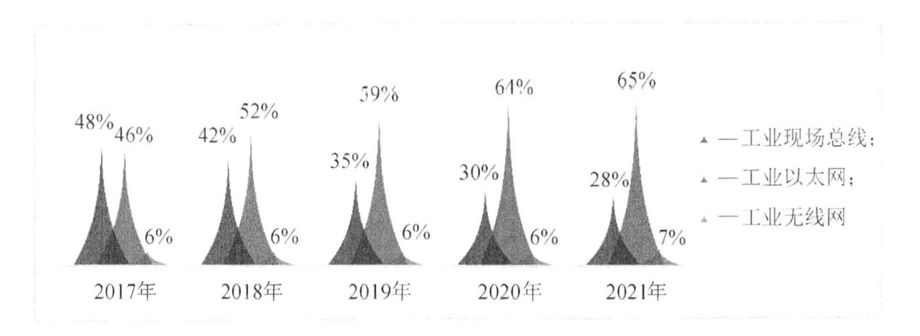

图 3.35　工业通信技术市场占比

1. 现场总线

现场总线是从 20 世纪 80 年代开始迅速发展起来的工业数据总线，是用于智能化现场设备和自动化系统的开放式、数字化、双向串行、多节点的通信总线。它主要解决工业现场的智能化仪器仪表、控制器、执行机构等现场设备间的数字通信以及这些现场控制设备和高级控制系统之间的信息传递问题。

(1) Modbus

Modbus 是 Modicon 公司(现施耐德电气公司的一个品牌)于 1979 年开发的，是全球第一个真正用于工业现场的总线协议，已成为通用工业标准。Modbus 通信协议有多个版本：基于串行链路的版本、基于 TCP/IP 的网络版本和基于其他互联网协议的网络版本。大多数 Modbus 设备通信都通过串口 EIA-485(RS-485)物理层进行。Modbus 是一种单主/多从的通信协议，即在同一段时间内总线上只能有一个主设备，但是可以有一个或多个(最多 247 个)从设备。在 Modbus 网络中，通信总是由主设备发起，从设备接收请求并做出响应，从设备没有收到来自主设备的请求时不会主动发送数据。支持 Modbus 的动态倾角传感器见图 3.36。

(2) CANopen

CAN(Controller Area Network，控制器局域网)是由 Bosch 公司开发的一种现场总线，最早被应用在汽车领域。由于它的低成本、高可靠性、高性能和功能完善，目前是被广泛应用在工业测控和工业自动化领域的现场总线。

CANopen 基于 CAN 的应用层协议被开发出来的高层通信协议，包括通信子协议及设备子协议，常在嵌入式系统中使用，也是工业控制常用到的一种现场总线。支持 CANopen 协议的位置传感器见图 3.37。

这种位置传感器是一种非接触式磁致伸缩直线位置传感器，用在液压油缸中，CANopen PDO 冗余输出。

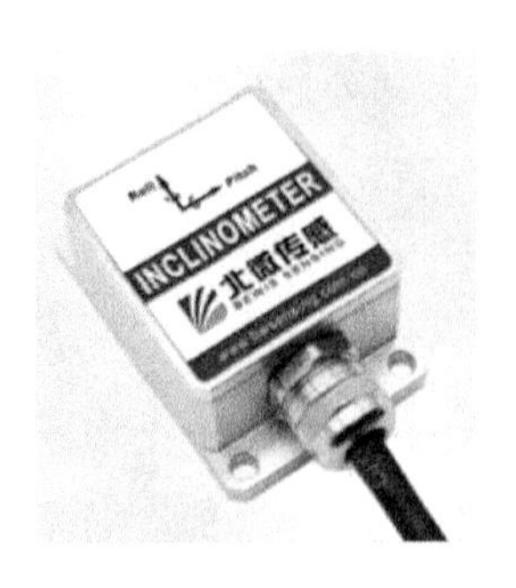

图 3.36　支持 Modbus 的动态倾角传感器

图 3.37　CANopen 位置传感器

2. 工业以太网

虽然同一种现场总线是具有互换性和互操作性的，但是不同现场总线之间的兼容性是较差的，之间的通信是比较困难的，需要网关来实现两种协议的转换，而工业以太网能较好地实现工业现场设备的互联互通。

为了满足工业现场各种严苛要求，工业以太网采用比标准以太网更稳定可靠的连接器、电缆，具有确定性的实时数据交换和小于 1 ms 的同步循环时间。

目前国际市场主流的工业以太网协议是 EtherNet/IP、POWERLINK、PROFINET、EtherCAT、Modbus - TCP 这五种，可分为基于 TCP/IP、基于标准以太网、基于修改的以太网这三种类型。

(1) 基于 TCP/IP 协议

EtherNet/IP、Modbus - TCP 是基于 TCP/IP 协议的工业以太网类型中应用最广泛的。基于 TCP/IP 的工业以太网协议主要针对 TCP/IP 协议的实时性不高，通过优先调度策略，修改优先级设定，完善网络拓扑等手段进行完善。

(2) 基于标准以太网

POWERLINK、PROFINET 采用标准的以太网硬件，在 TCP/IP 协议栈中添加时间控制层以控制数据传输过程，达到工业应用实时可控的要求。与基于 TCP/IP 协议的工业以太网协议比，POWERLINK、PROFINET 的实时性更高。

(3)基于修改的以太网

EtherCAT 在兼容标准以太网的基础上，对标准以太网协议进行了修改，在物理层采用专用的 ASIC 或 FPGA 芯片来高速处理数据，实现实时通信控制。与前两种相比，基于修改的以太网类型的工业以太网协议的实时性是最强的。

图 3.38　多接口激光测距传感器

图 3.38 所示的激光测距传感器有 RS232、RS485 串行通信接口，还支持 PROFINET、EtherNet/IP、EtherCAT 等多种工业以太网接口，可满足不同的数据传输方案的需求。

【知识储备 2　物联网智能硬件】

智能硬件是指通过软硬件结合的方式，将传统设备，如手表、电视等电子设备或门锁、茶杯等未电子化的设备进行改造，使其具有智能化的功能。智能硬件的底层硬件可具备连接的能力，实现互联网服务的加载；软件是指上层移动应用，与云端交互，形成“云＋端”的典型架构，具备了大数据等附加价值。

智能硬件主要由 3 个部分组成：云端、智能终端与手机应用端，其技术架构如图 3.39 所示。

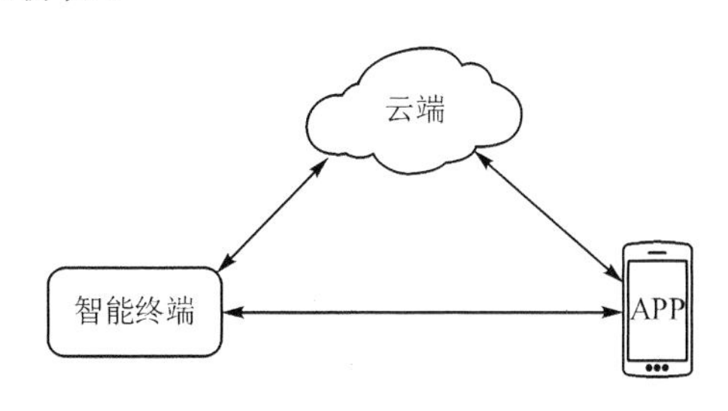

图 3.39　智能硬件技术架构

智能终端中包含设备与云端交互的数据、设备与本地手机交互的数据；云端服务器包含手机与设备的绑定关系、远程管理的数据；手机应用端包含手机与云端交互的数据、手机与本地设备交互的数据。由此，可以实现智能数据采集、远程数据读取和智能控制。

智能终端的发展趋势见图 3.40。

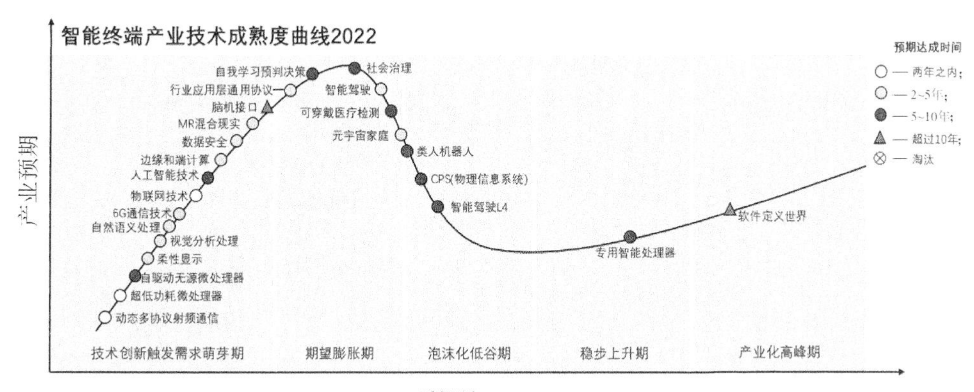

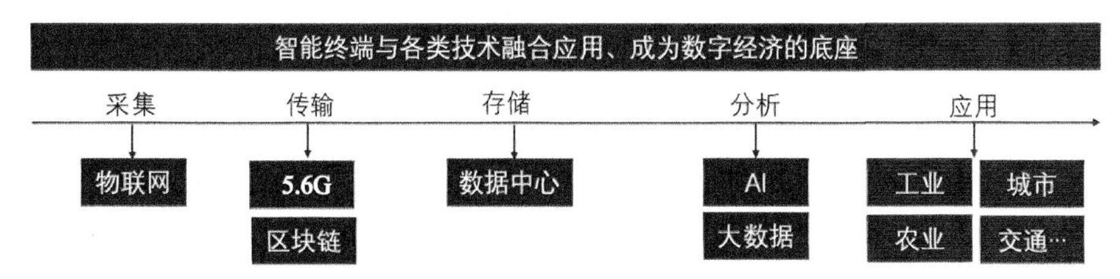

图 3.40　智能终端发展趋势

这样的智能硬件，我们身边熟悉的有智能手环，如图 3.41 所示。智能手环是一种穿戴式智能设备。在智能手环上可集成传感器、微控制器和蓝牙、Wi-Fi、GPRS 等通信模块，可实现计步、心率监测、体温检测、能量消耗、睡眠监测等功能。

智能手环可利用 3 轴重力加速度仪检测移动时的加速度改变来计算步数；使用反

图 3.41　智能手环

射型光电传感器，采集光电信号来监测计算脉博血容量的变化，然后根据血液内物质的吸光度与浓度成正比的关系，计算反映出人体心率的基本参数。利用热敏电阻把温度的变化转换为阻值的变化，再用相应的测量电路把阻值转换成电压，然后把电压值转换为数字信号，再对数字信号进行相应的处理便可得到温度值。

智能手环将这些数据通过蓝牙通信模块同步到手机、平板上的App；如果是医用手环，也可以通过Wi－Fi、GPRS通信模块将数据上传到相应的云平台。使用者通过手机或平板的App可以获知智能手环采集的数据情况，或者通过医疗云平台自动获取身体状况数据并获得相应的帮助信息。

【任务实施与评价】

<table>
<tr><td colspan="2">任务单 2　隧道安全监测传感器方案制定</td></tr>
<tr><td rowspan="2">任务实训</td><td>（一）知识测试</td></tr>
<tr><td>一、单项选择题
1.（　　）不是智能硬件的例子。
A. 智能手表　B. 智能冰箱　C. 智能手机　D. 智能衣架
2.（　　）是智能传感器的特点。
A. 只能感知一个物理量　B. 无法与其他设备通信
C. 可以自动调节其功能　D. 需要大量能源供应
3.（　　）是智能传感器常用的电源。
A. 电池　B. 太阳能　C. 交流电　D. 氢燃料电池
4. 智能传感器常用于（　　）领域。
A. 医疗保健　B. 工业自动化　C. 智能交通　D. 所有以上都是
5. 智能硬件的发展对人们生活的影响主要体现在（　　）方面。
A. 提高生活效率　B. 增强生活安全性
C. 提供更便捷的服务　D. 所有以上都是
6.（　　）不是智能传感器常用的接口。
A. USB　B. I2C　C. Ethernet　D. HDMI
7.（　　）是智能传感器的优点。
A. 体积庞大　B. 高能耗　C. 低成本　D. 缺乏灵活性
8.（　　）是智能传感器常用的供电方式。
A. 太阳能　B. 交流电　C. 电池　D. 氢燃料电池
9. 智能硬件可以提供的优势有（　　）。
A. 自动化　B. 数据分析　C. 远程控制　D. 所有以上都是
10.（　　）不是智能传感器常用的通信方式。
A. Wi－Fi　B. ZigBee　C. RFID　D. GPS</td></tr>
</table>

任务实训

二、填空题

1. 智能传感器可以与其他设备进行________________连接。

2. 智能硬件可以提供更________________的用户体验。

3. 智能硬件可以通过________________等来与用户进行交互

（二）实训内容要求

智慧隧道示意见图 3.42。

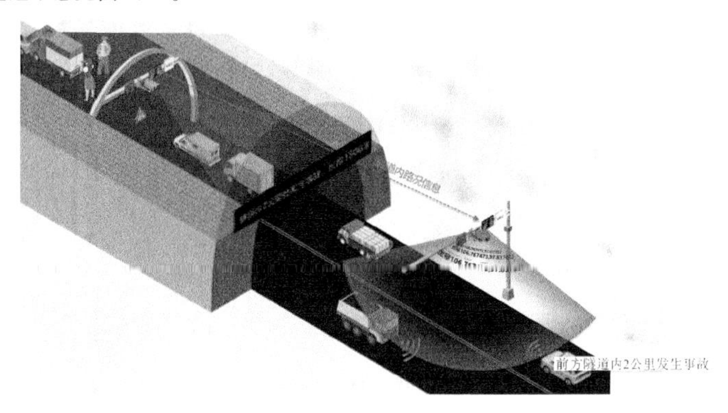

图 3.42　智慧隧道示意图

在隧道内部署综合路侧基站，通过边缘运算单元分析来自各点位各种传感器的数据，可实现隧道实时安全监测。

边缘运算服务器

边缘运算服务器，如图 3.43 所示。它是边缘端智能处理核心，针对多传感器融合以及大运算量处理的算法应用场景设计，可极大提升边缘端数据处理时延，提升数据利用效率。

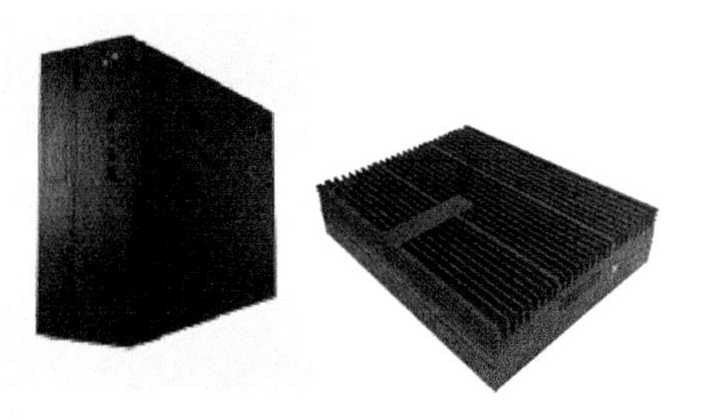

图 3.43　边缘运算服务器

其具有多传感器接入能力，可接入视频、微波雷达、激光雷达、雷视一体机等多种感知设备；内置深度学习算法，能够运算分析大量实时数据，输出融合感知后结构化数据，为智能网联车辆和自动驾驶汽车提供丰富的结构化道路感知数据，满足车路协同对数据毫秒级时延要求。

服务器接口：USB×4；DB9×6；RJ45×5；DB20×1。

现请结合高速公路隧道特点，选择合适的智能传感器或智能硬件产品，实现能见度、温度、CO浓度、风速风向、亮度检测，并将数据传输给边缘运算服务器

（三）实训提交资料

撰写隧道安全监测传感器方案，包含能见度、温度、CO 浓度、风速风向、亮度检测传感器选型过程，列出每种传感器两种以上的产品情况：功能特点、性能指标、价格等，选择理由

任务考核			
	名称：____________	姓名：____________	日期：20____年____月____日
	项目要求	扣分标准	得　分
	能见度检测传感器选型(20分) 给出功能、性能指标、接口类型	未完成扣20分	
	温度检测传感器选型(20分) 给出功能、性能指标、接口类型	未完成扣20分	
	CO浓度检测传感器选型(20分) 给出功能、性能指标、接口类型	未完成扣20分	
	风速风向检测传感器选型(20分) 给出功能、性能指标、接口类型	未完成扣20分	
	亮度检测传感器选型(20分) 给出功能、性能指标、接口类型	未完成扣20分	
	评价人	评　语	
	学生：____________		
	教师：____________		

思考题

1. 对传感器的主要性能要求是什么？
2. 简述检测传感器系统组成及其具有的功能。
3. 传感器检测系统中微机接口方式有哪些？
4. 请简要解释什么是智能传感器。
5. 请列举一个应用智能传感器的实际场景。
6. 请简述智能传感器在农业领域的应用。
7. 请列举一个智能传感器在健康监测中的应用。
8. 请简述智能传感器在城市管理中的应用。

项目四

物联网通信技术应用

项目引导

著名诗人李白曾经写下"蜀道之难，难于上青天"的诗句，可如今在一代代建设者的努力下，蜀道难早已变成了蜀道通、蜀道畅。四川的地形复杂多样，山多、河多，建设者们逢山开路、遇水架桥。建设成的多条高速公路上，一条条隧道、一座座大桥穿山越水而过，使得原本曲折危险的蜀道变成了坦途。2022 年 7 月通过交通部验收的雅康高速公路，路线全长 135 km，作为甘孜州首条高速公路，雅康高速公路的建成通车为甘孜藏区经济发展打通了"主动脉"。雅康高速公路的桥隧比高达 82%，其中新二郎山隧道长达 13.4 km，在甘孜段线路沿大渡河西岸山腰有 9 座长达 28.7 km 的隧道群。新二郎山隧道和文笔山隧道如图 4.1 和图 4.2 所示。

图 4.1　新二郎山隧道

图 4.2　文笔山隧道

高速公路的隧道是一个特殊的半密闭空间，照明、通风和机电等系统不间断运行，形成了巨大的能源负担。如果在隧道中采用基于物联网技术的自适应智能隧道照明系统，可极大节约能源，并提高行车安全性。物联网通信技术是实现这样的智能系统的基石，图 4.3 所示为某个自适应隧道照明系统的结构示意图。

大家可以分析出该系统中采用了哪些通信技术吗？该自适应隧道照明系统的体系结构，可按物联网体系结构分为感知层、传输层和应用层。物联网的网络层起到数据、信息安全可靠通信传输的作用，由各种通信技术实现，连通感知终端和云端应用平台。

物联网通信技术几乎包括了所有的通信技术，可分为有线通信技术和无线通信技术。有线通信技术数据传输可靠性高，传输速率高，抗干扰能力强，不受环境影响，因此

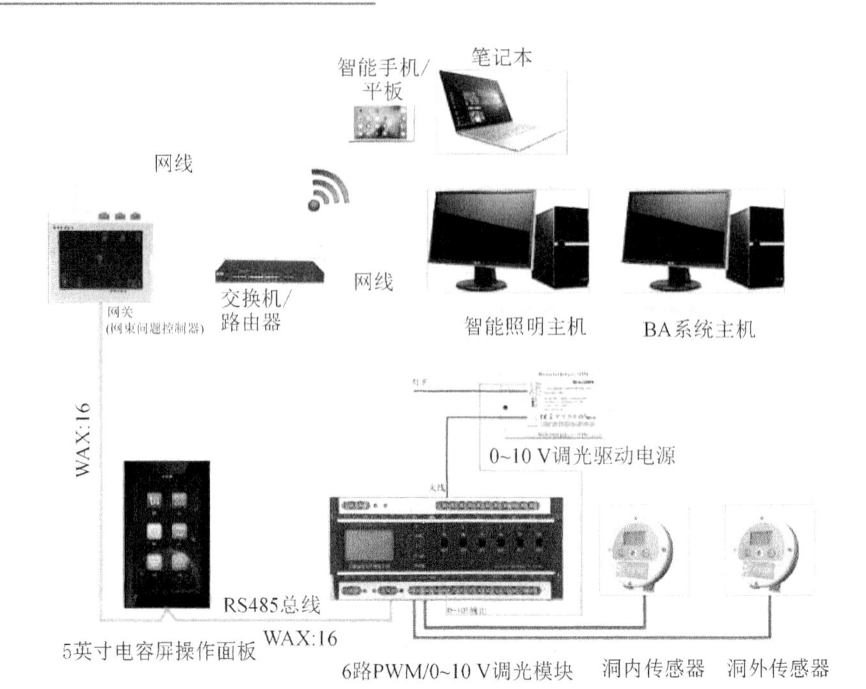

图 4.3 自适应隧道照明系统结构示意图

功能稳定;但是有线通信需要集中布线,通常造价高,工期较长,系统功能固定,扩展性差,后期维护复杂。无线通信技术设备安装简单,灵活性高,设备可主动组网,扩展性强,功耗低,成本低,维修方便。物联网有线通信技术涉及的一些总线技术在第 3 章已作了介绍,本章主要介绍属于物联网有线通信技术的计算机网络技术和物联网无线通信技术。

任务 1 计算机网络技术的基础认知与实践

【任务目标】

【知识目标】

- 了解计算机网络的发展;
- 知道计算机网络基本观念;
- 知道计算机网络系统的基本组成;
- 知道常见的网络接入技术;
- 了解网络 ISO/OSI 和 TCP/IP 两种常见的网络参考模型。

【技能目标】

- 能够区分常见的网络系统结构;
- 能够区分网络系统中的不同硬件及功能;
- 能够正确使用公网 IP 和私网 IP 地址;

- 能够正确对 IP 地址进行子网划分；
- 能够正确使用通信线缆完成网络 TOP 结构搭建。

【素质目标】

- 培养主动收集资料的习惯；
- 培养动手实践的习惯；
- 培养独立思考的习惯；
- 培养积极沟通的习惯；
- 培养团队合作的习惯。

【任务描述】

万物互联时代，计算机网络已经成为我国发展的另外一种基础工程信息高速公路，计算机网络支撑着我们信息时代的发展，也在为中国式现代化助力发展。那你知道网络构建中的网络 TOP 结构、路由器、交换机、网桥等和高速公路中的高架桥、路网结构、隧道、桥梁等有什么共同之处吗？它们之间又有什么共性？相关设备有什么样的作用？导航的时候需要输入目的地，那么在网络信息传输的过程中我们是通过什么来确定目的地的？接下来我们一起来探究一下万物互联的基础框架——计算机网络技术的发展及相关技术。

【知识储备　计算机网络技术】

计算机网络和交通网络相比有很多共同之处。交通网络有轮船、汽车、火车、飞机等运输方式，可以将人、货物等从一个地方运输到另外一个地方。而计算机网络中是将我们的文件、图片、消息等从一个地方传输到另外一个地，计算机网络中的传输方式就相当于交通网络中的运输方式。计算机网络中传输方式常见的有有线传输、无线传输两种方式。具体的传输方式是根据设备终端具备的功能来决定的。

一、计算机网络发展阶段

计算机网络的发展历程如图 4.4 所示。

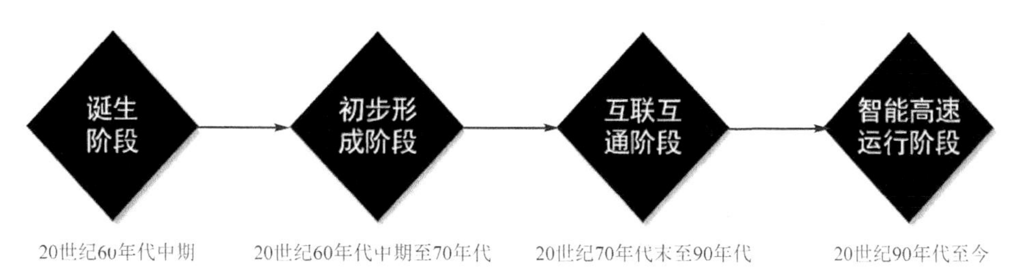

图 4.4　计算机网络发展历程

计算机网络诞生于 20 世纪 60 年代中期之前。第一代计算机网络是以单个计算机为中心的远程联机系统。其典型应用是由一台计算机和一定范围内的 2 000 多个终端组成的飞机订票系统。该阶段是一个面向终端的阶段，通过终端实现与远程终端设备的数据通信。随着远程终端的增多，在主机前增加了前端机（FEP）。当时，人们把计算机网络定义为“以传输信息为目的而连接起来，实现远程信息处理或进一步达到资源共享的系统”，这样的通信系统已具备网络的雏形。这个时候的主机不仅负责数据处理，而且负责通信处理的工作，终端只负责接收显示数据或者为主机提供数据。其优点是便于维护和管理，数据一致性好。但是也存在主机负荷大、可靠性差、数据传输速率低等问题。

计算机网络初步形成阶段是20世纪60年代中期至70年代。第二代计算机网络是以多个终端设备通过通信线路互联起来，为用户提供服务。其中最具典型代表的是美国国防部高级研究计划局协助开发的ARPANET，主机之间通过接口报文处理机(IMP)转接后互联，IMP和互联通信线路完成了终端设备之间通信的任务，构成了通信子网。而在通信子网中的各类终端设备负责运行程序，提供资源共享，组成了资源子网。在这个时期网络概念为“以能够相互共享资源为目的互联起来的具有独立功能的计算机之集合体”，形成了计算机网络的基本概念。

计算机网络互联互通阶段是20世纪70年代末至90年代。第三代计算机网络进入了标准化发展阶段，为保障不同厂商设备之间都能够相互接入，形成了网络体系结构化标准ARPANET。ARPANET兴起后逐步形成了TCP/IP网络体系结构。有了统一的标准，不同厂商的产品之间便可以实现互联互通。两种国际通用的最重要的网络体系结构为TCP/IP体系结构和国际标准化组织的OSI体系结构。

计算机网络智能高速运行阶段是20世纪90年代至今。第四代计算机网络进入了信息高速化时代。局域网技术发展成熟，在数据传输链路中可以运用无线4G、5G、6G、Wi-Fi、ZigBee等方式，也可以用有线传输光缆、铜缆、双绞线等方式进行传输。在数据交换处理中可以使用快速以太网交换机、光纤分布式数字接口(FDDI)、快速分组交换技术(ATM、帧中继等)等网络传输设备。发展早期以因特网(Internet)为代表的互联网，随着智能通信、数字通信的出现，计算机网络进入到综合化、高速化、智能化和全球化的网络时代。

二、计算机网络基本概念

计算机网络是一组计算机终端设备互连的集合，通过有线网络和无线网络的方式将分布在不同地理位置上的终端设备相互连接起来，通过网络管理软件对设备进行统一管理，同时可以实现不同设备之间资源共享、信息传递、数据传输、分布式处理和负载均衡等。

网络是通过传输设备和传输介质将若干个终端设备连接起来组成的，这种网络结构我们一般可以称为局域网(LAN)。如果需要覆盖地理范围更大的网络，就需要将各个网络结点连接起来，此时需要使用路由设备将各个局域网络连接起来，形成更大的局域网(LAN)或者城域网(MAN)。由城域网组网形成的更大的网络就属于广域网(WAN)的范畴。目前来说最大的广域网就是因特网(Internet)，是全球最大的、开放的、由众多的广域网组成的特定网络，它们共同遵循着TCP/IP通信协议规则。

1. 计算机网络功能及分类

计算机网络的功能就是实现不同地理位置上的终端设备实现信息交流和资源共

享。数据是信息的载体，人们可以根据信息做出决策、访问、分布式处理等工作。计算机网络具备网络通信、资源管理、网络管理、网络安全、交互式操作等基本能力，以保障数据传输的安全性、可靠性。

随着计算机网络技术的发展，目前计算机网络处于智能高速化阶段。网络结构复杂，内网络种类繁多，我们按照覆盖的地理范围或者使用者可以分为不同的类别：

按照覆盖地理范围分为局域网(LAN)、城域网(MAN)、广域网(WAN)三类。局域网的覆盖范围可以是几米到几千米之内，比如常见的局域网：一个机房、一个家庭、一栋办公楼、一所学校等。城域网是比较大型的局域网，它介于广域网和局域网之间，覆盖范围从几千米到几十千米，可以是：一所大型学校、一座城市等。广域网覆盖的范围从几十千米到几百上千千米，可以连接多座城市、国家、洲、太空站等，实现远距离的通信。广域网需要租用 Internet 服务供应商(ISP)的线路，根据供应商提供的不同带宽将收取不同的费用。我国主要的三大 ISP 供应商为中国电信、中国移动、中国联通。

按照网络的使用者分为公有网络和私有网络两类。公有网络是指电信、移动、联通等出资建设的大型网络，这些大型网络通过购买 Internet 的服务接入的网络就是公有网络。私有网络是根据工作、学习、生活等需要建设的网络，这些网络只服务自己，不对外提供资源共享等服务。公有网络和私有网络都可以实现资源共享、数据传输等功能，它们是根据需求所建立的。

2. 网络带宽

我们都知道在计算机中存储数据都是使用二进制数的形式进行存储的，计算机存储的单位一般有：bit、B、KB、MB、GB、TB、PB、EB 等，其中的 bit(也称比特)表示的是“位”，也就是一个二进制数即 0 或 1，bit 是计算机中最小的存储单元。Byte 表示的是“字节”，1Byte 是可以存放 8bit 的，一个字节可以存放一个英文字符，两个字节可以存放一个中文字符。这里我们来看一下各个存储单位之间的关系：

1 B=8 bit, 1 KB=1 024 B,1 MB=1 024 KB

1 GB=1 024 MB,1 TB=1 024 GB,1 PB=1 024 TB,1 EB=1 024 PB

网络带宽和计算机的存储单位是有直接关系的，是指单位时间内数据从一个终端到另一个终端能够通过的数据量，带宽的单位是 bit/s；随着近年来网络通信技术的快速发展，网络通信带宽可以达到 100 Mbit/s、1 Gbit/s、1 Tbit/s 等，按照字节传输的量来说我们通常会对传输带宽进行一个除以 8 的操作，也就是 100 Mbit/s=12.5 MB/s，才是我们常说的下载速率或上传速率。宽带传输受到网络病毒、网络硬件故障、网络拥塞、传输距离等多种因素的影响，实际的传输是达不到这个速率的。

3. IP 地址

目前 IP 地址主要有两个版本：IPv4 和 IPv6，在 20 世纪 80 年代，IETF(Internet Engineering Task Force ,Internet 工程任务组)发布了 RFC791，即 IPv4 协议。IPv4 地址是由 4 段 8 位二进制数构成的 32 位二进制数，分为网络 ID 和主机 ID。网络 ID 用来确定所属的网段，主机 ID 用于网段中每一个终端设备，每一个网段中都有一个出口地址我们称这个地址为网关。随着 Internet 技术的快速发展，IPv4 成为主流的协议之一，Internet 爆发式的扩张也导致 IPv4 地址的分配逐步减少，IPv4 地址可用空间逐步耗尽。在 2011 年 2 月 IANA(Internet Assigned Numbers Authority，Internet 地址分配组织)对外宣布，IPv4 最后的 468 万个可用地址平均分配给全球 5 个 RIP(Regional Internet Registry，区域 Internet 注册管理机构)，针对这种情况，IPv6 地址逐步被推广。IPv6 地址由 128 位二进制数组成，一个 IPv6 地址包含了网络前缀和接口 ID(又称接口标识)两个部分。网络前缀是前 64 位，64 位前 48 位又是全球可汇总地址，而后 16 位可以用来做子网地址。接口 ID 也是由 64 位组成的，相当于 IPv4 地址中的主机地址，可用于计算机 IP 地址。

(1) IPv4 地址分类

IPv4 地址在设计之初制定了 5 种类型 IP 地址，可适用于不同的网络。IPv4 地址共有 32 位二进制数，我们可以根据网络 ID 和主机 ID 确定地址的网络掩码。通过这种方式进行分类，可以将 IP 地址分为：A 类、B 类、C 类、D 类、E 类。按照使用范围可以分为公网络地址和私网地址。

IP 地址最高位是 0 的地址为 A 类地址，如图 4.5 所示。当网络 ID 全为 0 时不可用，127 作为保留地址也不可用，所以 A 类地址的第一部分取值范围是 1～126，A 类网络默认网络掩码为 255.0.0.0。可以使用的主机数量为 256×256×256=16 777 216，主机 ID 全为 0 的地址属于网络地址，主机 ID 全为 1 的地址属于广播地址，所以最终可以使用的主机地址为 16 777 216－2=16 777 214 个。

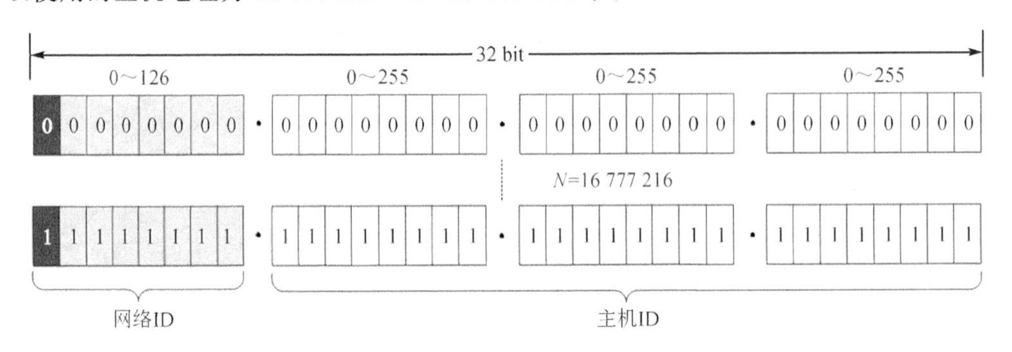

图 4.5　A 类地址网络 ID 和主机 ID

IP 地址最高位为二进制 10 的地址为 B 类地址，如图 4.6 所示。所以 B 类地址的第一部分取值范围是 128～191。B 类地址的网络掩码为 255.255.0.0。可以使用的主机数量为 256×256=65 536，同样去除全为 0 和全为 1 的网络地址和广播地址，可以使用的主机地址为 65 536－2=65 534 个。

IP 地址最高位为二进制 110 的地址为 C 类地址，如图 4.7 所示。所以 C 类地址的第一部分取值范围是 192～223。C 类地址的网络掩码为 255.255.255.0。可以使用的主机数量为 256，同样去除全为 0 和全为 1 的网络地址和广播地址，可以使用的主机地址为 254 个。

IP 地址最高位为二进制 1110 的地址为 D 类地址，如图 4.8 所示。D 类地址的第

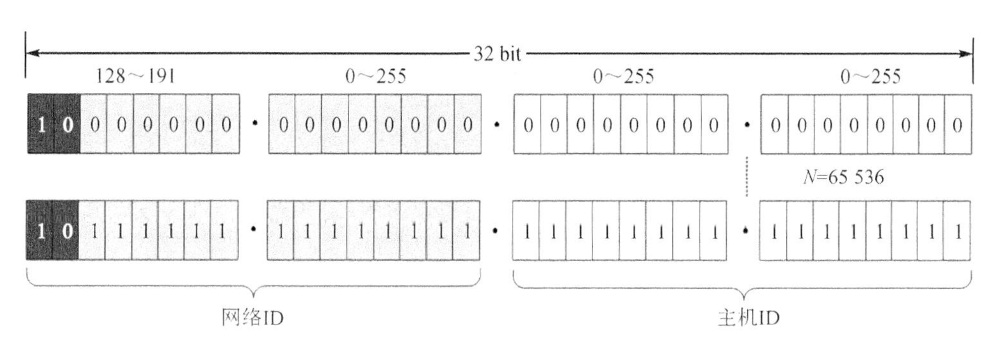

图 4.6　B 类地址网络 ID 和主机 ID

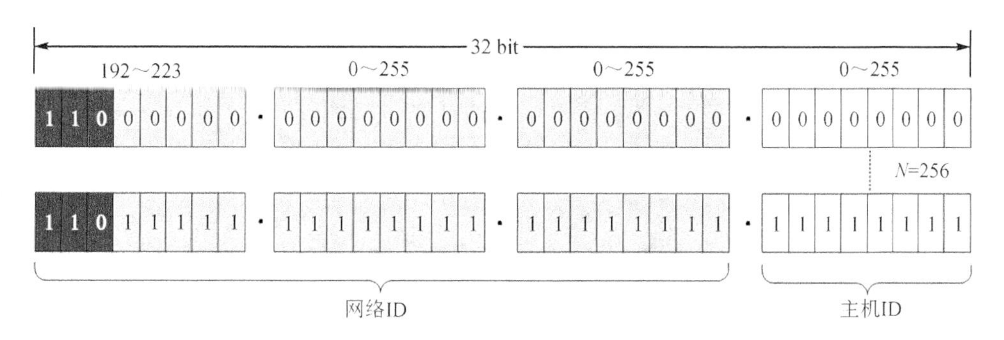

图 4.7　C 类地址网络 ID 和主机 ID

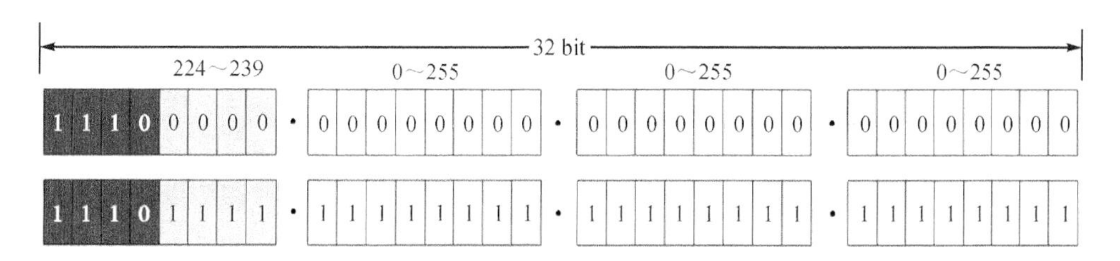

图 4.8　D 类地址

一部分取值范围是 224～239。D 类地址是用于组播的地址，不设置网络掩码，组播地址只能够作为目的地址来使用。D 类地址又可以分为三种类型：专用地址、公用地址和私用地址，专用地址（224.0.0.0～224.0.0.255）用于网络协议组的广播，公用地址（224.0.1.0～238.255.255.255）用于其他组播，私用地址（239.0.0.0～239.255.255.255）用于科研测试。

IP 地址最高位为二进制 1111 的地址为 E 类地址，如图 4.9 所示。E 类地址是不区分网络 ID 和主机 ID 的，第一部分的取值范围为 240～254，至今保留使用。

（2）IPv6 地址分类

IPv6 地址由网络前缀和接口 ID 组成，如图 4.10 所示。子网掩码使用网络前缀的长度来标识，其表示的方式：IPv6 地址/前缀长度。如：F00F:7852:6782::0001/64，其中的 F00F:7852:6782::0001 表示 IPv6 地址，64 表示前 64 位作为该地址所在的网段，

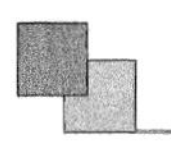

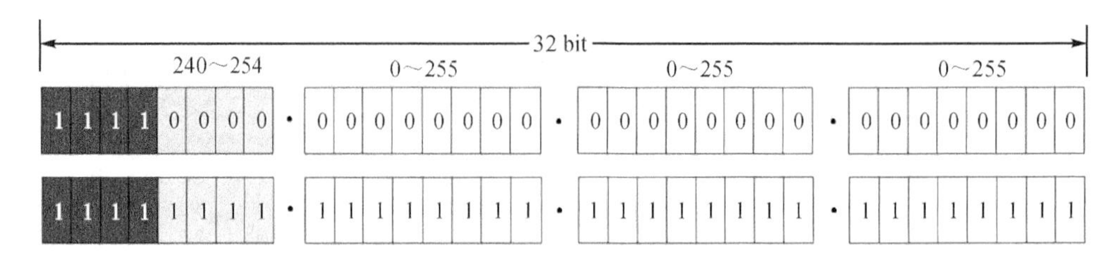

图 4.9　E 类地址

即:F00F:7852:6782::/64。在 IPv6 地址中如果出现两个或以上连续为 0 的组,我们可以使用“::”来代替,如图 4.11 所示。

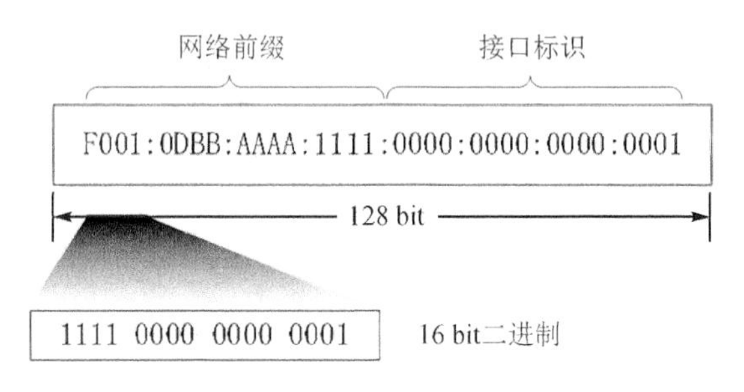

图 4.10　IPv6 地址组成

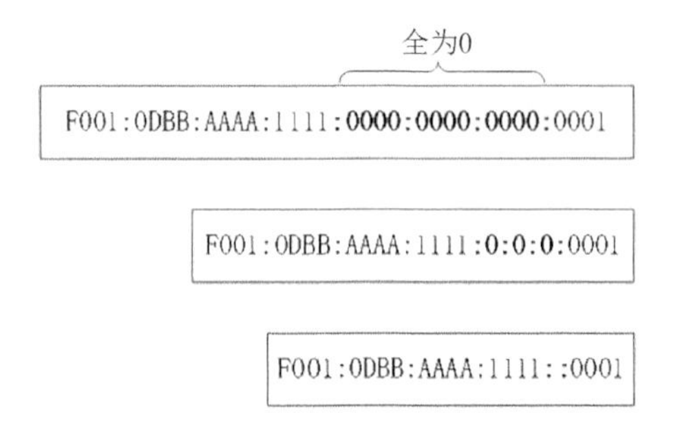

图 4.11　IPv6 地址简写

根据 IPv6 地址网络前缀,我们可以将 IPv6 地址分为单播地址(Unicast Address)、组播地址(又称多播地址 Multicast Address)、任播地址三类,IPv6 没有广播地址。单播地址分为全球单播地址(Global Unicast Address)、唯一本地单播地址(Unique Local Unicast Address)、链路本地单播地址(Link-local Unicast Address)、未指定地址(Unspecified Address)、环回地址(Loopback Address)。其分类如图 4.12 所示。

- 单播地址:一个单播地址对应一个接口,发往单播地址的数据包会被对应的接口接收;
- 任播地址:一个任播地址对应一组接口,发往任播地址的数据包会被这组接口的其中一个接收,被哪个接口接收由具体的路由协议确定;

● 组播地址：一个组播地址对应一组接口，发往组播地址的数据包会被这组的所有接口接收。

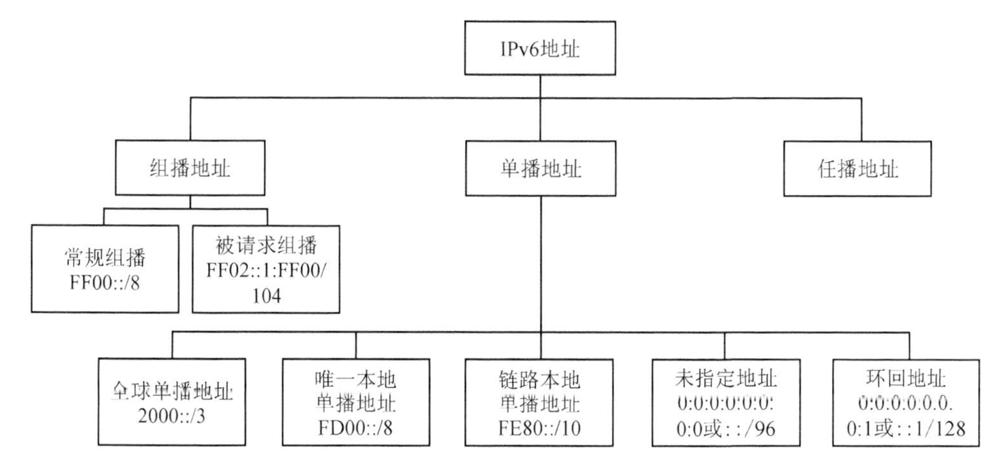

图 4.12　IPv6 地址的分类

(3) 公网地址和私网地址

在 Internet 上 IPv4 地址被全球统一规划使用的地址为公网地址。在小范围如企业、学校、家庭等使用的地址都是私网地址。

公网地址在全球内具有唯一的标识符，不会存在 IP 地址重复使用，1 台主机可以对应多个 IP 地址，但是 1 个 IP 地址不可能对应多台主机。如果需要公网地址，则需要向公网地址分配和管理的 InterNIC(Internet Network Information Center)提出申请，由它进行统一发放。

私网地址在进行地址分类的时候，将 A、B、C 类三类中保留了一些网段用于私网使用的 IP 地址。这类地址在公网中是不被使用的，Internet 上也没有对应的路由，所以 Internet 是访问不到私网地址的。这样做也可以节省公网 IP 地址，私网地址为本单位(军队、学校、政府等)的特殊业务工作而建造的网络，该网络不向单位以外的人提供服务。在局域网中使用也更加安全。目前保留的私网地址如下：

① A 类私网地址：10.0.0.0～10.255.255.255，1 个 A 类网络；

② B 类私网地址：172.16.0.0～172.31.255.255，16 个 B 类网络地址；

③ C 类私网地址：192.168.0.0～192.168.255.255，256 个 C 类网络地址；

根据建设需求我们可以选择不同的网段的私有地址去部署终端设备所需要的 IP 地址。

在 Internet 上 IPv6 的私有地址称为唯一本地地址，属于单播地址中的一种。唯一本地地址前缀为 FC00::/7，概念上相当于私有 IP，仅能够在本地网络使用，该 IPv6 地址 Internet 上不可被路由。

(4) 子网划分

在实际应用 IP 地址时我们会根据局域网内所有终端设备所需要的 IP 地址数量来

进行子网划分，其目的是避免地址浪费。子网划分是利用现有的网段进行子网位的划分，子网划分主要确定网络掩码长度和可用IP地址范围。常见的子网划分有等长子网划分、变长子网划分。

等长子网划分就是把一个网段划分为2个或多个等分的子网，比如：我们将一个C类地址192.168.1.0/24等分为2个子网，我们可以将原来的子网最高位进行0和1的划分，即可得到2个子网，子网掩码进行异或运算就可以得到划分为2个子网的掩码，最后一位为128，如图4.13所示。用同样的方法可以进行子网4等分、8等分。

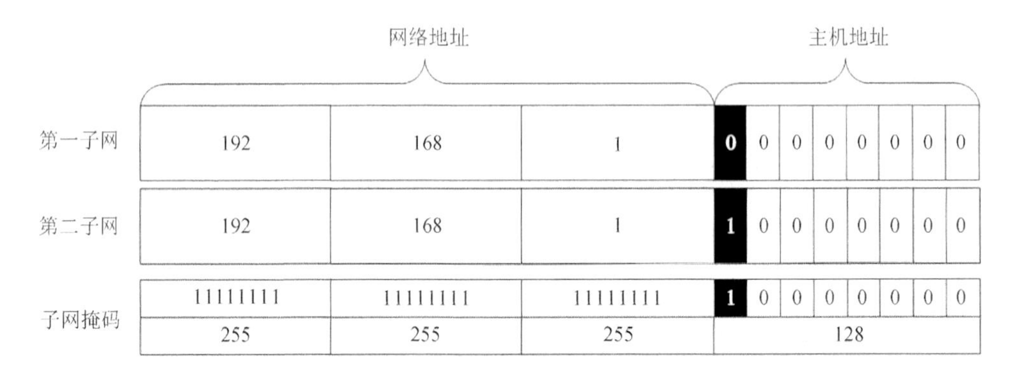

图4.13 等长子网划分2个子网

根据图4.13我们可以看出两个子网的子网掩码都是255.255.255.128。第一子网可以使用的地址范围是192.168.1.1～192.168.1.126，其中192.168.1.0是网络地址，192.168.1.127为广播地址。第二子网可以使用的地址范围是192.168.1.129～192.168.1.254，其中192.168.1.128是网络地址，192.168.1.255为广播地址。

在实际划分子网过程中，我们经常会发现不同区域的计算机或者终端数量是不一样的。在IP地址有限的情况下，我们需要对子网不同数量区域的计算机设备进行连接，比如：办公区计算机有20台，教室计算机有50台，实训区计算机共有120台，为了使不同区域的计算机处于不同的网段，可利用C类地址192.168.2.0/24进行划分，充分利用有限的IP地址空间，我们称之为变长子网划分。

实训区120台计算机我们可以先分出192.168.2.0/25，这个网段的网络地址为192.168.2.0，可用的主机地址范围为192.168.2.1～126共计126个，广播地址为192.168.2.127，剩余的网段为192.168.2.128/25。

接下来我们对剩余的网段进行进一步划分，以满足教师计算机50台。如果要满足50台，我们将192.168.2.128/25分一半出来即可，也就是192.168.2.128/26，这个网段的网络地址为192.168.2.128，可用主机地址范围192.168.2.129～190共计62个，广播地址为192.168.2.191，剩余的网段为192.168.2.192/26。

还剩下办公区的20台计算机，我们将剩余的网段再分一半出来，即192.168.2.192/27，其网络地址为192.168.2.192，可用的主机地址范围192.168.2.193～222共计30个，广播地址为192.168.2.223，剩余的网段为192.168.2.224/27。

通过上面的分析我们可以得出子网大小满足 2^n，n 的大小根据子网区域内计算机数量确定，比如区域了有 120 台计算机则 $2^n \geqslant 120$，所 n 应该为 8。通过分析整理，一条子网划分的数轴如图 4.14 所示。

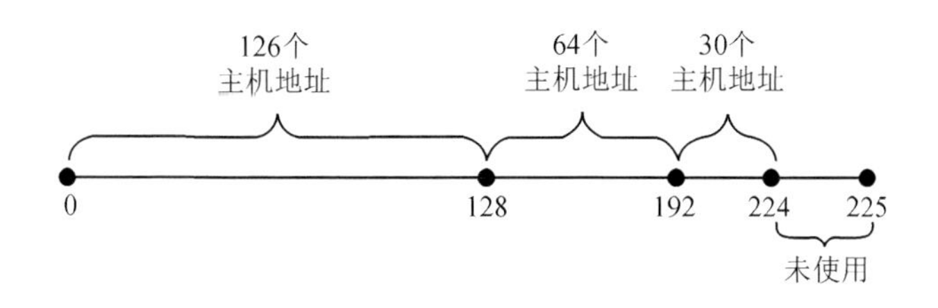

图 4.14　变长子网划分数轴

三、网络系统的基本组成结构

1. 网络系统的基本组成

计算机网络系统的基本组成主要分为硬件组成部分和软件组成部分。计算机网络系统就像我们的高速公路网络一样，硬件部分就相当于高路公路上的基础建设、收费站、桥梁、隧道等，软件部分相当于高速公路上的 ETC、收费标准等。只有将所有的硬件和软件建设完毕以后，一条高速公路才能够正常运行，计算机网络系统也是如此。

（1）硬件部分

计算机网络系统的硬件部分包含了数据终端设备、数模转换器、网络通信设备、传输介质四个部分，硬件设备构成了计算机网络系统结构。

1）数据终端设备

数据终端是网络终点节点设备，常见的有：计算机设备、移动终端、服务器、工作站等。随着互联网的发展，目前数据终端设备越来越多，包括物联网终端设备，比如：物联网网关、智能控制终端等都属于数据终端设备。不同的数据终端设备具备不同功能和需求，常见的计算机设备用作个人计算机使用可以访问网络资源、办公、学习等，服务器作为资源共享、数据存储等为用户提供网络访问需求。

2）数模转换器

数模转换器也可以称为调制解调器（Modem，modulator - demodulator 的英文缩写）。它是一种能将数字信号调变到模拟信号上进行传输，并解调收到的模拟信号以得到数字信号的电子设备。根据不同的应用场合，调制解调器可以使用不同的手段来传送模拟信号，比如使用光纤、射频无线电或电话线等。常见的调制解调器还包括用于宽带数据接入的有线电视电缆调制解调器、ADSL 调制解调器和光纤调制解调器。我们移动终端设备是一种无线方式的调制解调器。现代电信传输设备在远距离上传输大量的信息，都以调制解调器的功能为核心。其中，微波调制解调器速率可以达上百万比特每秒；而使用光纤作为传输介质的光调制解调器可以达到几十 Gbit/s 以上，它也是现在运营商传输的主要方式。

3）网络通信设备

网络通信设备作为计算机网络系统的重要枢纽，在网络传输过程中将不同网络结构进行连接，组合成更大的网络以满足建设需求、资源访问、数据共享等。常见的网络通信设备有中继器、集线器、交换机、路由器、防火墙等。

4）网络传输介质

传输介质犹如一条条连接各个城市的交通枢纽，比如：飞机线路、高速公路、航运线路、省级公路等。我们实现数据的传输就需要对应的传输路径才可以实现，传输介质将各个枢纽进行连接。常见的传输介质可以分为有线传输和无线传输，有线传输为：铜缆、双绞线、光纤，如图 4.15 所示。无线传输为：红外、微波、Wi－Fi、ZigBee、4G、5G 等。

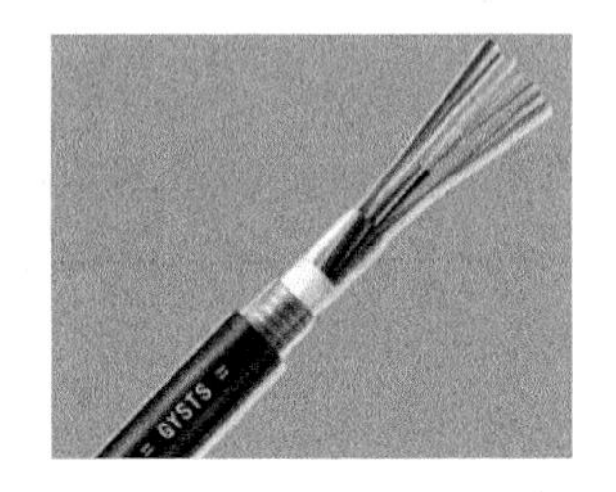

图 4.15　同轴电缆、双绞线、光缆

（2）软件部分

只有硬件设备是不足以完成数据通信的，就比如电脑如果没有操作系统是无法有效利用好计算机的硬件资源的。为了使计算机网络系统能够更加有效地运行起来，我们需要结合软件，从而实现计算机网络系统功能。

1）硬件驱动程序

众所周知，所有的硬件设备如果要进入计算机操作系统，都必须进行驱动程序的安装。如网卡、显卡、打印机、扫描仪等，都需要驱动才能正常工作。而不同硬件要实现与计算机之间的数据通信，就需要安装对应的驱动程序，才能实现数据通信的功能。在网络传输过程中，网络中的数据要和计算机终端进行通信，就必须对网卡进行驱动安装，网卡协议实现外部数据和内部数据的交换协调功能。

2）应用层软件

硬件驱动程序实现了网络传输过程中的基础功能，但不能将数据包分类转换成我们想要的数据内容。这个时候需要使用对应的协议软件对网络传输的数据包进行分类整理，比如文本传输协议（FTP）、超文本传输协议（HTTP）、简单邮件传输协议（SMTP）、简单网络管理协议（SNMP）等。通过应用层软件的处理和分类后就可以得到我们想要的数据信息及内容，这样才可实现数据传输。

一个计算机网络系统从功能上进行划分可以划分为资源子网和通信子网两个部分。数据终端设备中具有存储、资源共享和相应软件构成的设备，可以认为是资源子网；传输介质、数模转换器、网络设备以及对应网络协议等构成了通信子网。

2. 网络系统的组网结构

网络系统是由若干个网络设备、网络传输介质及配套的软件构成的。在网络组网的过程中我们会将网络设备和网络传输介质通过有线或无线方式进行连接，形成不同的拓扑图结构，常见的拓扑图结构有：星形、总线型、环形、树形、网状形、组合型等。

(1) 星形网络拓扑

星形拓扑结构由各个节点通过点对点的方式与中央节点连接构成，如图 4.16 所示。中央节点执行集中式通信控制策略，中央节点非常复杂，通信处理负荷相对比较重。所有终端设备节点与一个中心节点相连接，最后构成了一个网络。在一些小型网络(机房、家庭等)中经常被采用，且应用广泛。

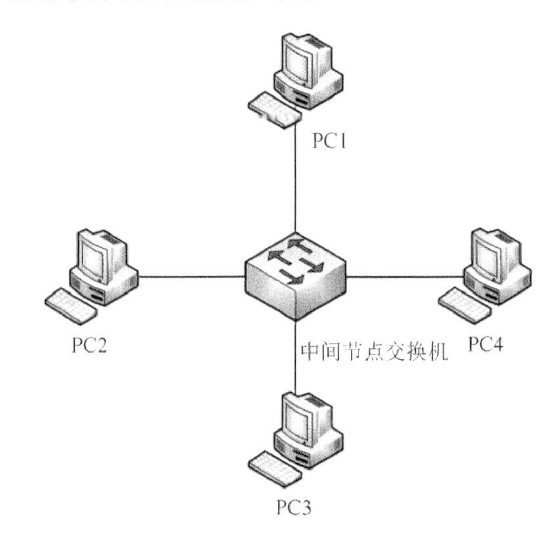

图 4.16　星形网络拓扑

1) 优　点

- 容易接入新节点，所有的数据都需要经过中心节点与之相连接；
- 任何两个节点都必须通过中央节点进行通信；
- 结构简单，易于管理，部署与维护相对比较容易；
- 网络传输延迟小，误码率较低。

2) 缺　点

- 网络资源共享能力较差；
- 中央节点负荷较重；
- 通信线路利用率较低。

(2) 总线型网络拓扑

采用一条公共总线将所有节点连接起来，所有节点连接到一条传输介质上，如图 4.17 所示。网络中所有节点通过硬件接口连接至总线，每一个节点发送的信息都沿着总线向两个方向进行传输，该节点发送的信息可以被总线上的所有节点接收，每个节点上的网络接口都具有接收信息和发送信息的功能。这种网络结构在一些骨干网络中会被采用。

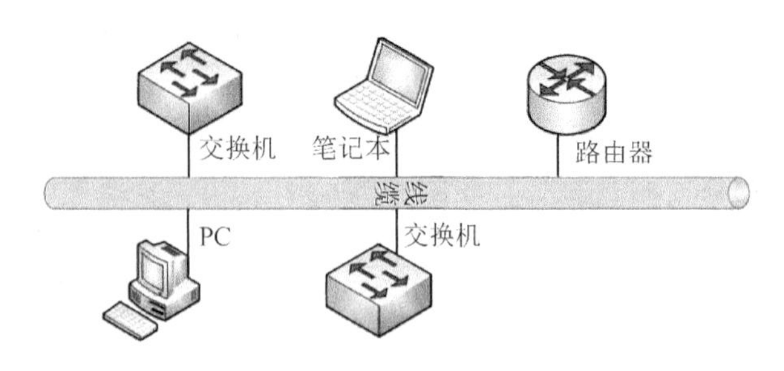

图 4.17　总线型网络拓扑

1）优　点

- 安装方便，节省线缆；
- 结构简单，易于扩充；
- 可靠性高，传输率高，信道利用率高。

2）缺　点

- 网络负载过大，容易因节点问题导致整个网络出现故障；
- 网络数据容易被截取，因为某一节点发出的数据可以被所有节点所接收。

（3）环形网络拓扑

环形网络拓扑中各个节点通过一条环路通信链路将所有接口进行连接，如图 4.18 所示。连接至环路的任何节点都可以发送信息和接收信息，每一个节点发出的信息都需要经过环形链路上的所有节点。在数据包中含有目的地址，当与线路链路中某节点地址一致时，则该节点会接收信息，否则继续向下一个环路接口传送，直到该信息流回到初始发送环路接口节点为止，数据包丢弃停止转发。

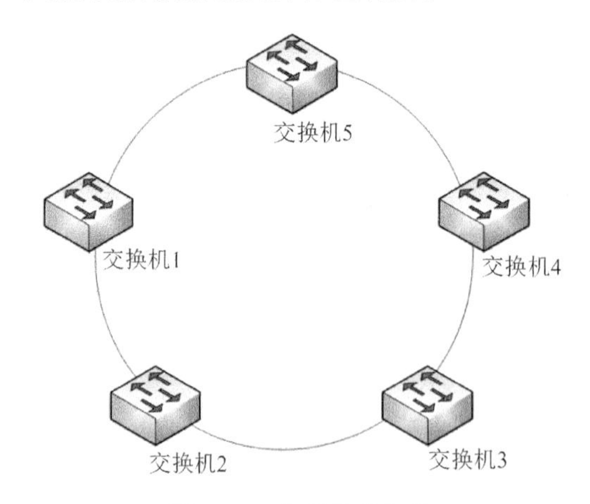

图 4.18　环形网络拓扑

1）优　点

- 数据包有固定的传输方向，传输路径得到优化；
- 两个节点之间有且只有一条通信线路；

● 节省线缆。

2）缺　点

● 传输效率低，网络延迟较长；

● 环形链路是封闭的，不利于扩充；

● 容易因为环路上的某个节点出现故障导致全网故障。

(4) 树形网络拓扑

树形拓扑是一种层次化的星形结构，在一些大型网络结构中被采用。每一层都有一个汇聚节点，底层的节点与上层节点相连接，最后形成树状结构，如图 4.19 所示。

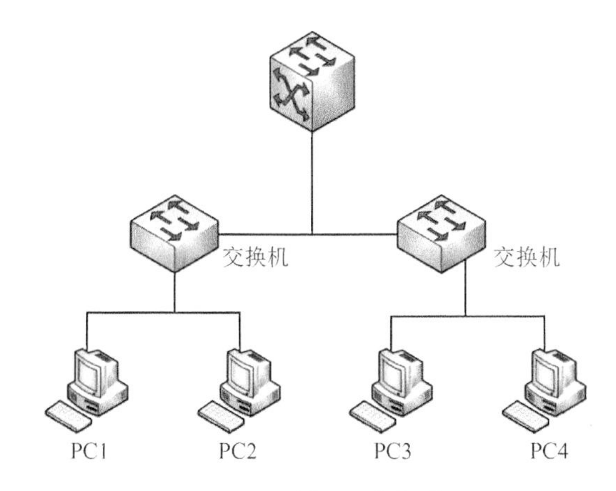

图 4.19　树形网络拓扑

1）优　点

● 分级控制每条通信线路，均可以双向传输；

● 任何一个节点发送的信息都可以传输至整个树形网路中的所有节点，具备一定的容错能力；

● 利于扩展，树形拓扑结构可以比较容易地继续增加其他分支以及子分支；

● 容易进行故障隔离，出现故障的某个分支可以比较容易地被隔离开来。

2）缺　点

层级越高的节点出现网络故障影响的范围也就越广，容易导致整个网络出现故障。

(5) 网状形网络拓扑

网状形拓扑中的每个节点之间会有直接相连的线路，如图 4.20 所示。这种网络结构一般用于大型网络中作为核心网络节点使用，利用其高容错率满足各个节点之间的数据传输。

1）优　点

● 节点间链路多，局部故障不会影响整个网络，容错能力强；

● 节点间有多条通信信道，可选择最佳路径，则延时少。

2）缺　点

● 网络结构复杂，建设和维护成本较高，不易扩充，不易维护；

● 网络控制机制比较复杂。

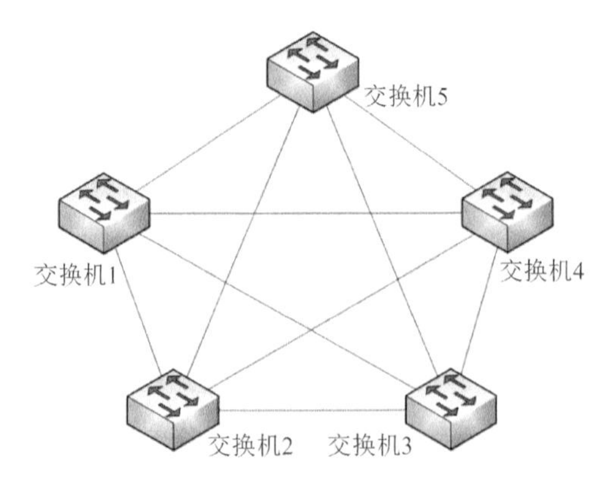

图 4.20　网状形网络拓扑

(6) 组合型网络拓扑

组合型拓扑是将以上网络拓扑的两个或两个以上的拓扑结构进行组合形成的新的网络拓扑结构。这种网络拓扑在我们实际生产过程中经常被使用,可以根据网络现状进行调整、设计、实施。最终可满足建设需求,如图 4.21 所示。

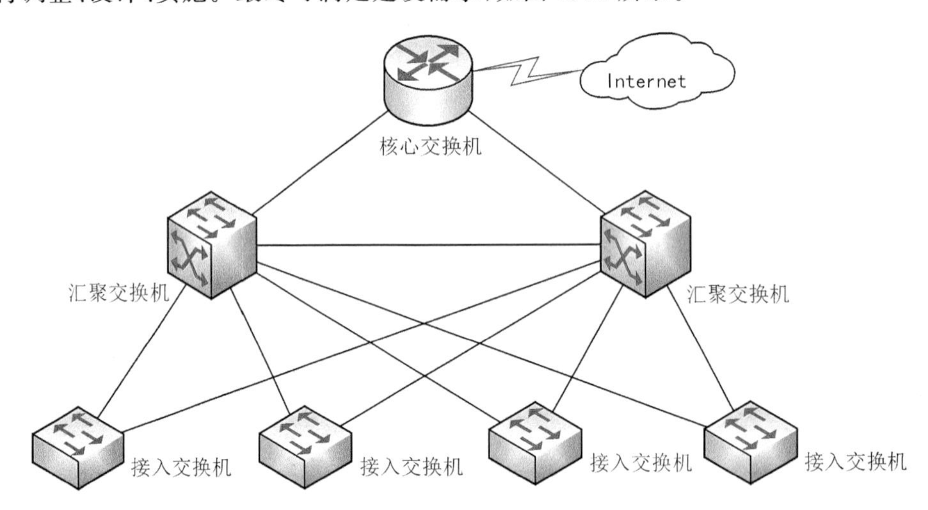

图 4.21　组合型网状拓扑

1) 优　点

● 集合了所选拓扑的优点;
● 易于故障诊断、隔离;
● 容易扩展。

2) 缺　点

需要大量的冗余线路和设备,则建设维护成本过高。

四、常见的网络接入技术

公共网络是由国家批准建设的网络，目前我国主要的骨干网络为中国科技网(CSTNET)、中国公用计算机互联网(CHINANET)、中国教育和科研计算机网(CERNET)、中国金桥信息网(CHINAGBN)4 大骨干网。4 大骨干网由中国互联 8 大核心节点组成即北京、上海、广州、沈阳、南京、武汉、成都、西安。除此之外还建立了二级节点，比如：天津、石家庄、海口、昆明等 20 多个。这些都属于网络骨干网，在企事业单位接入到骨干网络的都属于接入网。接入网的传输距离一般为几百米到几千米，因此我们也形象地称该网络是“最后一公里”，一般这“最后一公里”都是由各大网络运营商在进行运营管理，如图 4.22 所示。

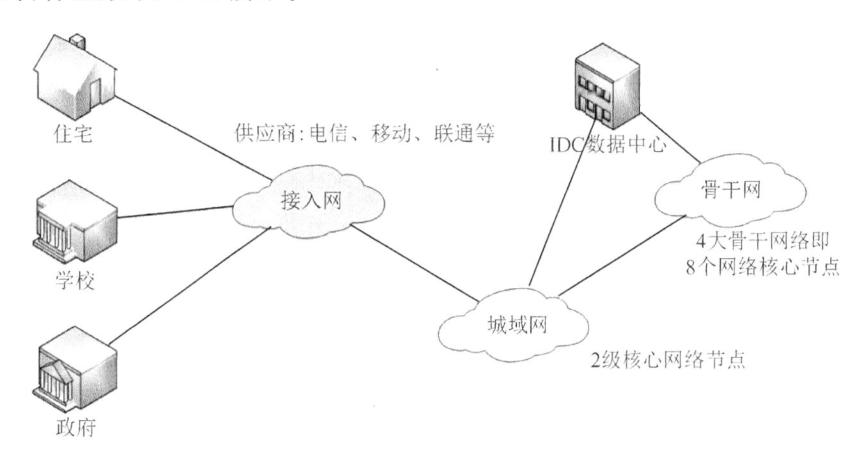

图 4.22　接入网、城域网、骨干网三大网络的关系

目前在企业中比较典型的网络组网接入技术如图 4.23 所示。该网络是一个分层网络结构，和树形网络拓扑结构、组合型网络拓扑结构比较相似，主要分为接入层、汇聚层、核心层。层与层之间一般采用光纤、双绞线等传输介质进行传输，常使用的传输设备有防火墙、路由器、交换机、无线 AP、集线器等网络设备，其他设备可以通过以太网接口、Wi-Fi 模块等方式接入网络。

按传输介质分类将计算机终端设备接入到网络中的技术，常见的有有线接入技术和无线接入技术两类。本小节主要介绍有线接入技术类的 ADSL 接入技术和无源光纤接入技术(PON)。

1. ADSL/VDSL 接入技术

ADSL(Asymmetric DSL，非对称 DSL)：ADSL 上行速率为 32 kbit/s～1 Mbit/s，下行速率为 32 kbit/s～8 Mbit/s，有效传输距离为 3～5 km，铜质双绞线同时传输语音和数据。VDSL(Very High Bit Rate DSL，甚高速数字用户线)：是一种新兴的传输技术，在速度上要远超 ADSL。VDSL 使用铜质双绞线进行语音和数据的传输。最大下行速率可达 55 Mbit/s，上行速率可达 19.2 Mbit/s。VDSL 传输距离较短，传输距离通常为300～1 000 m。对称 DSL 技术常见的版本及应用如表 4.1 所列。

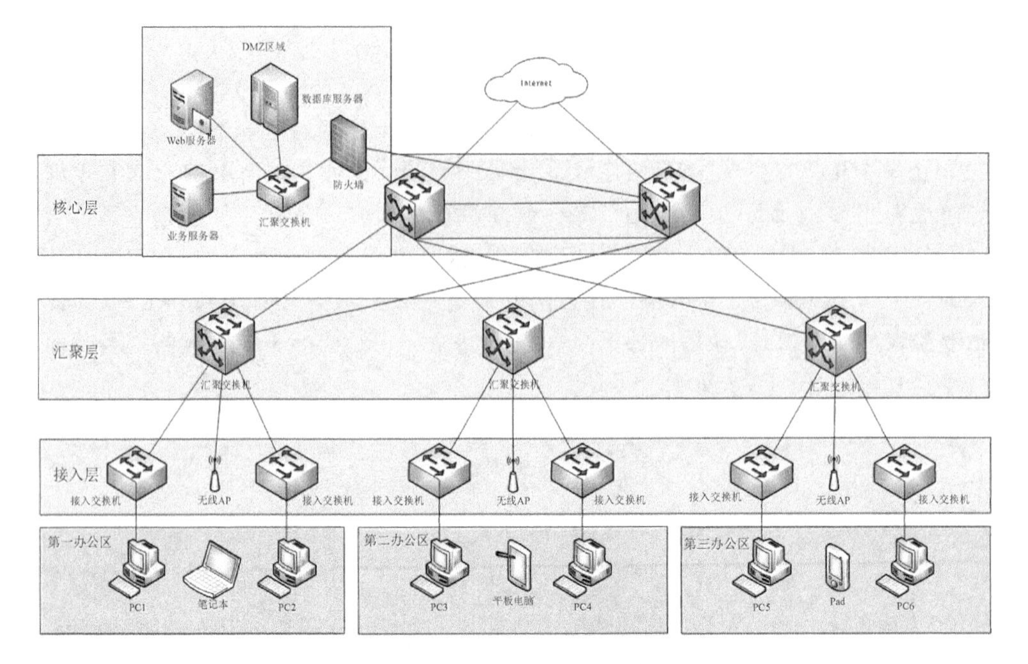

图 4.23 典型企业网络结构

表 4.1 对称 DSL 技术

XDSL	ITU 标准	制定时间	最大速率
ADSL	G. 992. 1(G. dmt)	1999	下行 7 Mbit/s 上行 800 Kbit/s
SHDSL	G. 991. 2(G. SHDSL)	2001	下行 4. 6 Mbit/s 上行 4. 6 Mbit/s
ADSL2	G. 992. 3(G. dmt. bis)	2002	下行 8 Mbit/s 上行 1 Mbit/s
ADSL2＋	G. 992. 5(ADSL2＋)	2003	下行 24 Mbit/s 上行 1 Mbit/s
ADSL2 - RE	G. 992. 3(Reach Extended)	2003	下行 8 Mbit/s 上行 1 Mbit/s
VDSL	G. 993. 1	2004	下行 55 Mbit/s 上行 15 Mbit/s
VDSL2	G. 993. 2	2005	下行 100 Mbit/s 上行 100 Mbit/s

除此之外常见的对称 DSL 传输技术还有 HDSL(高比特率 DSL)技术、SDSL(单线 DSL)技术、MVL(Multiple Virtual Line,多虚拟数字用户线)、G. SHDSL(Single - Pair High - Speed DSL,单对高速 DSL)等。

2. 无源光纤接入技术(PON)

光纤接入具有宽带大,传输距离远,高可靠性的特点。PON 是 Passive Optical Network 的缩写,中文意思是无源光网络,是指不含有任何电子元器件以及点自己电源的光纤网络。PON 技术通过一根光纤同时接入多个用户。它的组成有光线路终端 OLT、光分配网 ODN 和光网络单元 ONU 三个部分,组成结构如图 4.24 所示。

目前用于宽带接入技术的 PON 技术主要有:EPON(以太网无源光网络技术)和

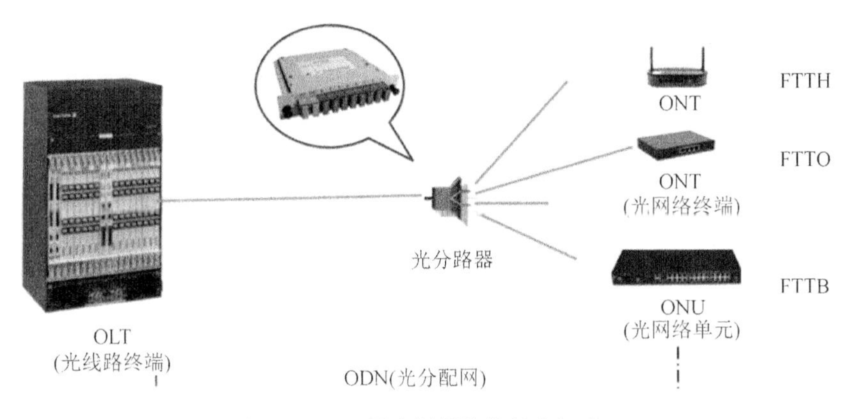

图 4.24　无源光纤网络的基本组成

GPON(吉比特无源光网络技术)。

EPON 是 PON 技术中较新的一种，由 IEEE802.3EFM(Ethernet for the First Mile)提出，是一种结合了 Ethernet 和 PON 的宽带接入技术，采用点到多点网络结构、无源光纤传输方式、基于高速以太网平台和 TDM 时分 MAC 媒体访问控制方式。在电气特性、机械特性、规程特性、功能特性等四大功能方面基本上采纳了 Ethernet 的标准，在数据链路层上，采用的是基于 TDM 思想的全新控制协议。EPON 就是以太网和 PON 结合，产生了以太网无源光网络，EPON 使用单光纤连接到 OLT，然后 OLT 连接到 ONU。EPON 的信道复用即频分复用(Frequency Division Multiplexing，FDM)，就是将用于传输信道的总带宽划分成若干个子频带(或称子信道)，如图 4.25 所示，每一个子信道传输 1 路信号。要求总频率宽度大于各个子信道频率之和，同时为了保证各子信道中所传输的信号互不干扰，应在各子信道之间设立隔离带，这样就保证了各路信号互不干扰(条件之一)。EPON 系统采用 WDM 技术，实现单纤双向传输，链路层的上行速率和下行速率都是 1.25 Gbit/s。

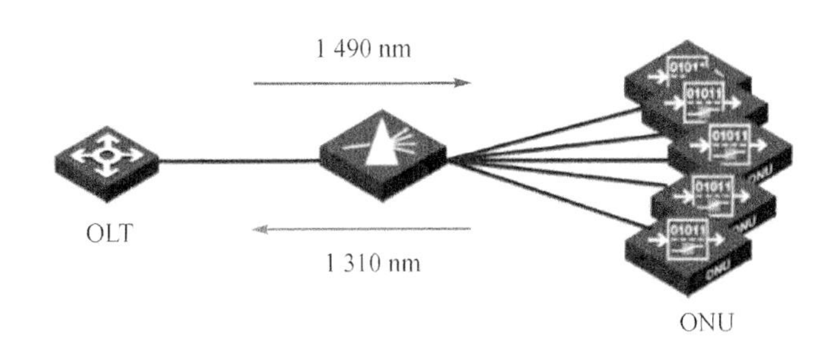

图 4.25　EPON 频分复用原理采用 1 490 nm 和 1 310 nm 通信子频道

GPON 技术是基于 ITU－T G.984.X(ITU－T 国际电信联盟)标准的最新一代宽带无源光综合接入标准，具有高带宽、高效率、大覆盖范围、用户接口丰富等众多优点，被大多数运营商视为实现接入网业务宽带化、综合化改造的理想技术。GPON 最高传输速率可达 2.5 Gbit/s，并且还在逐步升级中。目前该技术是各大网络运营商采用的主要技术之一。

五、网络参考模型 ISO/OSI 和 TCP/IP

1. 网络参考模型 OSI

计算机网络技术发展快速，在网络发展的早期时代，不同厂商研发出了不同的网络设施设备，计算机网络变得越来越复杂。新的协议和应用不断产生，都接入到了网络中，这也使得我们的网络结构组成更加复杂。网络设备大部分都是厂商按自己的标准生产的，不能相互兼容，很难相互间进行通信。为了解决网络之间的兼容性问题，实现不同厂商网络设备间的相互通信，国际标准化组织 ISO 于 1984 年提出了 OSIRM (Open System Interconnection Reference Model，开放系统互连参考模型)，也就是 ISO/OSI 参考模型。

ISO/OSI 参考模型一共有 7 层，由下层至上层分别为：物理层、数据链路层、网络层、传输层、会话层、表示层、应用层，如图 4.26 所示。七层中应用层、表示层和会话层由软件控制，传输层、网络层和数据链路层由操作系统控制，物理层由物理设备控制。

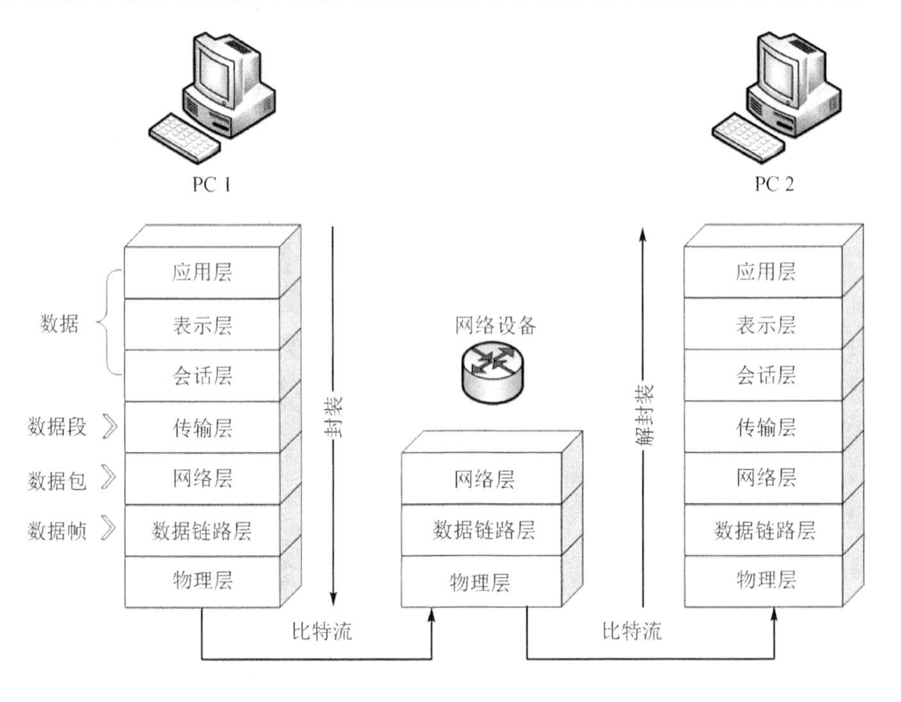

图 4.26 ISO/OSI 网络参考模型传输原理

每层的作用具体如下：

(1) 应用层(Application)

提供网络与用户应用软件之间的接口服务，支持的协议有万维网的 HTTP、文件传输的 FTP、电子邮件的 SMTP、远程登录的 TELNET、此外还有 DNS、DHCP 等。

(2) 表示层(Presentation)

将不同的数据格式转换成一种通用的数据格式，能够被不同的系统识别(处理格式问题：压缩、解压缩；加密、解密)，支持的协议有：ASCII、JPEG、MPEG、WAV 等。

(3) 会话层(Session)

会话的建立、管理和终止，通信主机的对话管理，为表示层提供服务(同步、会话)。

(4) 传输层(Transmission)

提供建立、维护和取消传输连接功能，负责可靠地传输数据，以保证数据正确的顺序和完整性，支持的协议有 TCP、UDP。

(5) 网络层(Network)

处理网络间路由、IP 寻址，以数据包的形式进行分组转发，支持的协议有 IP、ARP、ICMP、IGMP 等。

(6) 数据链路层(DataLink)

提供物理链路上的数据传输、MAC 寻址、网络结构、封装检测、网络接口等，支持的协议有 STP(生成树协议)、PPP(点对点协议)、HDLC(高级数据链路控制协议)等。

(7) 物理层(Physics)

提供机械、电气功能和过程特性(网卡、网线、双绞线、同轴电缆、中继器)，在物理传输介质上为数据端设备透明地传输原始比特流，传输处理通过介质的信号。

2. TCP/IP 协议

TCP/IP(Transmission Control Protocol/Internet Protocol)协议被称为传输控制协议/互联网协议，又称网络通信协议，是由网络层的 IP 协议和传输层的 TCP 协议组成的，是一个协议集合。TCP/IP 于 1973 年公布，1984 年，TCP/IP 协议得到美国国防部的肯定，成为多数计算机共同遵守的一个标准。TCP/IP 协议是指能够在多个不同网络间实现信息传输的协议簇，TCP/IP 对互联网中各部分进行通信的标准和方法进行了规定，使不同型号、不同厂家、运行不同操作系统的计算机通过 TCP/IP 协议栈实现相互间的通信。TCP/IP 模型是由 OSI 模型演化而来的，将 OSI 模型由七层简化为五层(一开始为四层)，应用层、表示层、会话层统一为应用层，如图 4.27 所示。

每一层的作用：

(1) 应用层(OSI 模型：应用层＋表示层＋会话层)

提供系统与用户之间的接口服务，支持文件传输、访问控制、电子邮件服务等，支持的协议有 HTTP、HTTPS、FTP、SMTP 等。

(2) 传输层

以 TCP 和 UDP 数据包进行传输，负责主机中进程之间的通信，为主机间提供流量控制和错误检测。

(3) 网际层

将传输层传下来的报文封装成分组，选择适当的路由器，使传输层传下来的分组能够交付到目的主机，为传输层提供服务、路由选择、分组转发等，支持的主要协议包括 IP、ARP、RARP、ICMP、IGMP。

(4) 网络接口层(OSI 模型：物理层＋数据链路层)

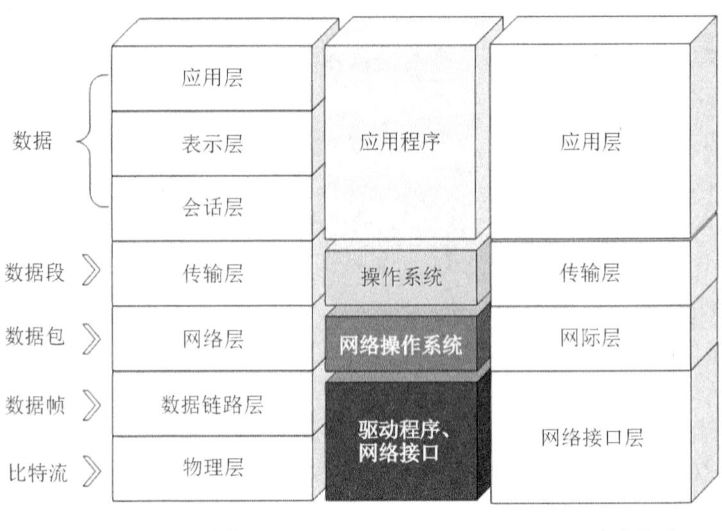

图 4.27　OSI 模型和 TCP/IP 模型的对应关系

支持所有的标准和专用的协议进行传输。

【任务实施与评价】

<table>
<tr><td colspan="2">任务单 1　计算机网络技术的基础认知与实践</td></tr>
<tr><td rowspan="2">任务实训</td><td>（一）知识测试</td></tr>
<tr><td>一、单项选择题
1、根据学院网络建设需要，我们在全校区部署 A 类网络地址，请问以下属于 A 类地址范围的是（　　）。
A. 10.0.0.1　B. 172.16.212.52
C. 192.168.1.1　D. 224.224.232.232
2. 以下 IPv6 地址属于全球单播地址的是（　　）。
A. FF00::/8　B. FE80::/10　C. FD00::/8　D. 2000::/3
3. 以下地址中不属于私网地址的是（　　）。
A. 10.253.252.251　B. 172.32.23.23　C. 192.168.255.2　D. 10.10.10.10
4. IPv6 地址中唯一的本地私有地址是（　　）。
A. FC00::/7　B. FE80::/10　C. FD00::/8　D. 2000::/3
5. 在进行子网划分时使用 B 类地址，给定的网段是 172.16.1.0/24，如果机房教室中有 60 台主机，需要给下面的主机依次分配 IP 地址，如果要将无线网络路由器的 IP 地址配置为该网段的最后一个 IP，请问无线路由器的 IP 地址及掩码是（　　）。
A. 172.16.1.254/24　B. 172.16.1.62/192
C. 172.16.1.62/24　D. 172.16.1.63/192
6. WiFi6 使用的通信协议是（　　）。
A. 802.11n　B. 802.11ac　C. 802.11ax　D. 802.11a</td></tr>
</table>

任务实训

7. 在网络传输的过程中,数据包经过路由器的时候不会经过 OSI 的(　　)。

A. 传输层　　B. 网络　　C. 数据链层　　D. 物理层

8. 在 TCP/IP 四层参考模型中,以下不属于网际层的协议是(　　)。

A. IP　　B. ICP　　C. TCP　　D. ARP

二、多项选择题

1. 以下属于常见的网络通信设备的是(　　)。

A. 防火墙　　B. 路由器　　C. 交换机　　D. 无线 AP

2. 在网络传输介质中有无线网络传输和有线网络传输,其中有线网络传输介质有(　　)。

A. 双绞线　　B. 光纤　　C. 同轴电缆　　D. 基站

3. 以下设备属于网络终端节点设备的是(　　)。

A. 台式计算机　　B. 无线笔记本　　C. 服务器　　D. 防火墙　　E. 工作站

4. 新添置的硬件需要安装驱动程序的有(　　)。

A. U 盘　　B. 打印机　　C. ps/2 键盘　　D. 网卡　　E. 显卡

5. 常见的网络 TOP 结构有(　　)。

A. 星形　　B. 总线型　　C. 环形　　D. 树形　　E. 网状型

6. TCP/IP 四层参考模型有(　　)。

A. 应用层　　B. 传输层　　C. 网际层　　D. 数据链层　　E. 网络接口层

7. 在 OSI 七层参考模型中的数据链路层支持的协议有(　　)。

A. PPP　　B. STP　　C. HDLC　　D. ARP

三、填空题

1. 目前主流的数据传输链路中运用的无线技术有________、________、________、________、________等。

2. 网络根据覆盖的地理范围可以分为________、________、________三种类型。

3. 计算机中最小的存储单元是________。

4. IPv4 地址分类可以为哪五类________、________、________、________、________。

5. 超文本传输协议的名称是________。

四、判断题

1. 在专业实训教学机房内常用星形 TOP 连接所有的主机。(　　)

2. 网线也就是我们常说的双绞线只有 4 对的组合,也就是 8 根。(　　)

3. 屏蔽双绞线比非屏蔽双绞线传输距离更远。(　　)

4. T568B 的标准线序为:“橙白/橙、绿白/蓝、蓝白/绿、棕白/棕”。(　　)

5. 单模光纤比多模光纤传输距离远,但是单模光纤只能传输一种模式的光。(　　)

(二)实训内容要求

阅读以下内容,回答问题。

高校机房网络规划与设计实现:根据学院建设规划,需要给信息工程系专业机房 215、216、219、213 四间机房进行规划设计,每个机房有一个接入交换机,接入交换机连接二楼的汇聚交换机,汇聚交换机连接系部的中心机房 306 的核心交换机(一台三层交换机)。其中学院只给一个 C 类网段(192.168.1.0/24),每间机房需要的点位数依次为 41、41、41、60 个,根据子网划分的原理进行等长子网划分,依次分给对应机房。这里每间机房用一台 PC 代替教师机,一台 PC 代表学生机。

要求根据应用环境完成 TOP 搭建。

进行 IP 地址配置,每间机房所分得的第 1 个 IP 地址作为网关地址,第 2 个地址为教师机地址,第 3 个地址为学生机使用,根据设计要求完成地址规划设计。

在三层交换中创建 VLAN,VLAN 的 name 为机房房号,为了使各个房间之间能够通信,请在三层交换机中启用 VLAN 间路由

(三)实训提交资料

利用模拟器(华为、Cisco 等)、Visio 绘图完成该项目的 TOP 搭建,并按要求实现对应的功能,并对功能进行阐述,撰写一份实验手册报告

任务考核

名称：____________	姓名：____________	日期： 20____年____月____日
项目要求	扣分标准	得分
TOP 搭建(25 分) 要求根据题目描述完成 TOP 图的搭建，使用的仿真平台包含：华为、思科等	TOP 搭建功能不完全(扣 10 分)； 设备选择不正确(扣 5 分)； 设备连线错误(扣 10 分)	
IP 规划(20 分) 针对任务要求需要完成对信息楼四个房间的 IP 地址规划设计	IP 地址规划(错误一处扣 2 分)	
IP 配置(10 分) 针对每个房间的教师机、学生机、网关地址进行配置	IP 地址配置(错误一处扣 2 分)	
VLNA 配置(25 分) 对每一个房间建立一个独立的 VLNA，并对 VLAN 进行命名	VLAN 的 name 配置(错误一处扣 2 分)； VLAN 创建(错误一处扣 2 分)	
配置路由(20 分) 为了保障每一个房间之间能够正常通信，我们需要在 vlan 间配置静态路由或动态路由，以保障网络正常工作	没有配置对应的路由信息(扣 10 分)； 无法实现全网通信(扣 10 分)	
评价人	评语	
学生：____________		
教师：____________		

任务 2 智能遮阳控制系统拓扑结构分析

【任务目标】

【知识目标】

- 熟悉常用的无线通信技术及特点；
- 认识无线电频谱资源的特性、分段及应用情况，熟悉 ISM 频段的特点；
- 认识无线通信网络的类别和特点；
- 熟悉 ZigBee 技术的概念、技术特点、应用情况；
- 熟悉 ZigBee 网络的拓扑结构；
- 能理解 ZigBee 智能家居系统的功能特点、组网。

【技能目标】

- 能够进行智能遮阳控制系统的拓扑结构分析。

【素质目标】

- 培养主动收集资料的习惯；
- 培养动手实践的习惯；
- 培养独立思考的习惯；
- 培养积极沟通的习惯；
- 培养团队合作的习惯。

【任务描述】

现有一套两居室房屋安装了智能遮阳控制系统，希望能对客厅、卧室共 3 个窗户的窗帘开关进行智能控制，能实现按钮控制、手机远程控制、语音控制。该智能遮阳控制系统安装简便，只需在恰当位置布设电源线路即可。

请分析该系统各设备是如何组网的，绘制出该系统的拓扑结构框图。

【知识储备 1　无线网络概述】

2.1.1　无线通信技术简介

一、常用的无线通信技术

无线通信技术根据通信距离可分为短距离无线通信技术、长距离通信技术。常用的短距离无线通信技术包括 ZigBee、Wi - Fi、UWB、Bluetooth 等，长距离通信技术包括移动通信技术 2G～6G、低功耗远距离通信技术 NB - IoT、LoRa 等。这些通信技术的传输距离和数据速率指标比较见图 4.28。

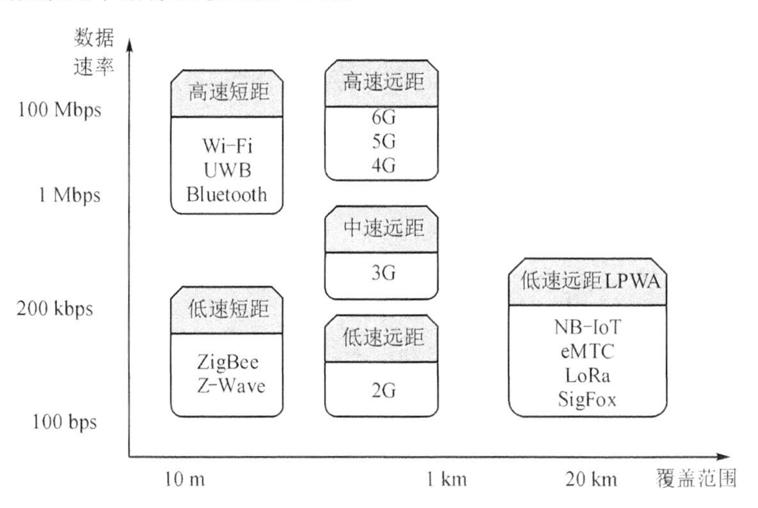

图 4.28　无线通信技术特点比较

图中横轴是传输距离，纵轴是数据传输速率，从图中可以对比看出常用的无线通信技术传输距离和数据速率的不同，可适用在不同的场景下。在实际使用时，还要结合成本进行综合考虑。

二、无线电频谱

无线传输利用电磁波在自由空间(包括空气或真空)发送和接收信号进行通信,因此无线通信系统需要占用无线电频谱资源。根据《中华人民共和国民法典释义》的解读,无线电频谱资源是指频率在 3 000 GHz 以下的、可以不依靠人工波导便可在空间传播的无线电磁波的集合。

无线电频谱资源是一种非传统的特殊自然资源,均等分布在地球各个空间,是一种极具战略地位的自然资源,在政治、军事、经济和民生领域发挥了巨大的作用。我国工信部在 2021 年已经形成了《无线电频谱资源法(草案)》,目前在调研和修改完善草案阶段,计划在 2023 年推动《无线电频谱资源法》实质性纳入国家相关立法规划。

1. 无线电频谱资源的特性

无线电磁波具有良好的传播能力,无线电频谱资源是现代社会信息化建设的核心资源,其具有六种特性。

(1) 有限性

目前人类对于 3 000 GHz 以上的频率还无法开发和利用,因此,可用的频谱资源是有限的。

(2) 排他性

在一定的时间、地区和频域内,一旦某个频率被使用,其他设备则不能以相同的技术模式再使用该频率。

(3) 复用性

不同无线电业务和设备可以进行频率复用和共用。

(4) 非耗竭性

不会随着使用而被消耗,正常情况下一直存在。

(5) 固有传播特性

无线电磁波按一定规律传播,不受行政地域的限制。

(6) 易污染性

易受到其他频率信号、自然噪声或人为噪声的干扰,而无法准确、有效、迅速传递信息。

2. 无线电频谱分段及应用

无线电频谱资源的特性决定了其应用特点,我国的无线电频谱资源主要应用在移动通信、卫星通信与导航、雷达导航等领域。世界各国都认为无线电频谱是无线电磁波的集合,但是由于应用领域的差异,对无线电频谱的划分也有差异。

根据 2018 年 7 月 1 日起施行的最新版《中华人民共和国无线电频率划分规定》,我国的无线电频谱可分为表 4.2 中的 14 个频段。无线电频率以 Hz(赫兹)为单位,其表达方式为:

—— 3 000 kHz 以下(包括 3 000 kHz),以 kHz(千赫兹)表示;

—— 3 MHz 以上至 3 000 MHz(包括 3 000 MHz),以 MHz(兆赫兹)表示;

—— 3 GHz 以上至 3 000 GHz(包括 3 000 GHz),以 GHz(吉赫兹)表示。

表 4.2 我国无线频谱频段划分

带号	频带名称	频率范围	波段名称	应用领域
-1	至低频(TLF)	0.03～0.3 Hz	至长波或千兆米波	水上移动,水上无线电导航,气象辅助
0	至低频(TLF)	0.3～3 Hz	至长波或百兆米波	
1	极低频(ELF)	3～30 Hz	极长波	
2	超低频(SLF)	30～300 Hz	超长波	水上移动、无线电导航,航空无线电导航
3	特低频(ULF)	300～3 000 Hz	特长波	航空无线电导航,水上移动,广播
4	甚低频(VLF)	3～30 kHz	甚长波	广播,无线电定位/导航,移动通信,射电天文
5	低频(LF)	30～300 kHz	长波	移动通信,空间操作、研究,广播,无线电定位,航空无线电导航,卫星移动
6	中频(MF)	300～3 000 kHz	中波	气象辅助,卫星气象,卫星移动,空间研究,射电天文,无线电定位,广播,移动通信
7	高频(HF)	3～30 MHz	短波	卫星地球探测,射电天文,空间研究
8	甚高频(VHF)	30～300 MHz	米波	航空无线电导航,无线电定位,移动通信,广播,卫星广播
9	特高频(UHF)	300～3 000 MHz	分米波	移动通信,卫星移动,无线电定位,卫星无线电测定,卫星广播
10	超高频(SHF)	3～30 GHz	厘米波	卫星地球探测,移动通信,无线电定位
11	极高频(EHF)	30～300 GHz	毫米波	卫星固定,卫星移动,移动通信,射电天文,空间研究
12	至高频(THF)	300～3 000 GHz	丝米波或亚毫米波	

3. ISM 频段

ISM 频段(Industrial Scientific Medical Band),由国际通信联盟无线电通信局 ITU-R (ITU Radio Communication Sector)规定的开放给工业、科学和医学机构使用的免许可频段。应用这些频段无需费用,只需要遵守一定的发射功率(一般低于 1 W),并且不要对其他频段造成干扰即可。

ISM 频段在各国的规定并不统一。如在美国有三个频段 902～928 MHz、2 400～2 484.5 MHz 及 5 725～5 850 MHz;而在欧洲,900 MHz 的频段则有部分用于 GSM 通信。2.4 GHz 为各国共同的 ISM 频段。在物联网系统中,短距离无线通信不能对其他服务造成干扰,经常使用 ISM 频段,如无线局域网(IEEE 802.11b/IEEE 802.11g)、蓝牙、ZigBee 等无线网络,均可工作在 2.4 GHz 频段上。

2.1.2 无线网络技术简介

计算机网络技术和无线通信技术相结合,可构成无线网络。在物联网应用系统中,以无线网络为核心,综合其他各种辅助技术构建的移动计算环境,摆脱了有线的束缚,为人们带来更便捷、更自由的应用体验。

根据覆盖范围,无线网络可分为四大类:无线个域网、无线局域网、无线城域网和无线广域网。

一、无线个域网

无线个域网(Wireless Personal Area Network,WPAN)是为了实现活动半径小、业务类型丰富、面向特定群体、无线无缝的连接而提出的新兴无线通信网络技术。WPAN 能够有效地解决“最后的几米电缆”的问题,进而将无线联网进行到底。ZigBee、蓝牙、UWB 等都属于 WPAN 的范畴。

无线个域网(WPAN)是一种与无线局域网(WLAN)、无线城域网(WMAN)、无线广域网(WWAN)并列但覆盖范围相对较小的无线网络。在网络构成上,WPAN 位于整个网络链的末端,用于实现同一地点终端与终端间的连接,如连接手机和蓝牙耳机等。WPAN 所覆盖的范围一般在 10 m 半径以内,必须运行于许可的无线频段。WPAN 设备具有价格低,体积小,易操作和功耗低等优点。

二、无线局域网

无线局域网(Wireless Local Area Network,WLAN)是指应用无线通信技术将计算机设备互联起来,构成可以互相通信和实现资源共享的网络体系,覆盖范围通常在 50～300 m 之间。IEEE 802.11 是无线局域网的标准,现在被统称为 Wi－Fi。无线局域网本质的特点是,不再使用通信电缆将计算机与网络连接起来,而是通过无线的方式连接,从而使网络的构建和终端的移动更加灵活。

无线局域网分为两类,一类是有固定基站的,一类是无固定基站的。有固定基站的 WLAN,安装无线网卡的计算机通过基站(无线 AP 或者无线路由器)接入网络,这种网络的应用比较广泛,通常用于有线局域网覆盖范围的延伸或者作为宽带无线互联网的接入方式。无固定基站的 WLAN 又被称作自组网络(Ad Hoc Network),是由一些具有平等状态的移动站(如安装无线网卡的计算机)之间相互通信组成的临时网络,因此,无固定基站的 WLAN 也被称为无线对等网,是最简单的一种无线局域网结构。

三、无线城域网

无线城域网(Wireless Metropolitan Area Network,WMAN),介于广域网和局域网之间,覆盖范围为几千米到几十千米,是在城市及郊区范围内实现信息传输和交换的宽带网络体系。WMAN 也是计算机网络和无线通信技术相结合的产物,以无线多址信道作为传输的媒介,用电磁频谱来传递信息。无线城域网目前已经是电信网络的重要组成部分,不仅可以将校园、家庭、各大企事业单位无线接入到国家的有线骨干网络,

还可以将 WLAN 无线接入点连接到互联网。

IEEE802.16 是 WMAN 的标准之一，现在 IEEE802.16 被统称为 WiMAX(全球微波互联接入)。

四、无线广域网

无线广域网(Wireless Wide Area Network，WWAN)是指覆盖全国或全球范围内的无线网络，把物理分布距离较远的各局域网(LAN)连接起来，实现各局域网的互联。第二代移动通信(2G)～第五代移动通信(5G)属于 WWAN 的范畴。典型应用有电力系统、银行系统、税务系统等。

【知识储备 2　ZigBee 通信技术】

2.2.1　ZigBee 技术简介

ZigBee(紫蜂)一词源自蜜蜂群在发现花粉位置时，通过跳 ZigZag 形舞蹈来告知同伴，达到交换信息的目的。ZigBee 技术是一种短距离、低复杂度、低功耗、低数据速率、低成本的双向无线通信技术。ZigBee 技术主要用于一些对传输速率要求不高、传输距离短且对功耗敏感的应用场合，如无线数据采集、无线工业控制、消费性电子设备、汽车自动化、家庭和楼宇自动化、医用设备控制、远程网络控制等。

ZigBee 在 IEEE 802.15.4 规定的无线物理层的基础上，增加了逻辑网络、网络安全和应用层。IEEE 802.15.4 是一种技术标准，由 IEEE(Institute of Electrical and Electronics Engineers，电气电子工程师协会)802.15 第 4 任务组开发。IEEE 802.15.4 定义了低速率无线个域网(Low Rate - Wireless Personal Area Network，LR - WPAN)的协议，规定了 LR - WPAN 的物理层(PHY)和介质访问控制层(MAC)，是物联网领域很多协议标准的基础。

ZigBee 联盟(现名 CSA 联盟)从 2003 年推出第一个正式标准后，陆续推出了多个版本，到 2016 年推出了 ZigBee3.0 标准。ZigBee3.0 统一了之前不同版本的 ZigBee 标准，使得不同应用层协议之间能够互相联通，将不同应用层协议之间所接入的 ZigBee 设备在被发现、链接加入、组网形式等方面进行了统一化，让 ZigBee 设备在组网时更方便。ZigBee3.0 标准是应用最广泛的 ZigBee 标准。

ZigBee 标准协议分为物理层、媒体访问层、网络层、应用层，见图 4.29。

2.2.2　ZigBee 技术特点

1. 低功耗

ZigBee 协议的通信速率低、复杂度低，并且 ZigBee 终端可划分工作状态和睡眠状态，因此 ZigBee 设备的功耗非常低。市面上有的 ZigBee 终端节点，如 ZigBee 无线按钮，用一个纽扣电池可供电 2 年。

2. 低成本

由于 ZigBee 芯片和模块的价格低，ZigBee 协议是免费的，而且 ZigBee 通信协议复

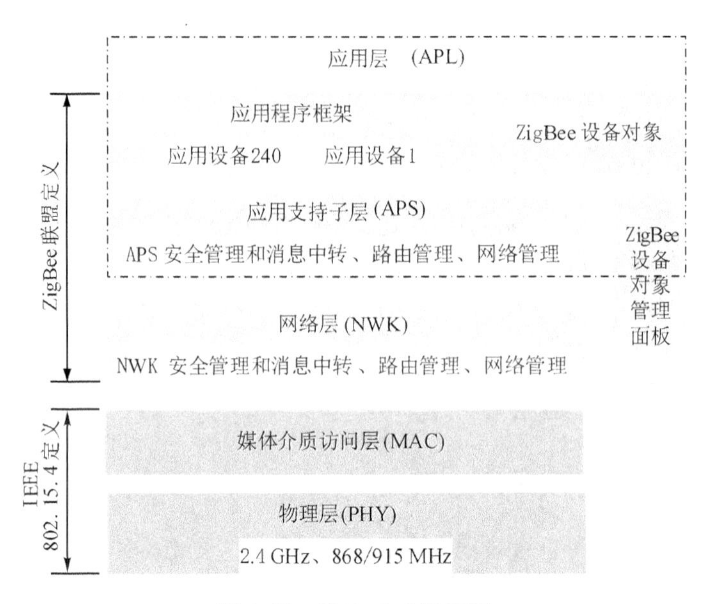

图 4.29 ZigBee3.0 协议层

杂度低，ZigBee 设备的代码量小，因此，ZigBee 通信实现的成本低。

3. 短距离

ZigBee 通信节点之间的传输范围在 10～100 m，通过增加发射功率和组网，可以大幅度扩大传输距离。

4. 低速率

ZigBee 设备工作在 20～250 kbit/s 的较低速率，能满足低速率传输数据的应用需求。

5. 低时延

ZigBee 的响应速度较快，一般从睡眠转入工作状态只需 15 ms，节点连接进入网络只需 30 ms，进一步节省了电能。相比较，蓝牙需要 3～10 s、Wi-Fi 需要 3 s。

6. 大容量

ZigBee 可采用星状、片状和网状网络结构，由一个主节点管理若干子节点，最多一个主节点可管理 254 个子节点；同时主节点还可由上一层网络节点管理，最多可组成 65 000 个节点的大网。

7. 高安全

ZigBee 提供了三级安全模式，包括无安全设定、使用接入控制清单（ACL）防止非法获取数据，以及采用高级加密标准（AES 128）的对称密码，以灵活确定其安全属性。

8. 免执照频段

ZigBee 采用直接序列扩频，在工业、科学、医疗（ISM）免执照频段共有 3 个频段：868 MHz（欧洲）、915 MHz（美国）和 2.4 GHz（全球），分别具有最高 40 kbit/s、20 kbit/s 和 250 kbit/s 的传输速率，传输距离为 10～80 m，可通过加装信号增强模块扩展距离。不同频段可使用的信道分别是 1、10、16 个，如图 4.30 所示。

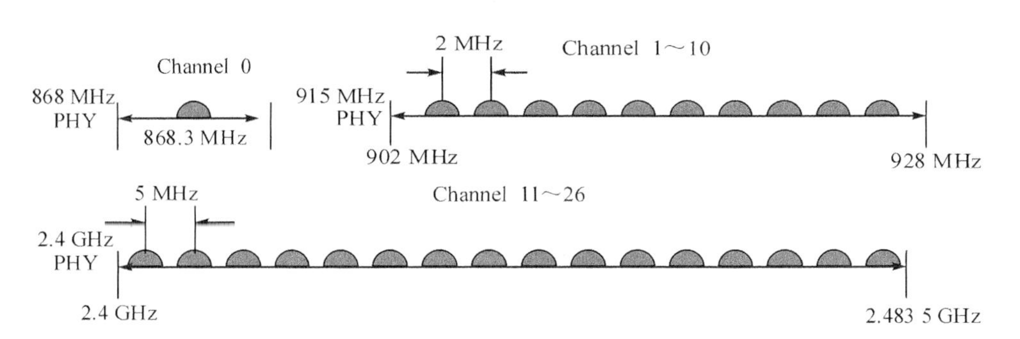

图 4.30 ZigBee 信道分布示意图

ZigBee 在 2.4 GHz 频段上的 16 个信道，在 2.405～2.480 GHz 间分布，信道间隔是 5 MHz，具有很强的信道抗串扰能力。中国 ZigBee 采用的是 2.4 GHz 频段。

2.2.3 ZigBee 组网

ZigBee 网络的设备分为三种：协调器、路由器、终端设备。

协调器(Coordinator)，负责 ZigBee 无线网络的启动和管理，能够控制终端设备、路由设备进行路由寻址、数据转发，此外，还可以控制其他辅助设备。

路由器(Router)，它的功能主要是允许其他设备加入网络，实现路由寻址和数据转发。

终端设备(End-Device)，可用于采集数据或者控制执行设备，可以睡眠或者唤醒；没有特定的维持网络结构的责任，通过路由设备与协调器连接，或者直接连接到协调器，仅具有数据发送和接收功能，不能实现数据的转发。

ZigBee 的网络拓扑结构主要有三种：星形、树状和网状拓扑结构。

1. 星形拓扑结构

ZigBee 星形网络见图 4.31。星形网络有一个中心节点(协调器)，所有消息都经它传输，任意两个节点(路由器或终端设备)之间不能够直接进行通信。星形网络结构简单，功耗低，适用于小规模、低复杂度的应用。

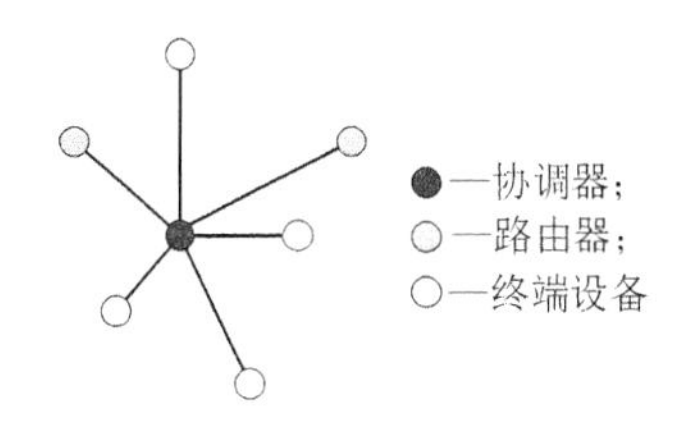

图 4.31 ZigBee 星形网络

2. 树状拓扑结构

ZigBee 树状网络见图 4.32，也称簇状网络。树状网络协调器、路由器和终端设备的层次划分严格。

3. 网状拓扑结构

ZigBee 网状网络见图 4.33。网状拓扑结构(Mesh)具有更加灵活的信息路由规则，路由节点之间可以直接通信，这种路由机制使得信息通信更高效，可以应用在多种场景。

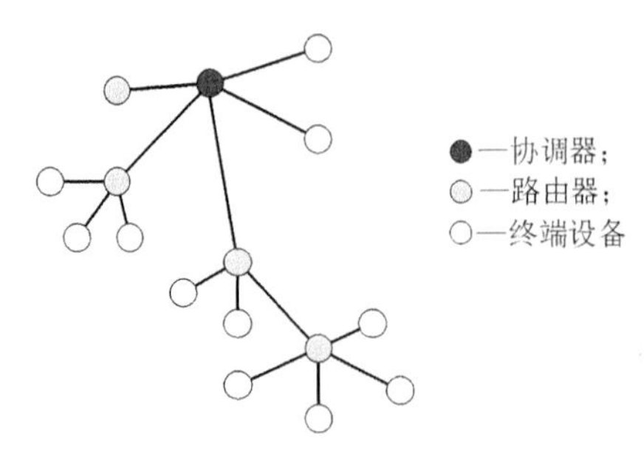

图 4.32 ZigBee 树状网络

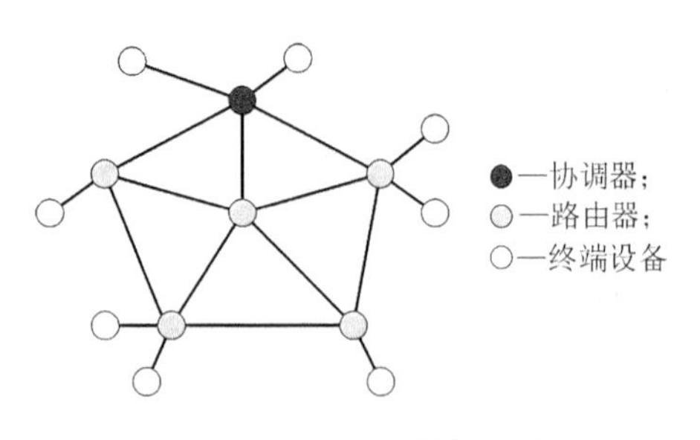

图 4.33 ZigBee 网状网络

2.2.4 ZigBee 技术应用

一、适合 ZigBee 技术的应用场合

1）需要无线通信传输信息的低成本方案；

2）传输数据量小，传输速率要求不高；

3）设备体积小，功耗要求低，采用电池供电且需要维持较长时间；

4）需要多个或大量设备组网，形成较大范围的通信覆盖，主要用于监测或控制的场合。

近年来，ZigBee 在智能家居、自动抄表、传感器网络应用、医疗监护等领域得到了广泛应用。

二、应用案例——ZigBee 智能家居系统

1. 概　述

智能家居是通过物联网技术将家中的各种设备（如音视频设备、照明系统等）进行互联，构建可集中管理、智能控制的住宅设施管理系统，从而提升家居的安全性、便利性、舒适性、艺术性，并实现环保节能的居住环境。图 4.34 中的 ZigBee 2.4G 无线智能家居，包括了智能灯光控制系统、智能暖通控制系统、智能遮阳控制系统、智能安防控制系统等，各系统的功能特点如下。

智能灯光控制系统，灯具采用多键开关面板控制，灯具的开关可使用本地面板或手机远程控制；支持双向反馈机制，居住者在外也可确认家中灯光开关情况。

智能暖通控制系统，适用于水冷机组、地源热泵、变频空调等市面普及的地暖与中央空调，使用手机便可远程设置各项参数、空调模式，使居住者回家便可享受冷热适宜的环境。

智能遮阳控制系统，能控制多种窗帘与窗类产品，可定时设置窗帘开关，如果与空气质量监测传感器、风雨传感器等设备联动，在空气不好、刮风下雨时自动关窗，让家中环境时刻保持舒适。

智能安防控制系统，可实现可燃气体探测、浸水探测、烟雾探测、红外探测、门窗磁、视频看家等六大功能，发现异常情况实时向手机发送报警消息，让居住者不在家也能第

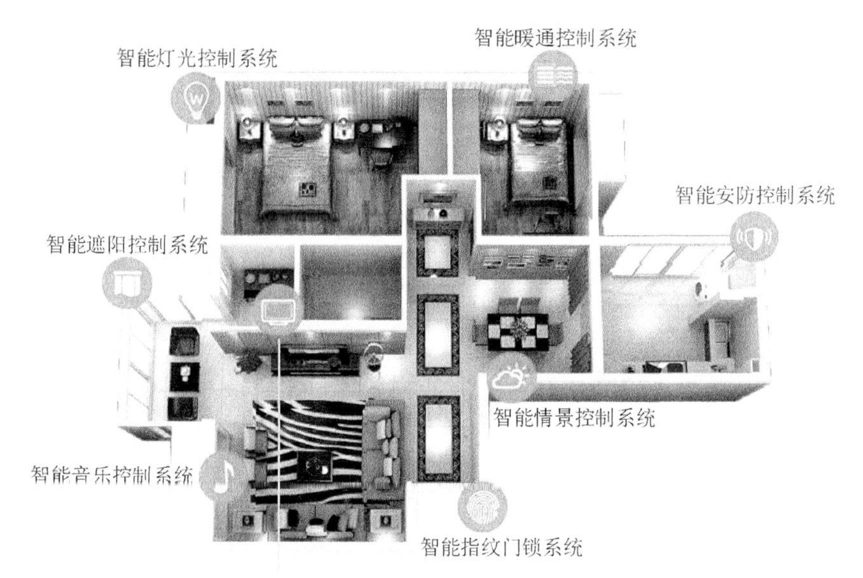

图 4.34 ZigBee 2.4G 无线智能家居

一时间做出应对，最大程度保护人身和财产安全。

智能指纹门锁系统，智能指纹门锁可与多种设备联动，从进门开始让居住者体验到智能家居带来的便捷与安全。

智能家电控制系统，可实现家中电器联动、定时开关的远程控制。

智能音乐控制系统，可以用手机控制音视频的播放，也能与其他设备联动。

智能情景控制系统，能将各种设备联动，设置和实现多种情景模式，如晨起、晚归等。

2. 系统实现

接下来以智能安防控制系统为例，介绍该 ZigBee 2.4G 无线智能家居系统的实现方法。该系统可涉及的设备如下：

感知设备，如红外探测器、无线烟雾探测器、门窗开关检测、可燃气体探测器、无线高清摄像头等。智能控制中心设备，如终端控制器、无线智能音箱、智能魔镜、小微网关等。执行设备，如报警器、电磁阀等，如图 4.35 所示。

上述 ZigBee 2.4G 无线智能家居系统设备进行组网时，感知设备可作为路由器或终端设备使用，网关作协调器，终端控制器、无线智能音箱、智能魔镜可作为辅助设备实现人机交互。

ZigBee 智能安防控制系统拓扑结构如图 4.36 所示。

红外探测器　无线烟雾探测器　门窗开关检测　可燃气体探测器　无线高清摄像头

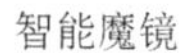

终端控制器　无线智能音箱　智能魔镜　小微网关　报警器

图 4.35　ZigBee 智能安防控制系统设备

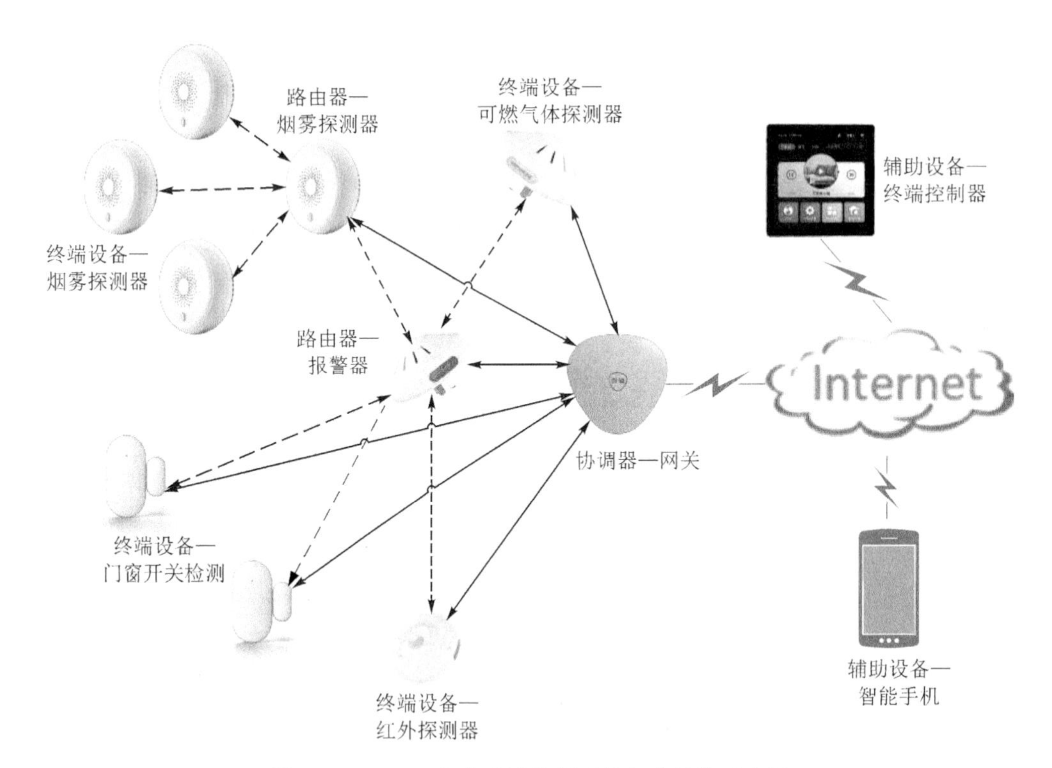

图 4.36　ZigBee 智能安防控制系统拓扑结构示意图

【任务实施与评价】

任务单 2 智能遮阳控制系统拓扑结构分析

任务实训

（一）知识测试

一、单项选择题

1. 在工业领域，利用传感器和（　　）使得数据的自动采集、分析和处理变得更加容易。

A. 遥控器　B. ZigBee 网络　C. 发送器　D. 接收器

2. ZigBee 技术是一种结构简单、（　　）、速率低和可靠性高的短距离无线通信新技术。

A. 低成本、低功耗　B. 低成本、高功耗　C. 高成本、低功耗　D. 高成本、高功耗

3. （　　）不是 ZigBee 的拓扑结钩。

A. 星形　B. 网状型　C. 树形　D. 总线型

4. 在医学领域将借助于各种（　　）和 ZigBee 网络，准确而且实时地监测病人的血压、体温和心跳速度等信息。

A. 发送器　B. 接收器　C. 传感器　D. 遥控器

5. 无线局域网的标准是（　　）。

A. IEEE802.12　B. IEEE802.11　C. IEEE802.13　D. IEEE802.14

二、填空题

1. ZigBee 网络中物理层和 MAC 层由________标准定义。

2. 无线通信网络根据接入网络的方式不同可以分为________和自组织两种

（二）实训内容要求

一、基于 ZigBee 的智能遮阳控制系统分析

智能遮阳系统的主要设备有自动窗帘电机、电动窗帘控制器、智能音箱、网关。其中一些设备的情况如下：

1. 自动窗帘电机

如图 4.37 所示，自动窗帘电机可以实现 ZigBee 无线连接，可场景联动，运行稳定，支持语音和 App 控制。

2. 电动窗帘控制器

如图 4.38 所示，电动窗帘控制器采用全球统一的 ZigBee2.4G 技术，可以无线自组网方式并入智能家居系统，实现窗帘开关的本地、远程遥控、场景变换等智能控制，支持智能远程控制手机 App 同步，实时查看家里窗帘状态，带双向反馈功能。

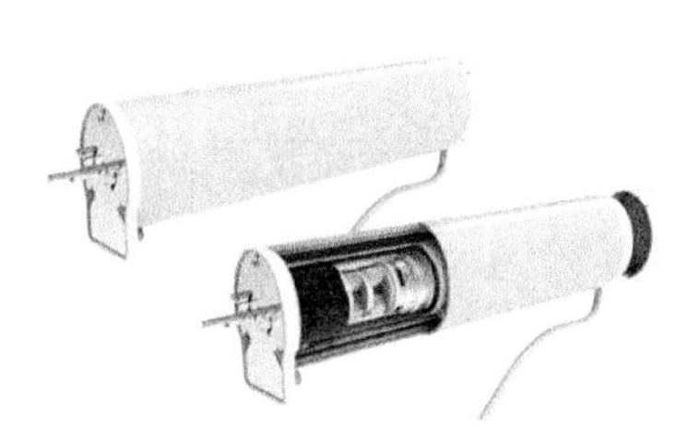

图 4.37 自动窗帘电机

图 4.38 电动窗帘控制器

任务实训	智能音箱和网关的资料见前文。 现请分析3个窗户的窗帘控制设备：电机、窗帘控制器、智能音箱、网关、手机，它们之间的组网关系应该是怎样的？如何组网才能实现窗帘按钮控制、手机远程控制、语音控制，用框图的形式绘制出智能遮阳控制系统的拓扑结构图。 二、Matter协议调研 目前市场上已出现了基于Matter协议的智能家居产品。请同学们查阅有关Matter协议的资料，搞清楚什么是Matter协议、Matter的性能和连接性、Matter的常见问题等情况
	（三）实训提交资料
	一、智能遮阳控制系统的拓扑结构图、设备连接关系说明。 二、Matter协议调研报告，包括什么是Matter协议、Matter的性能和连接性、Matter的常见问题等内容

任务考核

名称：____________	姓名：____________	日期：20____年____月____日
项目要求	**扣分标准**	**得　分**
智能遮阳控制系统拓扑结构图（50分） 用框图描绘3个窗户的窗帘控制设备：电机、窗帘控制器、智能音箱、网关、手机之间的关系	设备数量不正确，每缺少一个设备（扣10分）； 一处关系表达不正确（扣10分）	
设备连接关系说明（20分） 用文字解释各设备之间的连接关系	说明不够清晰（扣10分）； 表达的逻辑不通顺（扣10分）； 解释的关系不正确（扣20分）	
Matter协议调研报告（30分） 查阅有关Matter协议的资料，搞清楚什么是Matter协议、Matter的性能和连接性、Matter的常见问题等情况。	未解释Matter协议（扣10分）； 缺Matter性能、连接性（扣10分）； 缺Matter的常见问题（扣10分）	
评价人	**评　语**	
学生：____________		
教师：____________		

任务3　Wi-Fi路由器配置

【任务目标】

【知识目标】

- 熟悉 Wi－Fi 的发展历程；
- 能描述常见的 Wi－Fi 网络组成和拓扑结构；
- 能理解 Wi－Fi 的信道划分和加密方式；
- 能理解 Wi－Fi 的应用案例。

【技能目标】

- 能够设置无线路由器。

【素质目标】

- 培养主动收集资料的习惯；
- 培养动手实践的习惯；
- 培养独立思考的习惯；
- 培养积极沟通的习惯；
- 培养团队合作的习惯。

【任务描述】

目前，Wi－Fi 通信是家庭和校园常用的网络接入方式，请配置家里或寝室的无线路由器，设置 SSID、密码，并为无线路由器设置最佳的加密方式。

【知识储备　Wi－Fi 通信技术】

大家常说的 Wi－Fi 是基于 IEEE 802.11 标准的无线局域网技术。

一、Wi－Fi 的发展历程

1997 年 Wi－Fi 技术诞生后，Wi－Fi 改变了设备接入网络的方式，把人们从繁杂的线缆里解脱出来，经过二十几年的发展，Wi－Fi 经历了从 WiFi0～WiFi7 多个版本的变化，其发展历程见图 4.39。

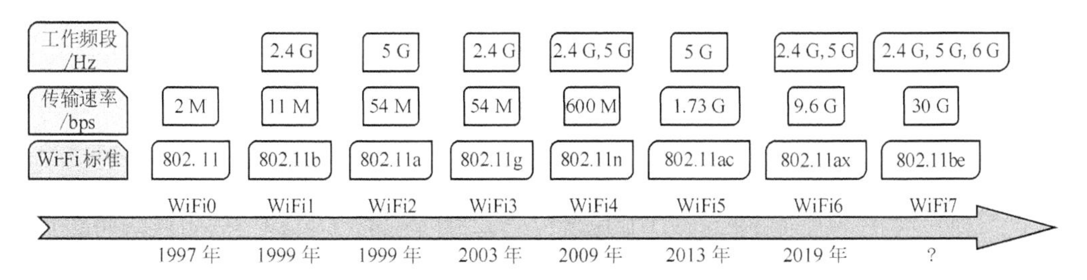

图 4.39　Wi－Fi 发展历程

目前的主流技术是 WiFi6，其出现后很快淘汰了 WiFi5，WiFi6 最高数据传输速率可达 9.6 Gbit/s,是 WiFi5 的 5 倍。WiFi6 同时支持 2.4G 和 5G 频段,2.4G 频段速度慢易受干扰,但是信号覆盖范围大,5G 频段速度快但是因为穿透力差所以覆盖范围较小,因此,WiFi6 可以全面覆盖低速和高速设备,而 WiFi5 只支持 5G 频段。

WiFi5 及之前的版本一直采用 OFDM(Orthogonal Frequency Division Multiplexing,正交频分复用)技术进行数据传输,而 WiFi6 采用 OFDMA(Orthogonal Frequency Division Multiple Access,正交频分多址)技术进行数据传输。在一个 20 MHz 的信道上,采用 OFDM 方案的一帧数据由 52 个数据子载波组成,一帧只能分配给一个终端;而在 OFDMA 方案里,一帧数据由 234 个数据子载波组成,每 26 个子载波定义为一个 RU(Resource Unit,资源单元),每个 RU 可以分配给一个终端,所以,每一帧数据传输可以同时为 9 个终端用户服务。

WiFi6 可实现完整版的 MU - MIMO(多用户多进多出),在数据上行和下行时都能同时支持与 8 个终端进行数据传输,且不受频段限制;而 WiFi5 的 MU - MIMO 最多只支持同在 5G 频段下的 4 个终端,并且只有在数据下行时才支持 MU - MIMO,在数据上行时,只支持 SU - MIMO(单用户多进多出)。在利用率和传输速率方面,MU - MIMO 适用于大数据包的并行传输,可提高单用户的有效带宽,减少时延。

WiFi6 增加了 TWT 机制(Target Wake Time,目标唤醒时间),在该机制下,终端和接入点之间按时间表工作,终端只在需要自己进行数据传输的时候才苏醒,否则处于睡眠状态,从而达到节能的目的。TWT 机制用于支持大规模物联网环境下的节能工作。

二、Wi - Fi 网络的组成及其拓扑结构

1. Wi - Fi 网络的组成

Wi - Fi 网络的组成结构包括站点(Station,STA)、无线介质(Wireless Medium,WM)、接入点(Access Point,AP)和分布式系统(Distribution System,DS),如图 4.40 所示。

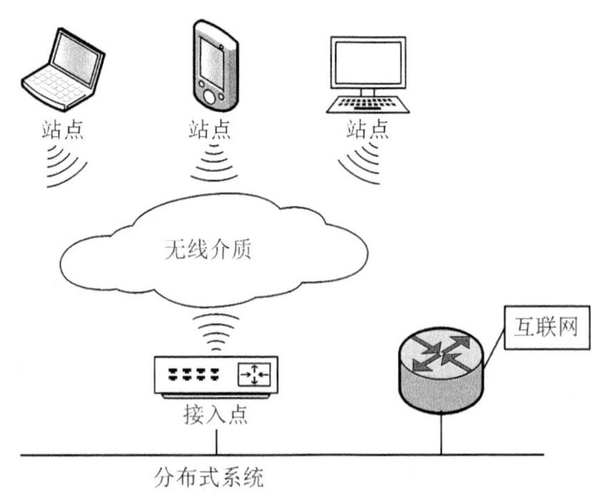

图 4.40 Wi - Fi 网络组成结构示意图

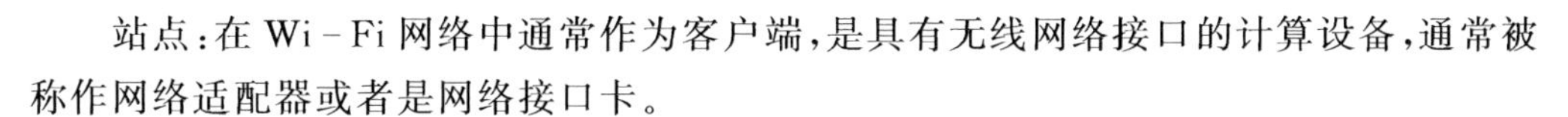

站点：在 Wi－Fi 网络中通常作为客户端，是具有无线网络接口的计算设备，通常被称作网络适配器或者是网络接口卡。

无线介质：无线介质是 Wi－Fi 网络中站与站之间的接入点之间通信的传输介质，这种介质大多数情况下是空气。

接入点：类似蜂窝结构中的基站，是无线局域网的重要组成单元，可以作为无线局域网与分布式系统的桥接点，实现二者之间的桥接功能，也可以作为无线局域网的控制中心，实现对站点的控制与管理功能。

分布式系统：单个 Wi－Fi 网络的覆盖范围有限，借助分布式系统可以拓展局域网范围或者将网络接入 Internet。分布式系统通过入口与骨干网相连，其传输介质可以是有线介质也可以是无线介质。

2. Wi－Fi 网络拓扑结构

(1) 点对点模式

点对点模式(Adhoc)，就是站点和站点一对一的传输模式，各站点之间是对等关系，见图 4.41。

(2) 基础架构模式

基础架构模式(Infrastructure)，其网络拓扑结构如图 4.42 所示，该网络由 AP、STA 以及分布式系统 DS 构成。AP 通常具有路由器的功能，它与有线网络连接，实现无线局域网与 Internet 的互联。

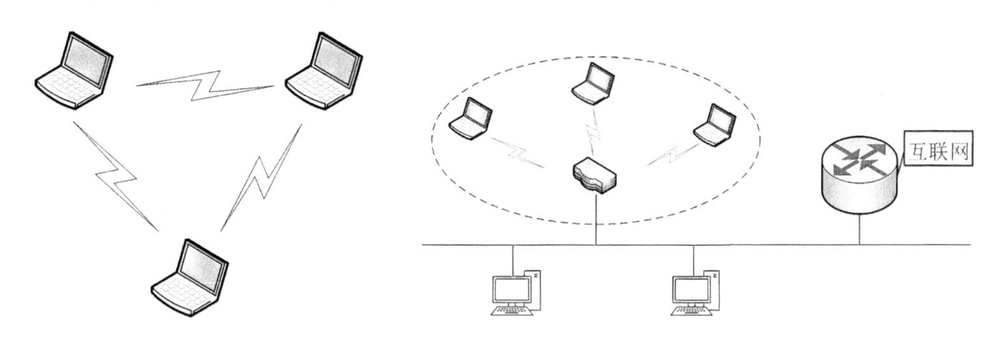

图 4.41　点对点模式　　**图 4.42　基础架构模式**

(3) 多 AP 模式

多 AP 模式的拓扑结构见图 4.43，该模式一般应用于学校、园区等覆盖范围较大的场所。每个 AP 及其覆盖范围内的 STA 构成一个无线网络基本服务集(Basic Service Set，BSS)，多个 BSS 构成扩展服务集(Extended Service Set，ESS)。通常，所有的 AP 都使用相同的扩展服务集识别码(Extended Service Set ID，ESSID)，因此站点可在无线网络间漫游。

(4) 无线网桥模式

无线网桥模式的拓扑结构见图 4.44，在该模式的网络中，一对 AP 通过无线方式连接，进而将两个原本独立的无线局域网或者有线局域网连接起来。

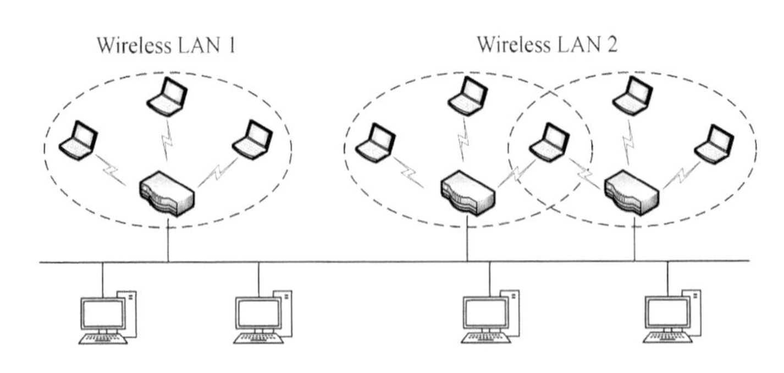

图 4.43　多 AP 模式

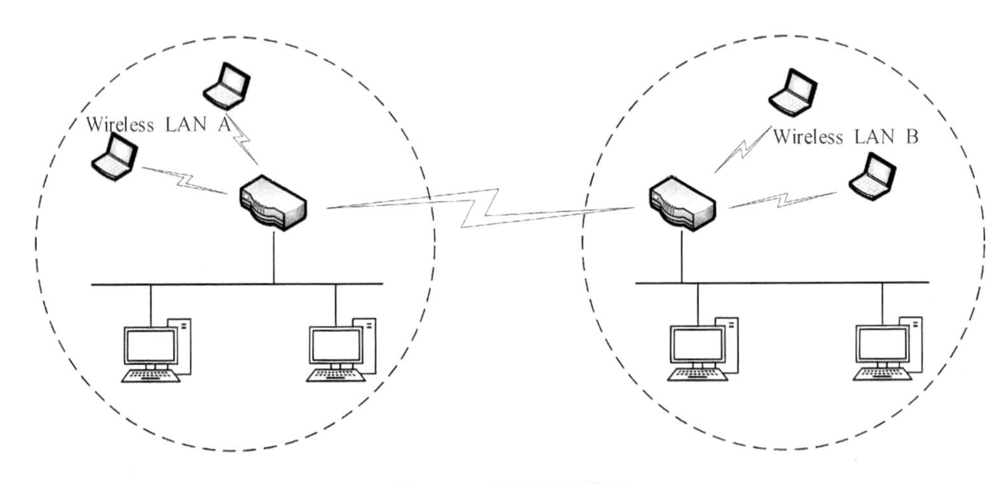

图 4.44　无线网桥模式

(5) 无线中继器模式

由于 IEEE802.11 标准物理层性能的限制,单个 AP 的覆盖范围有限。利用无线中继器即可起到转发数据从而延伸系统的覆盖范围。无线中继器模式的拓扑结构如图 4.45 所示。

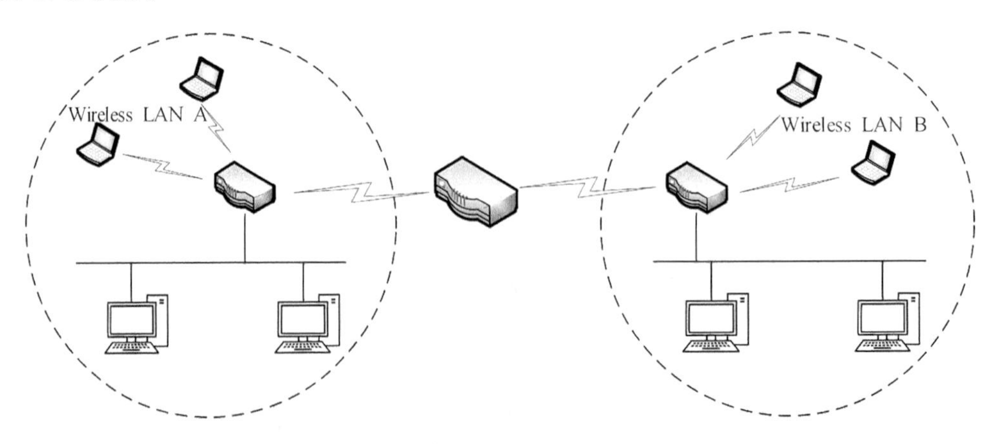

图 4.45　无线中继器模式的拓扑结构

3. Wi-Fi 的物理信道

在 2.4 GHz 的 ISM 频段，Wi-Fi 共划分了 14 个信道，如图 4.46 所示，每个信道的带宽为 22 MHz，相邻信道的中心频率间隔为 5 MHz。在多网络拓扑的环境中，为了避免信道干扰，相邻网络的中心频率间隔至少为 25 MHz，比如 1、6、10 信道。

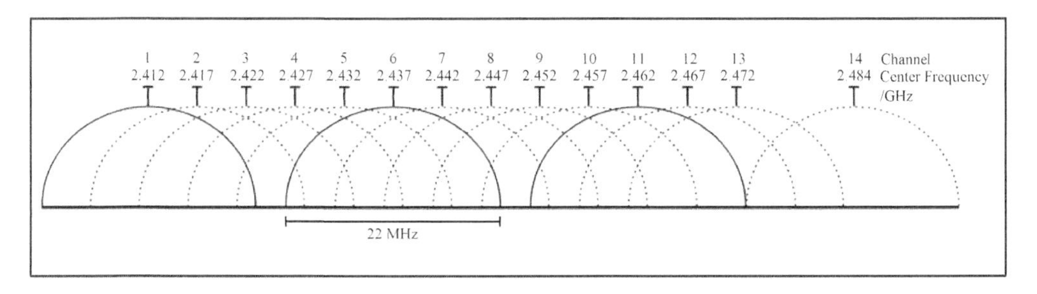

图 4.46　2.4 GHz 频段的 Wi-Fi 信道划分

在 5 GHz 的频段，从 5 GHz 开始，以 5 MHz 为步长共划分了 201 个信道。

4. Wi-Fi 的加密方式

(1) WEP 加密方式

WEP(Wired Equivalent Privacy，有线等效加密)使用了 RSA 数据安全性公司开发的 RC4prng 算法，WEP 曾经被广泛使用，但它非常容易受到黑客的攻击，WEP 的安全漏洞较多，因此，Wi-Fi 联盟在 2004 年正式将其退役。

(2) WPA/WPA2 加密方式

WPA(Wi-Fi Protected Access，Wi-Fi 保护访问)使用 TKIP(临时密钥完整性协议)，它使用的加密算法还是 WEP 中使用的加密算法 RC4，所以不需要修改原来无线设备的硬件。WPA 针对 WEP 中存在的问题，如 IV 过短，密钥管理过于简单，对消息完整性没有有效的保护，通过软件升级的方法提高网络的安全性。

WPA2 是第一个 WPA 的高级版本，WPA2 用两种更强大的加密和身份验证机制取代了 RC4 和 TKIP:高级加密标准(AES)和分别使用密码块链接消息身份验证代码协议(CCMP)的计数器模式，因此它需要新的硬件支持。

(3) WPA3 加密方式

WPA3(WiFi Protected Access 3，Wi-Fi 保护访问 3)是 Wi-Fi 身份验证标准 WPA2 技术的后续版本。在 2018 年由 Wi-Fi 联盟组织发布。

WPA2 使用已经有 10 多年了，但是 WPA2 协议中也存在严重的安全漏洞，攻击者可以利用该漏洞启动一个 KRACK，读取所有发往 Wi-Fi 连接的流量，例如信用卡号、账户密码、聊天记录、照片视频等。另外，攻击者在进行攻击时不需要知道用户的 Wi-Fi 密码，因此更改密码并不能防御攻击。所以 WPA3 应运而生！

WPA3 是目前最新的无线安全标准，也被专家认为是最安全的标准，自 2020 年 7 月起，Wi-Fi 联盟要求所有寻求 Wi-Fi 认证的设备都支持 WPA3。

通常来说，目前 Wi-Fi AP(访问热点)设备的加密默认值都是 WPA2，WiFi6 设备都具备最新的 WPA3 安全标准。

三、应用案例

基于 Wi-Fi 通信技术的矿井通风监测系统

井下开采环境比较复杂，矿山开采通常会有粉尘并伴随着围岩中散发出的有毒有害气体，比如常见的有 CO、CH_4、CO_2 以及 H_2S 等气体，某些气体遇到明火非常容易引发爆炸，因此矿井保证良好的通风至关重要。目前矿井通风检测主要采用传统的检测方式，由人工手动操作测风仪测量通风口处，采集信号，通过传感器检测风口处某些有毒有害气体的含量，伴随着风量的改变，检测到的数据往往波动比较大，无法实现实时动态监测。[6]

本案例设计的基于 Wi-Fi 通信技术的矿井通风监测系统，对采集到的信号实现实时发送和接收，可达到对矿井通风动态智能监测的目的，通风系统出现的任何异常可随时报警，能有效避免事故的发生，保证生产过程中人员和设备的安全。[6]该监测系统的结构示意图如图 4.47 所示。

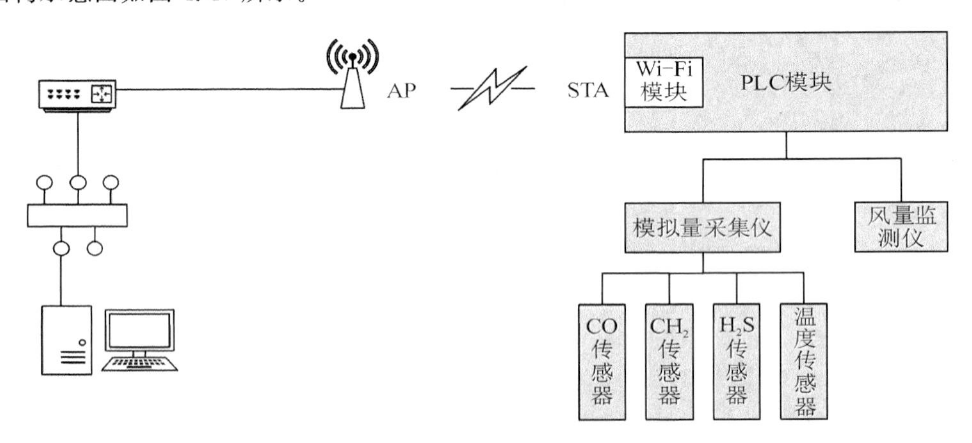

图 4.47　矿井通风监测系统结构示意图

将有线宽带网络敷设到矿井下，布设若干个 Wi-Fi 路由器作接入点(AP)。监测点位的传感器和风量监测仪采集的信号送到 PLC(可编程控制器)模块，PLC 模块通过扩展的 Wi-Fi 通信模块将接收的信号通过 AP 接入有线通信网络，传输到监测系统服务器的监测系统软件平台。

各监测点位的传感器和风量监测仪的数据，如 CO 浓度值、CH_2 浓度值、H_2S 浓度值、温度值、风量等数据直观、实时显示在监测系统软件平台。软件平台远程对各数据进行分析、诊断，当发现异常情况时，及时报警，通知相关人员紧急处理，或者联动控制相应的设施进行实时处理。通过这样的系统可以实现对矿井通风情况的自动、可靠监测，以杜绝因通风问题造成的生产事故。

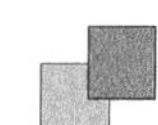

【任务实施与评价】

任务单 3　Wi－Fi 路由器配置

任务实训

（一）知识测试

一、单项选择题

1. Wi－Fi 是指（　　）。

A. 无线电信号传输　B. 无线局域网技术　C. 无线电话网络　D. 有线电话网络

2. Wi－Fi 使用的频段是（　　）。

A. 2.4 GHz 和 5 GHz　B. 900 MHz　C. 1.8 GHz　D. 800 MHz

3. Wi－Fi 的最大传输速率取决于（　　）。

A. 距离　B. 设备硬件能力　C. 信道带宽　D. 天线的数量

二、填空题

1. Wi－Fi 是根据 ____________ 标准工作的。

2. Wi－Fi 通过 ____________ 实现无线通信。

（二）实训内容要求

请配置家里或寝室的无线路由器，设置 SSID、密码，并为无线路由器设置最佳的加密方式

（三）实训提交资料

记录下无线路由器设置过程，包括路由器品牌、型号、设置步骤、关键参数选择等

任务考核

名称： ____________________	姓名： ____________________	日期： 20____年____月____日
项目要求	扣分标准	得　分
无线路由器设置过程（80 分） 详细记录路由器品牌、型号，设置步骤、关键参数选择	设置步骤记录不够详细（扣 30 分）； 关键参数选择不正确（扣 20 分）	
加密方式设置（20 分） 选择该款路由器的最佳加密方式，并判断其安全性能	所选加密方式非最佳（扣 10 分）； 未分析安全性能（扣 10 分）	
评价人	评　语	
学生：____________________		
教师：____________________		

任务4 蓝牙智能家居系统分析

【任务目标】

【知识目标】

- 熟悉蓝牙通信技术的概念；
- 熟悉蓝牙通信技术的发展历程及各代蓝牙技术的特点；
- 能理解蓝牙技术的应用案例——智能门锁。

【技能目标】

- 能够分析蓝牙智能家居系统。

【素质目标】

- 培养主动收集资料的习惯；
- 培养动手实践的习惯；
- 培养独立思考的习惯；
- 培养积极沟通的习惯；
- 培养团队合作的习惯。

【任务描述】

随着蓝牙通信技术的发展，基于蓝牙通信技术的智能家居系统已得到了成熟应用，请结合前面ZigBee智能家居系统的内容，查阅资料，分析构建一套两居室房屋的蓝牙智能家居系统需要哪些基本的设备，分析设备之间的连接关系，绘制拓扑结构图。

【知识储备 蓝牙通信技术】

一、概 述

蓝牙(Bluetooth)是一种短距离的无线通信技术，是一种无线数据和语音通信开放的全球规范。蓝牙技术以低成本、近距离无线连接为基础，为固定设备或移动设备之间建立通用的无线电空中接口(Radio Air Interface)通信环境，是利用低功率无线电在各种3C设备(计算机类、通信类和消费类电子产品)间彼此传输数据的技术。它是目前实现无线个域网通信的主流技术之一。

蓝牙工作在全球通用的2.4 GHz ISM(即工业、科学、医学)免费频段，使用IEEE802.15协议。我们日常使用的蓝牙设备有蓝牙耳机、蓝牙键盘、蓝牙鼠标、蓝牙音箱等，现在的智能手机、笔记本电脑等产品上通常也具有蓝牙通信模块。蓝牙技术因其突出的无线通信优势而逐渐发展成为物联网领域不可或缺的一部分，同时蓝牙技术的革新也推动了物联网的发展。

二、发展过程

1998年5月，爱立信、诺基亚、东芝、IBM和英特尔公司等五家著名厂商，在联合开展短程无线通信技术的标准化活动时提出了蓝牙技术。至今，蓝牙无线通信协议经历了蓝牙0.7、1.0、2.0、3.0以及蓝牙4.0、蓝牙5.0、5.1等多个版本，可将它们划分为第一代到第五代蓝牙技术。

(1) 第一代蓝牙技术

第一代蓝牙技术包括从1999年的蓝牙1.0、2001年的蓝牙1.1到2003年的蓝牙1.2，是蓝牙技术对短距离通信的早期探索阶段。在该阶段蓝牙协议正式列入IEEE 802.15.1标准，该标准定义了物理层(PHY)和媒体访问控制(MAC)规范，用于设备间的无线连接，传输速率为0.7 Mbit/s。在该阶段，早期的安全问题被改善，蓝牙设备在配对过程中能屏蔽设备的硬件地址(BD_ADDR)，降低数据泄露风险；采用AFH适应性跳频技术，减少了蓝牙产品与其他无线通信装置之间的干扰问题。相比早期，提高了语音和音频传输质量，蓝牙设备搜索和连接更快、更稳定。

(2) 第二代蓝牙技术

第二段蓝牙技术包括2004年的蓝牙2.0、2007年的蓝牙2.1。在该阶段，蓝牙新增了EDR(Enhanced Data Rate)技术，提高了多任务处理和多种蓝牙设备同时运行的能力，使得蓝牙设备的传输速率可达3 Mbit/s，并增加了可连接设备的数量；支持双工通信模式，可以同时进行语音通信和文档、图片等的传输；功耗进一步降低；蓝牙设备之间配对更安全、简便，当内置了NFC芯片的蓝牙设备配对时，可自动通过NFC传输配对密码。

(3) 第三代蓝牙技术

2009年推出了蓝牙3.0，蓝牙技术进入第三代。蓝牙3.0增加了可选的High Speed技术，使传输速率高达24 Mbit/s，能更好地实现3C设备间的数据传输。蓝牙3.0的实际空闲功耗显著降低。

(4) 第四代蓝牙技术

第四代蓝牙技术包括2010年的蓝牙4.0、2013年的蓝牙4.1、2014年的蓝牙4.2。

蓝牙4.0是第一个蓝牙综合协议规范，包含了传统蓝牙、BLE(Bluetooth Low Energy)低功耗蓝牙和高速蓝牙三种规范。三种规范既可以单独使用，也可以同时运行。蓝牙4.0可以向下兼容2.1/2.0版本，因此可以与传统蓝牙设备通信；蓝牙4.0继承了蓝牙3.0的高速率24 Mbit/s传输；低功耗蓝牙比老版本的功耗降低了90%。蓝牙4.0还具有3 ms低延迟、100 m以上超长距离、AES-128加密安全性高等特点。

蓝牙4.1能与LTE无缝协作，当蓝牙和LTE的无线信号同时传输时，蓝牙4.1可以自动协调两者的信息传输，以实现协同传输，降低相互干扰。蓝牙4.1设备连接到了可以联网的设备，则可以通过IPv6与云端数据同步，满足物联网应用需求。

蓝牙4.2的传输速度大幅提高，是上一代的2.5倍，并且数据隐私保护做得更好。蓝牙4.2允许多个蓝牙设备通过一个终端，直接通过IPv6和6LoWPAN(基于IPv6的低速无线个域网标准)接入互联网，从而智能家居产品可以用蓝牙进行数据传输。蓝牙

4.2 进一步提高了配对加密的安全性。蓝牙 4.2 可灵活选择在广播过程中是否携带自己唯一的 MAC 地址 BD Address (Bluetooth Device Address)。

(5) 第五代蓝牙

第五代蓝牙技术开启了物联网时代的大门,包括 2016 年的蓝牙 5.0、2019 年的蓝牙 5.1 和 5.2。蓝牙 5.0 在低功耗模式下传输更快更远,传输速率上限为 2 Mbit/s,是蓝牙 4.2 的两倍;有效传输距离理论上达 300 m,是蓝牙 4.2 的 4 倍;数据包容量是蓝牙 4.2 的 8 倍。蓝牙 5.1 增加了 AoA/AoD,可实现厘米级误差的室内导航定位。

传统蓝牙连接是通过一台设备与另外一台设备配对实现,从而建立起一对一或者一对多的微型网状网络,而第五代蓝牙支持 Mesh 网络。蓝牙 Mesh 组网依赖于低功耗蓝牙,因此,只有支持 BLE 的蓝牙设备才能支持 Mesh 网络。

Mesh 网络即“无线网格网络”,是“多跳(multi - hop)”网络,网络中的任意两个设备均可以保持无线互联,Mesh 可以与其他网络协同通信,是一个动态的可以不断扩展的网络架构,是解决“最后一公里”问题的关键技术之一。Mesh 网络拓扑结构示意图见图 4.48。

蓝牙 Mesh 网络可以建立起设备多对多的连接关系,蓝牙 Mesh 网络中的设备叫节点(Node),每个节点都能发送和接送消息,任意两个节点之间都能进行消息传输。可以将某些节点指定为中继设备,用于转发从其他设备接收到的消息,从而扩展通信范围。消息可以被多次中继,每一次中继称为“一跳”,最多可以进行 127 跳。

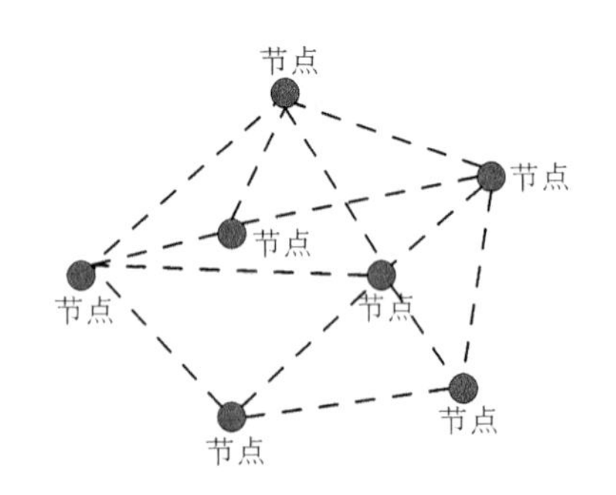

图 4.48 Mesh 网络拓扑结构示意图

蓝牙 Mesh 网络采用一种称为“网络泛洪(flooding)”的方式来发布和中继消息。因此,消息不会沿某条特定设备构成的特定路径来进行传输,传输范围内的所有设备都会接收消息,负责中继的设备能将消息转发至其传输范围内的所有其他设备。因此,蓝牙 Mesh 网络没有特定设备作集中式路由器,则不会因为集中路由器发生故障而导致整个网络瘫痪。这样,在网络泛洪方式构建的蓝牙 Mesh 网络中,消息能够通过多条路径到达其目的地,这样构建的网络更可靠。

因此,由第五代蓝牙技术构建的蓝牙 Mesh 网络,可以应用在制造工厂、办公大楼、购物中心、商业园区等更多的场景中,为照明设备、安防摄像机、工业自动化设备、烟雾探测器和环境传感器等设备的组网,提供了更稳定可靠的控制方案。

三、应用案例

使用蓝牙门锁,可构成酒店智能门锁应用系统,本案例的系统拓扑结构如图 4.49 所示。

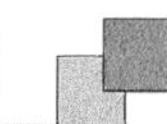

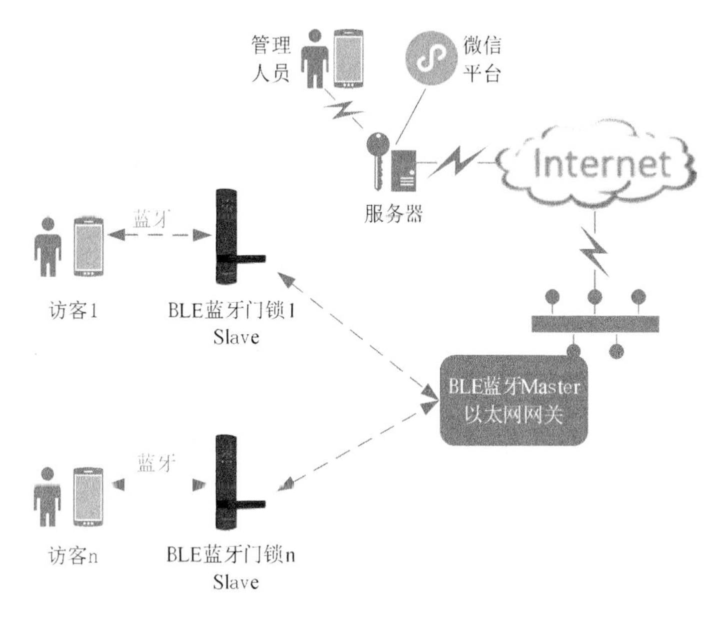

图 4.49　蓝牙智能门锁应用系统

访客的手机关注相应微信平台公众号，完成房间预订后，获得相应房间的开门权限，通过蓝牙模块和相应房间的蓝牙门锁建立连接，发送开门申请；微信平台或管理员通过相应网络链路向门锁发送命令；门锁核验确认访客的开门申请后，即可控制打开房门。

【任务实施与评价】

<table>
<tr><th colspan="2">任务单 4　蓝牙智能家居系统分析</th></tr>
<tr><td rowspan="2">任务实训</td><td>(一) 知识测试</td></tr>
<tr><td>一、单项选择题
1. 蓝牙的载频选用全球通用、不需营运许可的(　　) ISM 频段。
A. 2.45 MHz　B. 24.5 MHz　C. 2.45 GHz　D. 24.5 GHz
2. 按照蓝牙技术的特点，其一般可用在(　　)。
A. 信息采集层　B. 信息传输层　C. 信息网络层　D. 应用实现层
3. 蓝牙技术的通信距离一般是(　　)m。
A. 10　B. 100　C. 200　D. 1000
4. 无线网络协议中的蓝牙协议针对的是(　　)。
A. 个域网　B. 局域网　C. 城域网　D. 广域网
二、填空题
1. 蓝牙设备之间进行通信时需要建立 ________。
2. 蓝牙技术的安全性可以通过使用 ________ 实现</td></tr>
</table>

任务实训

（二）实训内容要求

某公司的蓝牙系列产品如图 4.50 所示。

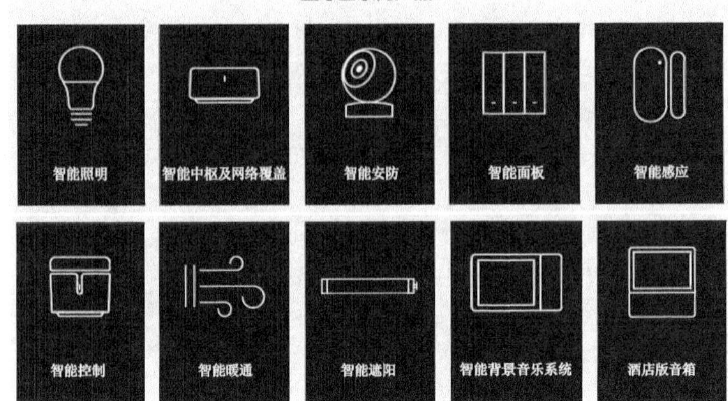

图 4.50 某公司蓝牙产品

请查阅资料，分析比较市面上的蓝牙智能家居产品，构建一套两居室房屋的蓝牙智能家居系统需要哪些基本的设备？分析设备之间的连接关系，绘制拓扑结构图

（三）实训提交资料

撰写实训报告，内容至少包括蓝牙智能家居系统设备选择、系统连接关系分析，拓扑结构图

任务考核

名称：______	姓名：______	日期：20____年____月____日
项目要求	扣分标准	得分
蓝牙智能家居系统设备选择（40 分） 分析比较市面上的蓝牙智能家居产品，构建一套两居室房屋的蓝牙智能家居系统需要哪些基本的设备	未体现设备选择过程（扣 10 分）； 所选设备不能满足智能家居系统的基本功能需求（扣 20 分）	
系统连接关系分析（30 分） 分析设备之间的连接关系	连接关系分析不完善（扣 10 分）； 连接关系分析不正确（扣 10 分）	
拓扑结构图（30 分） 用图框和线条描绘出设备之间的连接关系	图框对应的设备不齐全（扣 10 分）； 线条连接关系不完善（扣 10 分）； 线条连接关系不正确（扣 10 分）	
评价人	评语	
学生：______		
教师：______		

移动通信技术创新应用分析

【任务目标】

【知识目标】

- 了解移动通信技术的发展历程、1G～4G 的发展应用情况；
- 熟悉 5G 的概况、技术特点和应用场景；
- 熟悉 6G 的技术特点目标和应用场景。

【技能目标】

- 能够分析如何利用移动通信技术芯片进行创新应用。

【素质目标】

- 培养主动收集资料的习惯，
- 培养动手实践的习惯；
- 培养独立思考的习惯；
- 培养积极沟通的习惯；
- 培养团队合作的习惯。

【任务描述】

某公司推出了一款蜂窝通信芯片，请根据其资源特点分析如何利用该芯片进行创新应用，并分析要利用该芯片进行创新设计，需要具备哪些知识和技能。

【知识储备　移动通信技术】

一、概　述

移动通信(Mobile Communication)是移动体之间的通信，或移动体与固定体之间的通信。移动体可以是人，也可以是汽车、火车、轮船、收音机等在移动状态中的物体。移动通信技术是进行无线通信的现代化技术之一，这种技术是电子计算机与移动互联网发展的重要成果之一。移动通信技术在距今四十多年的时间里，经历了从 1G 到 5G 的飞速发展，以及从 5G 到 6G 的演进，如图 4.51 所示。

1G(The 1st Generation)：第一代移动通信，1G 是以模拟技术为基础的蜂窝无线电话系统。1978 年，美国贝尔试验室研制成功全球第一个移动蜂窝电话系统 AMPS。1983 年，美国的蜂窝电话系统开始商用，同一时期，欧洲各国也研制成功并建立起 1G 移动通信系统。1G 系统基于模拟通信技术，只能传输基础语音，系统的容量有限，系统的安全性较差，干扰大，终端价格高昂。我国的 1G 系统于 1987 年 11 月在广东开通，在 2001 年 12 月底关闭。

2G(The 2nd Generation)：第二代移动通信，2G 是以数字技术为基础的蜂窝无线通信。在 20 世纪 90 年代，随着大规模集成电路、微处理器和数字信号应用的日趋成熟，移动通信进入了数字通信时代。2G 的主流移动通信系统有欧洲的 GSM、美国的

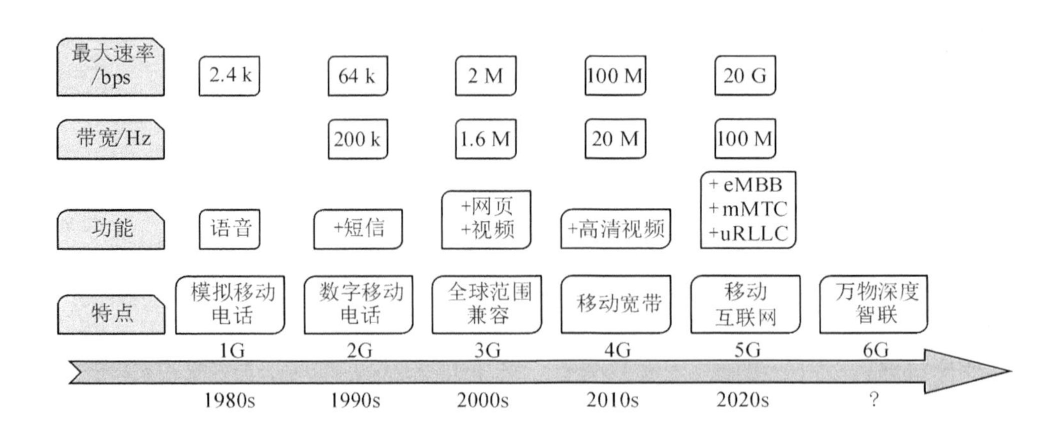

图 4.51　1G 到 6G 的发展

CDMA，中国移动和中国电信的 GSM、中国联通的 CDMA。2G 通信系统以数字语音传输为核心，也可以发短信。相较于 1G，2G 通话的声音质量更好，保密性更强，系统容量更大。

3G(The 3rd Generation)：第三代移动通信，是能支持高速数据传输的蜂窝无线通信，2000 年国际电信联盟(ITU)正式公布了 3G 标准。3G 的 3 种标准是由欧洲和日本在 GSM 基础上制定的 WCDMA，美国和韩国在窄带 CDMA 基础上制定的 CDMA2000，中国在 GSM 基础上制定的 TD－SCDMA。2009 年，我国发布并施行《第三代移动通信服务规范(试行)》。

3G 是将无线通信和国际互联网通信结合的移动通信系统，能够同时传输声音、文字、图片、视频数据信息。

4G(The 4th Generation)：第四代移动通信，是将 WLAN 技术和 3G 通信技术结合，能支持高清视频数据传输的蜂窝无线通信，能够同时传输声音、文字、图片、高清视频数据信息，并实现了全 IP 通信。4G 技术包括国际主流的 FDD－LTE 制式和中国自主研发的 TD－LTE 制式。TD－LTE 演示网理论峰值传输速率可以达到下行 100 Mbit/s、上行 50 Mbit/s，因此 4G 比 3G 传输图像和视频的速度更快，质量更好。根据工信部发布的《2018 年中国无线电管理年度报告》，截至 2018 年 12 月底，我国 4G 基站达到 372 万个，我国移动宽带用户(即 3G 和 4G 用户)总数达 13.1 亿户，占移动电话用户的 83.4%。

二、第五代移动通信

1. 概　述

5G(The 5th Generation)：第五代移动通信。2018 年 6 月 13 日，3GPP 组织发布了首个正式的国际 5G 标准：5G NR 标准 SA(Standalone，独立组网)方案。2018 年 12 月 10 日，工信部正式对外公布，已向中国电信、中国移动、中国联通发放了 5G 系统中低频段试验频率使用许可。2019 年 6 月 6 日，工信部正式向中国电信、中国移动、中国联通、中国广电发放5G商用牌照，中国正式进入5G商用元年。

国家和地方出台了多项政策持续推动5G产业发展，如《国家“十三五”规划纲要》《国家信息化发展战略纲要》《“十三五”国家信息化规划》等。我国抢抓5G技术研发和标准化的话语权。国内企业5G核心研发和网络测试进展顺利，华为、紫光展锐、中国移动等均取得一系列成果。同时根据相关数据统计，我国5G标准必要专利份额位居全球第一。以企业为中心的5G专利占全球5G专利总量的三分之一，华为5G专利数量为世界第一，中兴位列第三。在2020年冻结的R16标准中，我国主导的技术标准达到21个，占比超过2/5，也位居世界第一。5G网络建设持续稳步推进，我国5G基站数量全球排名第一，截至2020年9月底，全国已累计建设开通5G基站69万个，超过全球总数的75%；我国已发展5G套餐用户数及5G终端连接数均超1.5亿户。[7]

5G是移动通信技术与人工智能、大数据、云计算等技术融合的成果，是同时支持超高数据速率、超低延时、超大规模数据传输的蜂窝无线通信技术。与4G相比，5G网络可支持其10倍以上的设备。5G为物联网提供了超大带宽，是实现物联网、车联网等万物互联的基础，5G的普及将推动虚拟现实、增强现实等技术的发展。因此，5G在自动驾驶、超高清视频处理、虚拟现实、智能传感器数据传输等方面都得到了应用。

2020年5月，工信部办公厅发布《关于深入推进移动物联网全面发展的通知》，明确指出要引导新增移动物联网终端不再使用2G/3G网络，推动存量2G/3G物联网业务向NB-IOT/4G(Cat1)/5G网络迁移。

2. 5G的技术特点

(1) 频率高

我国工信部规定我国5G的初始中频频段在3.3～3.6 GHz、4.8～5 GHz两个频段，频率高，通信速率高，最高可达20 Mbit/s。电磁波的频率越高，波长越短，在传播时绕射能力越差，传播过程中的衰减也越大。因此，5G信号传播距离受限，跟4G相比，覆盖同一个区域，需要的基站数量将大很多。

因此，为了减小信号覆盖的成本压力，5G采用宏基站和微基站立体组网。

(2) 微基站

常见的微基站如图4.52所示。

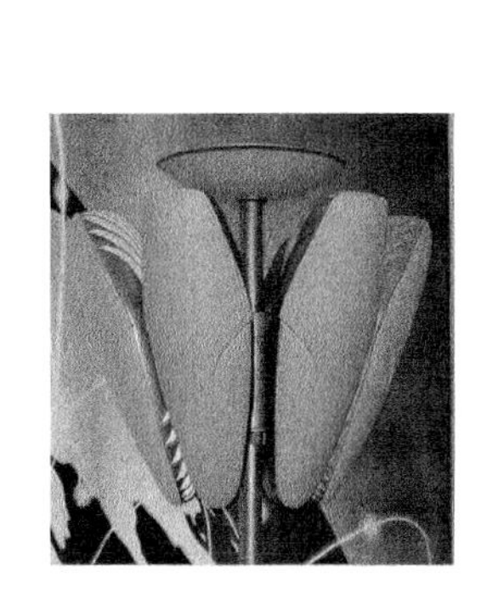

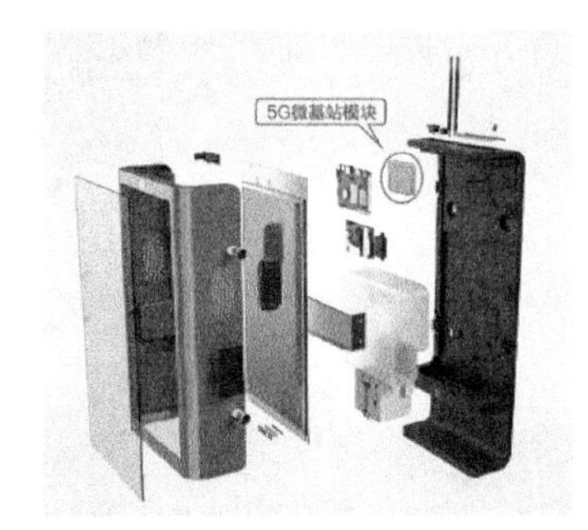

图4.52　常见的微基站

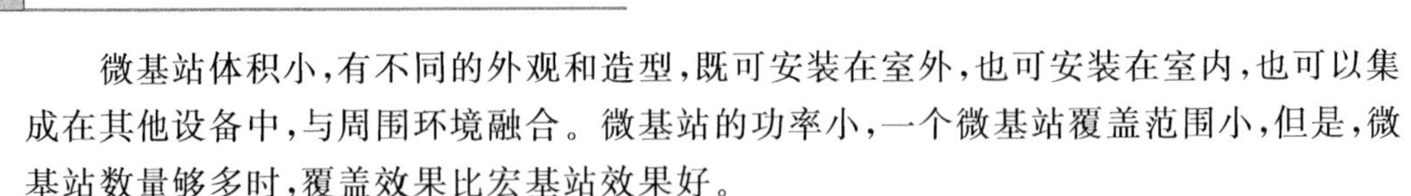

微基站体积小，有不同的外观和造型，既可安装在室外，也可安装在室内，也可以集成在其他设备中，与周围环境融合。微基站的功率小，一个微基站覆盖范围小，但是，微基站数量够多时，覆盖效果比宏基站效果好。

(3) Massive MIMO 大规模天线技术

天线长度和波长成正比，5G 的电磁波波长短，相应的基站和手机的天线都变小了。

5G 采用 Massive MIMO（Multiple-Input Multiple-Output）大规模天线技术，以提高系统容量和频谱利用率。Massive MIMO 利用 MIMO 技术并使用数十根甚至上百根天线将传统 MIMO 天线系统扩展为大规模天线矩阵，如图 4.53 所示，从而利用大规模天线矩阵所提供的波束赋形技术聚焦传输和接收信号的能量到有限区域来提高能量效率和传输距离，并利用 MIMO 空间复用技术提高传输效率。

图 4.53　5G 天线

(4) 波束赋形

波束赋形是指基站把信号以集中和定向的方式发送给需要服务的手机，并能根据手机的移动而转变方向。波束赋形技术使得基站可为手机提供精准指向性的服务，且波束之间不会相互干扰，从而提高了基站的服务容量，也降低了基站和手机之间的通信延时。

(5) D2D 技术

D2D，即 Device to Device。非 D2D 和 D2D 技术的特点如图 4.54 和图 4.55 所示。在传统通信系统中，即使通信双方面对面拨打手机，控制信号和数据包也都是通过基站进行中转。在 5G 网络中，当处于同一个基站下的两个用户进行通信时，控制信号通过基站转发，但是，数据包不再通过基站而是直接在手机和手机之间传输。这样可以节约通信资源，减小基站的压力。

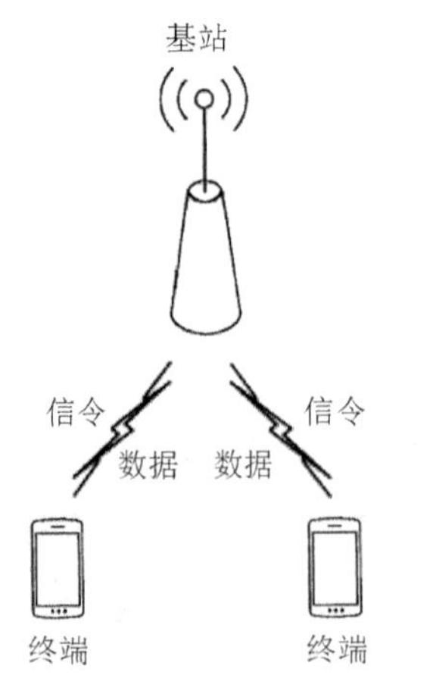

图 4.54　非 D2D

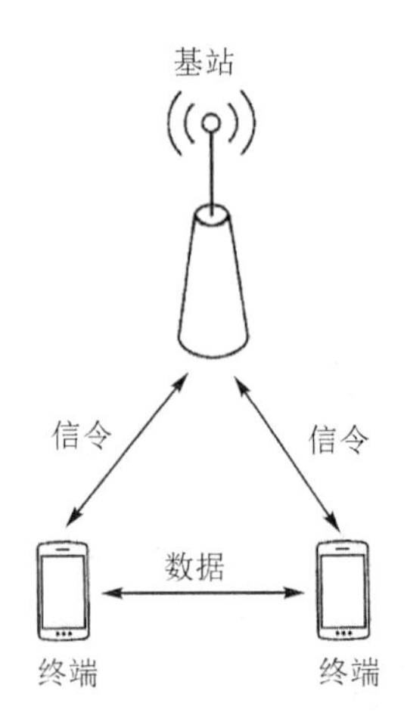

图 4.55　D2D

3. 5G 应用

5G 三大典型应用场景是：增强移动宽带场景（eMBB）、低功耗大连接场景（mMTC）、低时延高可靠场景（uRLLC）。

（1）eMBB 增强移动宽带

5G 的 10 Gbit/s 的峰值吞吐率，使得超高清视频、虚拟现实应用得以实现。

超高清视频分辨率从 4K 发展到了 8K，编码速率从 25～40 Mbit/s 提高到了 50～80 Mbit/s，带宽需求从高于 50 Mbit/s 提高到了高于 100 Mbit/s，而 5G 能满足超高清视频应用需求，如近年的 5G 春晚、5G 国庆等直播。

虚拟现实技术就是常听到的 VR（Virtual Reality），是 20 世纪发展起来的一项全新的实用技术，用户可通过佩戴专用硬件设备的方式沉浸在虚拟世界中。而常听到的 AR（Augmented Reality）是增强现实技术，是一种将虚拟信息与真实世界巧妙融合的技术，将一些虚拟的元素加入现实世界中让用户可以与其进行互动。良好的 VR 体验需要的数据速率是 2 Gbit/s，5G 能满足需求。VR/AR 技术可应用于娱乐、教育、医疗等行业，如图 4.56 所示。

图 4.56　VR 游戏和 VR 教室

（2）mMTC 低功耗大连接

5G 每平方公里 100 万的连接数，是实现万物互联的基础，能满足大规模物联网终端的连接需求。因此，5G 技术可应用在智慧城市的智能路灯、智能停车等系统设备的数据通信；5G 也适用于智慧农业系统大量传感器的数据传输；5G 技术可满足车联网系统大量汽车的无线接入；5G 技术在水表、电表、气表的自动抄表系统中能满足大量终端表头的接入；在智能制造领域，5G 技术能满足大量现场传感器的数据传输。全国首条 5G 智能制造生产线见图 4.57。

（3）uRLLC 低时延高可靠

5G 能达到 1ms 超低时延，比 3G 约 100ms、4G 约 50ms 的时延大大缩短，使 5G 技术能用在自动驾驶、无人机、配电控制、远程医疗等对时延要求高的场景。

图 4.58 所示是四川省华西医院的专家与湖北省黄冈市医院病人开展远程医疗。黄冈市黄州总医院扫描设备的各项数据和病人画面，通过中国电信 5G 技术，实时传送到部署在天翼云上的远程影像检查系统中。华西医院的专家既可以同屏看到所有影像和数据资料，还能够实时远程操控位于黄冈医院的设备进行检查诊断。

该系统与以往远程诊疗的最大不同在于，以前只能看到图像却不能操控远端的

图 4.57　全国首条 5G 智能制造生产线

图 4.58　黄冈开展远程医疗

CT 设备,如今在 5G 独立组网的环境中可以完成远程操控。5G+远程 CT 系统需要 5G 网络的高速度和低时延特点才能满足。同时 5G 网络的切片技术可保证传输更加安全,在传输中将重要信息与普通数据隔离开并优先传输,保证了控制操作的安全性和稳定性。仅 2020 年 3 月 2 日,华西医院通过整套系统为黄州总医院共计 106 位患者进行了 CT 远程诊断。[7]

三、第六代移动通信

6G(The 6th Generation):第六代移动通信,6G 在 5G 的基础上,将蜂窝无线通信与卫星通信相融合,实现了真正意义上的天地互联、全球无缝覆盖的通信系统。未来的 6G 不仅仅是简单地突破网络容量和传输速率,它更是为了缩小数字鸿沟而将通信技术、信息技术、大数据技术、AI 技术、控制技术深度融合的新一代移动通信系统,实现从万物互联到万物智联。

1. 6G 的技术目标和特点

- 采用太赫兹(THz)频段通信,网络容量将大幅提升。
- 频谱带宽:可能高达 1G 以上。
- 峰值传输速度将达到 100 Gbit/s~1 Tbit/s,而 5G 仅为 10 Gpbit/s。

- 定位精度将达到室内 10 cm，室外为 1 m，相比 5G 提高 10 倍。
- 用户通信时延将达到 0.1 ms，是 5G 的 1/10。
- 中断机率小于百万分之一，拥有超高可靠性。
- 连接设备密度将达到 0.1～1 亿设备/km^3，拥有超高密度。

5G 在提高带宽的同时，功耗增加很大，5G 单站功耗是 4G 单站功耗的 2.5～3.5 倍。在 6G 网络架构设计时需重点考虑节能相关的设计，以符合我国双碳战略（碳达峰和碳中和）目标的要求。对传统的蜂窝通信网络架构和软件实现进行革新，采用基于人工智能的软件架构、云计算软件架构、网络切片软件架构、区域链软件架构等新软件架构。

2. 6G 的应用场景

6G 典型的业务场景包括沉浸式交互、云 XR（Extended Reality，扩展现实）、全息通信、通感互联、普惠智能、智慧交互、数字孪生、泛在覆盖等。其中通感互联要求网络架构支持将通信能力与感知能力融合提供，拓展传统通信能力的维度。感知能力将是移动通信系统在 6G 时代基本通信能力之外的一大重要能力。6G 基站需要对覆盖区域具备目标状态监控能力，同时还可对天气、自然环境状态、城市立体构造等具备实时测量感知能力；终端演进为可以对人、物品以及其他终端进行动作、状态感知的智能设备。通感一体将赋予 6G 网络对物理世界实时感知的能力，在网络和算力的共同支持下对感知结果进行实时处理分析。[8]

【任务实施与评价】

<table>
<tr><th colspan="2">任务单 5　移动通信技术创新应用分析</th></tr>
<tr><td rowspan="2">任务实训</td><td>（一）知识测试</td></tr>
<tr><td>一、单项选择题
1. 移动通信网络中，（　　）是用于数据传输的基本单位。
A. 字节　B. 帧　C. 包　D. 段
2.（　　）是 4G 移动通信标准。
A. GSM　B. CDMA　C. LTE　D. WCDMA
3. 在 LTE 网络中，（　　）被用于上行通信。
A. 700 MHz　B. 1 800 MHz　C. 2 600 MHz　D. 3 500 MHz
二、填空题
1. 5G 通信网络中，Gbit/s 表示每秒传输的________。
2. 在移动通信中，VoLTE 代表________。
3. 5G 通信网络中，mmWave 表示毫米波，其频段范围是________ GHz</td></tr>
</table>

<table>
<tr><td rowspan="4">任务实训</td><td>（二）实训内容要求</td></tr>
<tr><td>UC8088 系列 IC 是某公司开发的首款业界蜂窝通信与卫星定位融合单片 SOC(片上系统)，基于融合芯片开发技术，支持 GPRS 和 GPS/北斗卫星定位，内部集成 32 位 RISCV 处理器、32 位浮点运算单元(FPU)、PMU、DCDC、PLL、温度传感器、采样与语音 ADC/DAC、大容量闪存、SPI、SIM、UART、PWM 及其它丰富的外设；高集成度的射频收发及电源电路，极大地减少分离元件的数量，降低整体 BOM 成本；提供跨平台开放 SDK，支持客户程序二次开发。
该芯片可广泛应用于低成本蜂窝物联网领域，如共享单车、儿童定位、宠物定位、工矿企业数据采集回传、贵重物品监控、车辆运行轨迹跟踪、车辆防盗、物流、电表水表气表集中器、智慧城市、智慧农业等广泛的使用场景。
请根据其资源特点分析，利用该芯片可以设计哪些创新应用产品？如何利用该芯片进行创新应用，并分析要利用该芯片进行创新设计，需要储备哪些知识和技能</td></tr>
<tr><td>（三）实训提交资料</td></tr>
<tr><td>提交分析报告，对选择或设想的某创新应用项目，分析如何利用 UC8088 系列芯片进行设计实现，并分析需要学习哪些知识和技能(物联网专业课程)</td></tr>
<tr><td>任务考核</td><td>
<table>
<tr><td>名称：
____________</td><td>姓名：
____________</td><td>日期：
20____年____月____日</td></tr>
<tr><td>项目要求</td><td>扣分标准</td><td>得　分</td></tr>
<tr><td>芯片应用分析(60 分)
分析以该芯片为核心，增加哪些功能部分可实现你需要实现的创新应用项目</td><td>对所选项目分析不清楚
(扣 10 分)</td><td></td></tr>
<tr><td>知识和技能储备分析(40 分)
分析要实现你设计的创新应用项目需要学习哪些知识和技能(或课程)</td><td>分析的知识和技能不匹配
(扣 10 分)</td><td></td></tr>
<tr><td>评价人</td><td colspan="2">评　语</td></tr>
<tr><td>学生：____________</td><td colspan="2"></td></tr>
<tr><td>教师：____________</td><td colspan="2"></td></tr>
</table>
</td></tr>
</table>

任务 6　两大LPWAN主流技术应用分析

【任务目标】

【知识目标】

- 熟悉四种 LPWAN 技术的特点；

● 熟悉 NBIOT、LoRa 的技术特点、发展历程；
● 熟悉 NBIOT、LoRa 的网络架构；
● 能理解 NBIOT、LoRa 的应用方案。

【技能目标】

● 能够分析 NBIOT 和 LoRa 的应用特点，根据项目通信需求选择合适的技术。

【素质目标】

● 培养主动收集资料的习惯；
● 培养动手实践的习惯；
● 培养独立思考的习惯；
● 培养积极沟通的习惯；
● 培养团队合作的习惯。

【任务描述】

能分析基于 NB-IoT 的智能消防栓和基于 LoRa 的智慧农场的通信特点，分析 NB-IoT 和 LoRa 各自适应场景的特点。

【知识储备　低功耗广域网通信技术】

低功耗广域网(Low Power Wide Area Network，LPWAN)，是一种低功耗、广范围的远距离无线通信技术，是专为满足低带宽、低功耗、远距离、大连接的物联网应用的通信需求而出现的接入技术。

目前，LPWAN 技术尚未形成统一的标准，全球范围内的 LPWAN 技术分为两类，一类是基于授权频段的技术，代表性的有窄带物联网(Narrow Band Internet of Things，NB-IoT)、eMTC(enhance Machine Type Communication)；另一类是基于非授权频段的技术，代表性的有 LoRa(Long Range Radio)、SigFox。这些通信技术都具有低功耗、低成本、广覆盖等特点，使得终端设备成本、网络建设成本、项目运营维护成本等都大幅度降低。这四种典型 LPWAN 的技术特点见表 4.3。

表 4.3　典型 LPWAN 的技术特点对比

技术标准 频段	SigFox SubG 免授权频段	LoRa SubG 免授权频段	NB-IoT 主要在 SubG 授权频段	eMTC SubG 授权频段
传输速率	100 bit/s	0.018～37.5 kbit/s	上行 14.7～48 kbit/s， 下行 150 kbit/s	<1 Mbit/s
典型距离	市区 3～10 km， 郊区 30～50 km	市区 3～5 km， 郊区 10～15 km	市区 1～8 km， 郊区 25 km	<20 km
连接数量	100 万	1 万	5 万	10 万
终端电池寿命	10 年	10 年	10 年	10 年
网络建设	新建网络	新建网络	LTE 软件升级	LTE 软件升级

续表 4.3

技术标准 频段	SigFox SubG 免授权频段	LoRa SubG 免授权频段	NB-IoT 主要在 SubG 授权频段	eMTC SubG 授权频段
典型应用	智慧家庭、智能电表、移动医疗、远程监控、零售	智慧农业、智能建筑、物流跟踪	抄表、停车、宠物跟踪、垃圾桶、烟雾报警、零售终端	共享单车、宠物项圈、POS、智能电梯

SubG 的意思是频率在 1 GHz 以下，主要是指 27～960 MHz 的频段。该频段的通信频率和信号穿透力适用于长距离、低功耗、设备安装位置易被遮挡的物联网通信场景。

我国 LPWAN 应用最广泛的技术是 LoRa 和 NB-IoT。截至 2020 年 10 月，我国 NB-IoT 的连接数超过 1 亿，LoRa 的连接数约为 5 000 万。

一、NB-IoT

1. 概　述

NB-IoT 是构建在蜂窝通信网络的物联网技术，只消耗约 180 kHz 的带宽，基于 SubG 授权频段运营。NB-IoT 技术是基于最早由我国华为公司和英国电信运营商沃达丰共同在 2014 年向 3GPP 提出的NB-M2M(Machine to Machine)方案不断演进而来的。2015 年 5 月华为和高通宣布将 NB-M2M 和 NB-OFDMA 融合推出了 NB-CIoT，2015 年 8 月爱立信联合英特尔、诺基亚提出了 NB-LTE。2015 年 9 月，3GPP 宣布将 NB-CIoT、NB-LTE 整合形成新的 NB-IoT 技术方案。

NB-IoT 标准的演进过程如图 4.59 所示。2018 年 3 月，3GPP 的第一个 5G 版本——Rel.15 正式冻结，即 NSA（非独立组网）核心标准冻结。在 3GPP 协议中，eMTC/NB-IoT 被认为是 5G 的一部分，与 5GNR 长时间共存，3GPP 明确提出 5GNR 与 eMTC/NB-IoT 应用于不同的物联网场景，eMTC/NB-IoT 是 LPWAN 的主要应用技术。这意味着在 5G 时代，NB-IoT 将在物联网发展中扮演重要角色。目前，NB-IoT 标准还在持续演进中。

NB-IoT 具有四大特点：深覆盖、低功耗、低成本、大连接。一是 NB-IoT 提供改进的室内覆盖，在同样的频段下，NB-IoT 比现有的网络增益 20 dB，相当于提升了 100 倍覆盖区域的能力；二是更低功耗，NB-IoT 终端模块的待机时间可长达 10 年；三是更低的模块成本；四是具备支撑连接的能力，NB-IoT 一个扇区能够支持 10 万个连接。因此，NB-IoT 支持低延时敏感度、超低的设备成本、低设备功耗和优化的网络架构。

2. 网络体系架构

NB-IoT 的网络由 NB-IoT 终端 UE、eNodeB 基站、EPC 核心网、IoT 平台和应用服务器 AP 构成，如图 4.60 所示。

NB-IoT 终端：是以微处理器为核心，由传感器数据采集电路、SIM 电路、发射/接

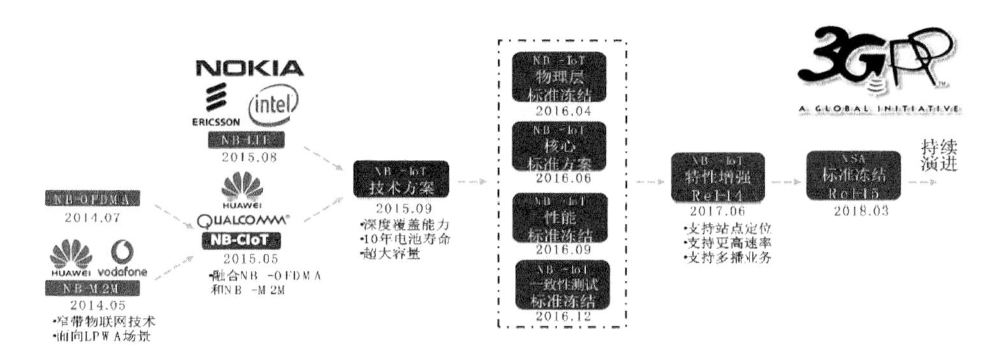

图 4.59　NB－IoT 标准的演进历程

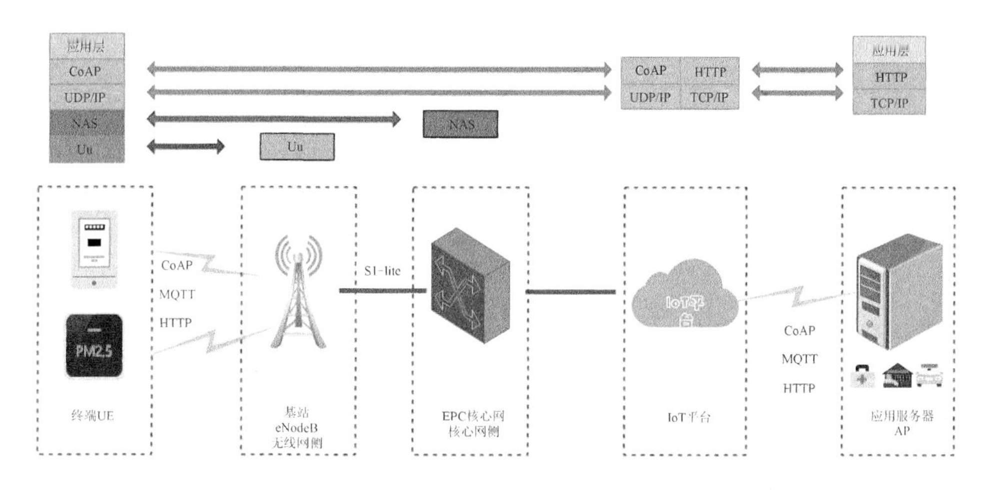

图 4.60　NB－IoT 的体系架构

收电路等组成的 NB－IoT 节点。

eNodeB 基站：简称为 eNB，是 LTE 网络中的无线基站，也是 LTE 无线接入网的网元，负责空中接口相关的所有功能：①无线链路维护功能，保持与终端间的无线链路，同时负责无线链路数据和 IP 数据之间的协议转换；②无线资源管理功能，包括无线链路的建立和释放、无线资源的调度和分配等；③部分移动性管理功能，包括配置终端进行测量，评估终端无线链路质量，决策终端在小区间的切换等。

NB－IoT 网络可采取带内部署、保护带部署或独立部署三种部署方式，可直接部署于三大运营商的 GSM 网络、UMTS 网络或 LTE 网络，以降低部署成本，实现平滑升级。

3. 应用案例

基于 NB－IoT 的智能消防栓

智能消防栓基于 NB－IoT 网络实现水压监测、出水监测、倾斜监测、设备受损监测。在消防设备被启用、遭偷窃、被破坏等情况下，就会触发相应的传感器，通过 NB－IoT 传输模块和网络将相关数据传送到智慧消防综合管理系统。该系统网络拓扑结构见图 4.61。

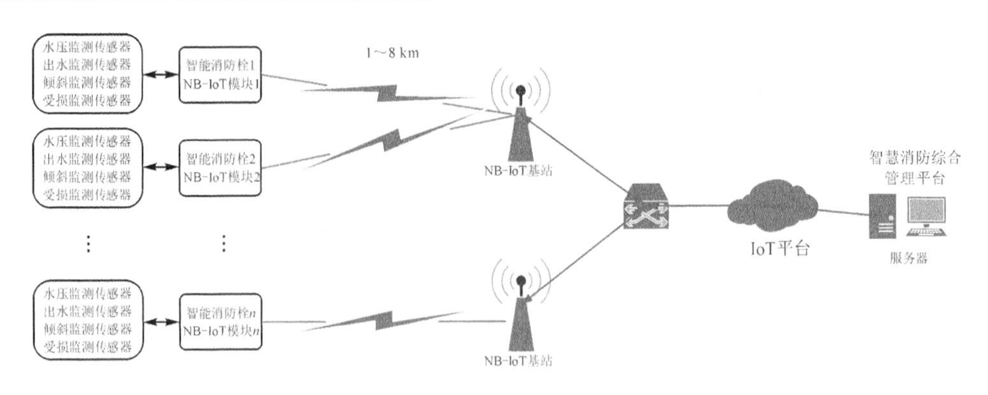

图 4.61　基于 NB－IoT 的智能消防栓系统

二、LoRa

1. 概　述

LoRa(Long Range Radio)远距离无线电，是 2012 年 Semtech 公司推出的一种基于扩频技术的低功耗局域网无线标准。它最大特点就是在同样的功耗条件下比其他无线通信方式传播的距离更远，实现了低功耗和远距离的统一，在同样的功耗下比传统的无线射频通信距离扩大 3～5 倍。LoRa 使用免费频段：433 MHz、868 MHz、915 MHz 等。

2. LoRa 和 LoRaWAN

LoRaWAN 是一个开放标准，定义了基于 LoRa 芯片的 LPWAN 技术的通信协议，以及在数据链路层定义媒体访问控制(MAC)。即 LoRaWAN 是根据 LoRa 调制方式，采用 LoRa 模块，按照一定规则设置参数或收发信号的一种应用。

LoRaWAN 网络由终端节点(End Nodes)、集中器/网关(Concentrator/Gateway)、网络运营服务器(Network Server)、应用服务器(Application Server)组成。

终端节点，一般由 LoRa 模块和传感器等器件组成，可以是各种设备，如水表气表、烟雾报警器、宠物跟踪器等。终端节点可以使用电池供电，终端节点大部分时间处于空闲模式以降低功耗。终端节点能够双向通信，通过集中器/网关接入 LoRaWAN 网络。

集中器/网关是多信道、多调制收发、可多信道同时解调的，终端节点广播的数据会被网络中的一个或多个网关获取。集中器/网关用于在终端设备和网络服务器之间中继消息。网关与网络服务器之间通过标准 IP 进行连接。

LoRaWAN 网络架构是一个典型的星形拓扑结构，见图 4.62。终端节点通过一个或多个网关接入 3G、4G 或以太网服务器和应用服务器。因此，LoRaWAN 网络不需要建设基站。

3. 应　用

LoRa 因其低功耗、深度覆盖、容易部署等优势，非常适用于具有低功耗、远距离、大量连接以及定位跟踪等特点的物联网应用，如智能抄表、智能停车、车辆追踪、宠物跟踪、智慧农业、智慧工业、智慧城市、智慧社区等。接下来介绍一个 LoRa 在智慧农业的

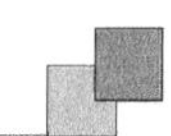

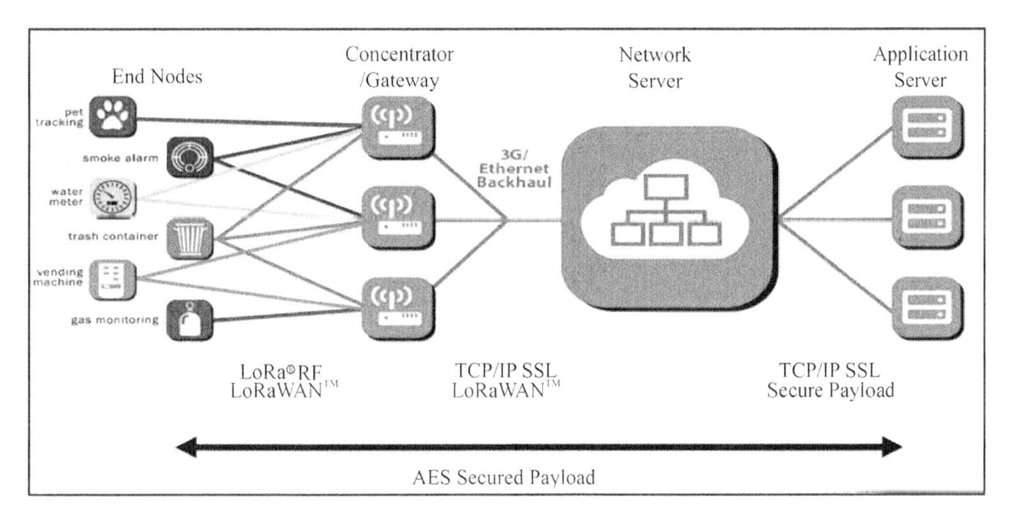

图 4.62　LoRaWAN 的网络架构

应用案例。

一个偏远的农场，没有被蜂窝网络覆盖，现需要将蔬菜大棚的温湿度、CO_2 传感器的数据传输到 8 km 以外的监控室。现采用 LoRaWAN 网络完成数据传输，位于各大棚的终端节点由温湿度传感器、CO_2 传感器和 LoRa 模块构成，在监控室内有多个 LoRa 网关连接到应用服务器。终端节点采集的各传感器数据通过 LoRa 通信无线传输到 LoRa 网关，由 LoRa 网关通过以太网送到服务器的数据监测与管理平台，最终实现数据监管。该网络结构见图 4.63。

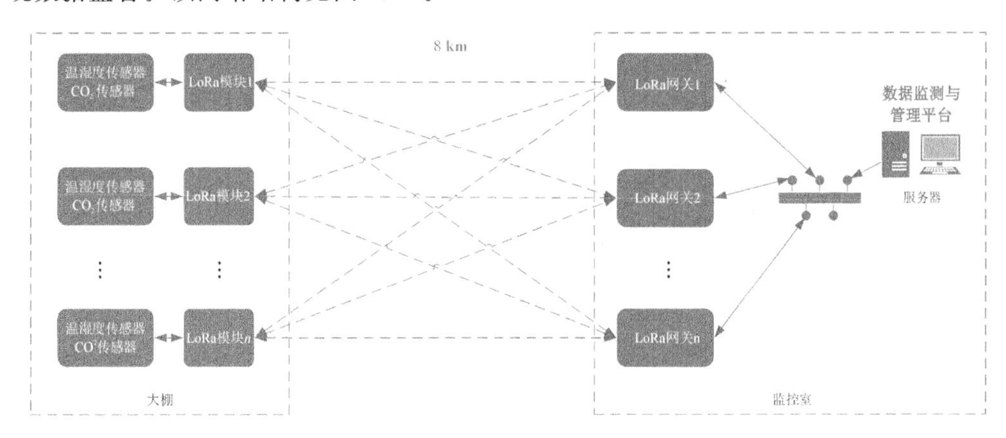

图 4.63　某智慧农场 LoRa 网络结构图

【任务实施与评价】

任务单6　两大 LPWAN 主流技术应用分析

任务实训

（一）知识测试

一、单项选择题

1. LPWAN 是指(　　)。

A. Long Power Wide Area Network　　B. Low Power Wireless Access Network

C. Long Range Wide Area Network　　D. Low Range Wireless Access Network

2. NB-IoT 是 LTE 网络的一个变体，主要用于连接(　　)。

A. 智能手机　　B. 传感器和物联网设备

C. 笔记本电脑　　D. 服务器

3. LoRa 属于(　　)类型的通信技术。

A. 蜂窝网络　　B. 局域网　　C. 无线个人局域网　　D. 远程广域网

4. (　　)是 LPWAN 的典型应用领域。

A. 智能家居　　B. 移动支付　　C. 医疗保健　　D. 社交媒体

5. LoRa 技术进行通信时使用的频段是(　　)。

A. 2.4 GHz　　B. 5 GHz　　C. 900 MHz　　D. 20 MHz

6. LPWAN 的主要特点之一是(　　)。

A. 高数据速率　　B. 大容量　　C. 低功耗　　D. 短通信距离

二、填空题

1. LoRaWAN 是一种基于________的 LPWAN 协议。

2. NBIoT 是一种基于________连接的低功耗广域网技术。

3. LoRa 是一种________距离范围的无线通信技术。

4. NB-IoT 代表窄带物联网。它是一种低功耗、广覆盖、________的无线通信技术。

5. LPWAN 适用于长距离传输和低________的物联网应用

（二）实训内容要求

请根据文中描述的基于 NB-IoT 的智能消防栓案例的功能特点和网络结构，分析该智能消防栓能否采用 LoRa 通信技术，请充分说明理由。

请根据文中描述的基于 LoRa 的智慧农场案例的功能特点和网络结构，分析该智慧农场能否采用 NB-IoT 通信技术，请充分说明理由

（三）实训提交资料

撰写分析报告，完成实训内容要求

<table>
<tr><td rowspan="7">任务考核</td><td>名称：____________</td><td>姓名：____________</td><td>日期：
20____年____月____日</td></tr>
<tr><td>项目要求</td><td>扣分标准</td><td>得　分</td></tr>
<tr><td>基于 NB - IoT 的智能消防栓案例分析(50 分)
分析该智能消防栓能否采用 LoRa 通信技术，请充分说明理由</td><td>分析不正确(扣 40 分)；
未充分说明理由(扣 10 分)</td><td></td></tr>
<tr><td>基于 LoRa 的智慧农场案例分析(50 分)
分析该智慧农场能否采用 NB IoT 通信技术，请充分说明理由</td><td>分析不正确(扣 40 分)；
未充分说明理由(扣 10 分)</td><td></td></tr>
<tr><td>评价人</td><td colspan="2">评　语</td></tr>
<tr><td>学生：____________</td><td colspan="2"></td></tr>
<tr><td>教师：____________</td><td colspan="2"></td></tr>
</table>

思考题

1. 无线通信都有哪些主流技术？
2. 什么是短距离无线通信？
3. 请简述在 ZigBee 中网状型网络的形成过程。
4. ZigBee 的应用场合有哪些？
5. ZigBee 的技术优势有哪些？
6. 请解释 Wi - Fi 热点是什么以及如何创建一个 Wi - Fi 热点。
7. 什么是 Wi - Fi 信号衰减？它是如何影响无线通信的？
8. 请解释蓝牙技术是什么以及它的主要应用领域。
9. 蓝牙技术的哪些特点使得基于蓝牙技术的智能家居系统能为人们所接受？
10. 请举一个我国电信运营商利用 3G、4G 在物联网中应用的实例。
11. 请解释什么是移动通信网络的频谱分配。
12. 请列举一些常见的移动通信网络设备。
13. 请解释什么是 LPWAN 技术。
14. 请列举一些常见的 LPWAN 技术及其应用。

项目五

定位与导航技术应用

项目引导

自古以来，人们一直在利用天空中的星星，特别是北极星来进行定位导航，这是早期的天文导航。在两宋时期，牵星板被发明了，如图 5.1 所示。此后，牵星术在远洋航海中被广泛应用。牵星术(天文航海术)——利用天上星宿的位置及其与海平面的角度来确定航海中船舶所走位置及航行方向的方法，不断发展。利用牵星术求得北极星高度后，船只就能计算出所在地的地理纬度。

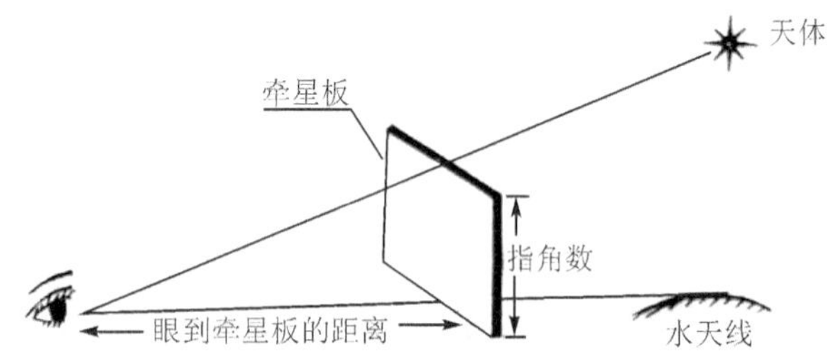

图 5.1　牵星板

早在战国时期，我国已发明了司南，经过不断演进，指南针被发明了。指南针利用的是地球这个大磁体的两个极分别在接近地理南极和北极的地方，地球表面的磁体因为同性相斥、异性相吸的性质而指示出南北。通过指南针来指明方位，这是最初地磁导航的应用。指南针发明后，为进一步精准测定方位，人们又发明了罗盘。指南针和罗盘先后由陆水两路西传，对人类文明进程产生重大影响。

在导航技术的发展过程中，还出现了陀螺导航、惯性导航、无线电导航和卫星导航等技术。现在导航和定位已深入人们的现代生活，当你向微信好友发送位置定位时，当你使用高德地图、百度地图导航时，你知道这个过程中使用了什么导航定位技术吗？

任务 1　北斗智慧综合灯杆公路智能巡检功能分析

【任务目标】

【知识目标】

- 熟悉定位的概念，了解室内定位技术；
- 熟悉导航的概念，了解导航技术；
- 知道全球四大卫星导航系统，理解卫星导航的基本原理；
- 熟悉 GPS 的概况、GPS 的组成部分；
- 熟悉北斗导航系统的组成和特点；
- 熟悉北斗导航系统的应用。

【技能目标】

- 能够分析北斗导航系统如何应用在相关产品中。

【素质目标】

- 培养主动收集资料的习惯；
- 培养动手实践的习惯；
- 培养独立思考的习惯；
- 培养积极沟通的习惯；
- 培养团队合作的习惯。

【任务描述】

分析北斗智慧综合灯杆应用于公路智能巡检时，北斗导航系统起到了什么作用；分析该灯杆系统中可能用到了哪些与北斗导航相关的设备。

【知识储备 1　定位与导航系统概述】

随着科技的发展，导航定位被广泛应用。定位是物联网不可或缺的重要技术，从物理世界获取的信息需要与位置相关联。定位是对目标当前位置信息的获取，是确定物体在某种参考系中的坐标位置，是静态的。

实现定位的方式有很多种，根据使用场景不同，定位技术大致可分为室外定位和室内定位。室外定位有卫星定位、基站定位、差分定位等方式，其特点见表 5.1，应用最广泛的是卫星定位；室内定位有 UWB、BLE、RFID、Wi－Fi 等方式。

表 5.1　室外定位方式特点对比

序号	定位方式	基本原理	定位方案	定位精度	设备成本
1	卫星定位	接收设备接收到卫星发射的导航电文后解算出坐标信息	多星定位	1 m，10 m	较低

续表 5.1

序号	定位方式	基本原理	定位方案	定位精度	设备成本
2	基站定位	定位设备上报周边运营商基站信息，服务器查表、解析后返回定位结果	单基站定位 多基站定位	500 m	极低
3	差分定位	卫星定位＋基站数据定位	多星定位	5 mm	很高

导航的基本含义是引导运行体按照既定航线从一地到另一地航行的过程，是动态的。导航技术就是利用电、磁、光、力学等科学原理与方法，通过测量飞机、舰船、潜艇、车辆、人流等运动物体每时每刻与位置有关的参数，如运动体在空间的即时位置、速度、姿态和航向等参数，从而实现对运动体的定位，并正确地引导运动体从出发点沿着预定的路线，安全、准确、经济地到达目的地的技术。

根据获取导航信息的原理不同，导航技术可分为无线电导航、天文导航、惯性导航、地形辅助导航、卫星导航等。

如果运动体导航定位的数据仅仅依靠装在运动体自身上的导航设备就能获取，采用推算原理工作，则称自备式导航，或自主式导航，如惯性导航。若要靠接收地面导航台或空中卫星等所发播的导航信息才能定出运动体位置，则称为他备式导航。无线电导航和卫星导航是典型的他备式导航。

能够完成一定导航定位任务的所有设备组合的总称就叫导航系统，例如无线电导航系统、卫星导航系统、天文导航系统、惯性导航系统、组合导航系统、综合导航系统、地形辅助导航系统，以及飞机着陆引导与港口舰船导航系统等。

【知识储备 2　全球卫星导航系统】

1.2.1 概　述

1. 全球四大卫星导航系统

全球卫星导航系统也叫全球导航卫星系统(Global Navigation Satellite System, GNSS)，是能在地球表面或近地空间的任何地点为用户提供全天候的三维坐标、速度以及时间信息的空基无线电导航定位系统，包括一个或多个卫星星座及其支持特定工作所需的增强系统。

1973 年 12 月，美国国防部批准美国陆海空军联合在美国子午卫星导航系统(NNSS)基础上研制新一代导航卫星定位系统——全球定位系统 GPS，主要用于情报搜集、核爆监测和应急通信等。

20 世纪 70 年代中期，苏联开始发展全球定位系统。在经历了苏联解体、俄罗斯经济不景气后，俄罗斯终于在 1996 年建成具有空间满星座 24 颗工作卫星的格洛纳斯(GLONASS)全球卫星导航系统。

1999 年，欧盟首次公开自主研制“伽利略”卫星导航系统的建设计划。伽利略卫星导航系统于 2008 年投入使用，主要用在民用领域。

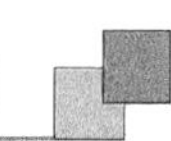

从 1994 年开始，中国开始探索适合国情的卫星导航系统发展道路，逐步形成了三步走发展战略：2000 年年底，建成北斗一号系统，向中国提供服务；2012 年年底，建成北斗二号系统，向亚太地区提供服务；2020 年，建成北斗三号系统，向全球提供服务。

经过多年的探索和发展，中国的北斗导航系统（BDS）、美国的全球定位系统（GPS）、俄罗斯的格洛纳斯卫星导航系统（GLONASS）、欧盟的伽利略卫星导航系统（GALILEO），一起被联合国卫星导航委员会认定为“全球四大卫星导航供应商”。四大卫星导航系统的情况见表 5.2。

表 5.2 四大卫星导航系统情况表

名 称	北 斗	GPS	GLONASS	Galileo
所属国家	中国	美国	俄罗斯	欧盟
建设进展	2020 年 6 月完成北斗三号系统星座部署	1994 年 GPS 系统建成，目前在研制第三代 GPS	1996 年完成系统标准 24 颗星部署	2020 年共完成 30 颗卫星的发射
卫星星座数目	46 颗（27MEO＋9GEO＋10IGSO）	32 颗 MEO	24 颗 MEO	30 颗 MEO
服务对象	军民两用	军民两用	军民两用	主要民用
定位精度	军用 1 m，民用 10 m	军用 1 m，民用 10 m	民用 10 m	民用 1 m
授时精度	20 ns	30 ns	民用 50 ns	—
测速精度	0.2 m/s	民用 0.1 m/s	民用 0.2 m/s	
特点	安全性强，精度高，支持短报文通信	发展成熟，精度高		精度高，受美国控制

注：MEO：中圆地球轨道；IGSO：倾斜地球同步轨道；GEO：地球静止轨道。

2. 卫星定位基本原理

运行于宇宙空间的导航卫星，每一颗都在时刻不停地通过卫星信号向全世界广播自己的当前位置坐标信息和时间戳。接收卫星信号的接收设备上的定位模块收到信号后，通过解析就可以得到接收设备所在的坐标信息。接收设备需要接收到 4 颗以上卫星的信号才能解析出较准确的坐标信息。卫星定位原理示意如图 5.2 所示。

假设图中汽车上的卫星信号接收机收到卫星 s_1 发送的自己所处的空间坐标 (x_1, y_1, z_1) 和发射时刻的原子钟时间 t_1，设接收机的空间坐标为 (x, y, z)，时间坐标为 t，则接收机和卫星 s_1 之间距离的关系是：

$$s_1 = \sqrt{(x-x_1)^2 + (y-y_1)^2 + (z-z_1)^2}$$

$$s_1 = c \times (t - t_1)$$

式中，c 是光速，可以取 3×10^8 m/s。

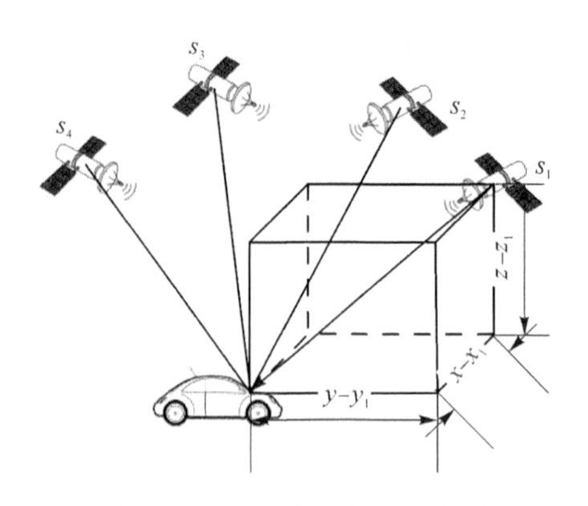

图 5.2 卫星定位原理示意图

由上述两式可得

$$\sqrt{(x-x_1)^2+(y-y_1)^2+(z-z_1)^2}=3\times10^8\times(t-t_1)$$

若汽车上的接收机还能收到另外 3 颗卫星发射的信号，同理，则有

$$\sqrt{(x-x_2)^2+(y-y_2)^2+(z-z_2)^2}=3\times10^8\times(t-t_2)$$

$$\sqrt{(x-x_3)^2+(y-y_3)^2+(z-z_3)^2}=3\times10^8\times(t-t_3)$$

$$\sqrt{(x-x_4)^2+(y-y_4)^2+(z-z_4)^2}=3\times10^8\times(t-t_4)$$

以上 4 个方程联立，可求解出接收机的空间坐标(x,y,z)与时间坐标 t。

可见，卫星信号接收机至少需要通过 4 颗卫星才能确定自己的空间坐标和时间坐标。通常，得到的坐标需要纠偏，把纠偏后的定位数据放到地图里，可以进一步实现基于位置的服务，比如导航。

1.2.2 全球定位系统 GPS

GPS(Global Positioning System)，全球定位系统，是美国建设的以人造地球卫星为基础的高精度无线电导航的定位系统，在全球陆、海、空任何地方以及近地空间都能够提供准确的地理位置、车行速度及精确的时间信息。

全球卫星定位系统 GPS 是由空间部分、地面控制部分和用户设备部分组成的。

1. 空间部分

GPS 常年保持 32 颗卫星在中圆地球轨道(MEO)工作，星座分布如图 5.3 所示。卫星工作在互成 55 °，高度为 2.02×10^4 kM 的非同步轨道上。这样，在全球的任何地方、任何时间都可观测到 4 颗以上的 GPS 卫星。

GPS 卫星连续发送 GPS 信号，供 GPS 接收机接收。GPS 卫星发射的信号主要分为载波(Carrier Wave)、测距码(Ranging Code)和导航电文(Navigation Messages)三部分，其中测距码和导航电文调制到高频载波上后，通过卫星天线将调制后的载波辐射出来。

GPS 使用 3 个频段 L1、L2 和 L5，工作频率分别是 1 575.42 MHz±1.023 MHz、

1 227.60 MHz±1.023 MHz 和 1 176.45 MHz±1.023 MHz。

导航电文包括系统时间、星历、历书、卫星时钟修正参数、导航卫星健康状况、电离层延时参数等内容，GPS 终端收到卫星发送的数据，经解算即可确定当前位置，并以 NMEA0183 格式、WGS－84 坐标系输出数据。

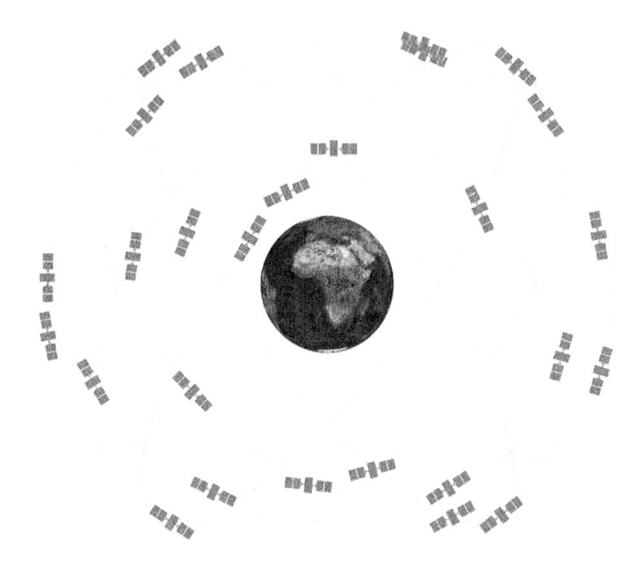

图 5.3　GPS 星座图

2. 地面控制部分

GPS 地面控制部分包括 1 个主控站、5 个监测站和 3 个注入站，用于监测和控制卫星运行，编算卫星星历（导航电文），保持系统时间。

主控站位于美国科罗拉多州的谢里佛尔空军基地，是整个地面监控系统的管理中心和技术中心。主控站从各个监控站收集卫星数据，计算出卫星的星历和时钟修正参数等，并通过注入站注入卫星；向卫星发布指令，控制卫星，当卫星出现故障时，调度备用卫星。

监测站和注入站分布在全球，监测站用于接收卫星信号，检测卫星运行状态，收集天气数据，并将这些信息传送给主控站。

注入站将主控站计算的卫星星历及时钟修正参数等注入卫星。

3. 用户设备部分

用户设备主要为 GPS 接收机，如图 5.4 所示。其主要作用是接收 GPS 卫星发出的信号，进行去噪、放大、解调等处理后，根据测距码和导航电文计算用户的三维位置及时间。用户设备包括车载、船载 GPS 导航仪，GPS 测绘设备，内置 GPS 功能的手机等移动设备。

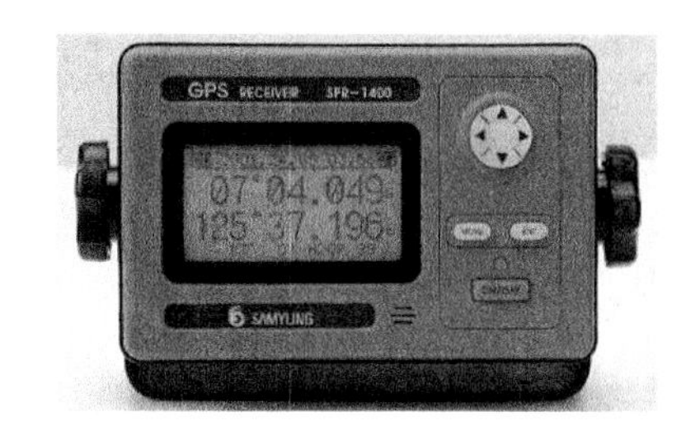

图 5.4　GPS 接收机

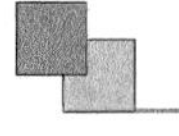

1.2.3 北斗卫星导航系统 BDS

北斗卫星导航系统(以下简称北斗系统)
是中国着眼于国家安全和经济社会发展需要,自主建设运行的全球卫星导航系统,是为全球用户提供全天候、全天时、高精度的定位、导航和授时服务的国家重要时空基础设施。

一、组成和特点

北斗系统由空间段、地面段和用户段三部分组成。

1. 空间段

北斗系统空间段由若干地球静止轨道(GEO)卫星、倾斜地球同步轨道(IGSO)卫星和中圆地球轨道(MEO)卫星三种轨道卫星组成。其他 3 个全球导航系统只有中圆地球轨道卫星。北斗系统的星座分布如图 5.5 所示。

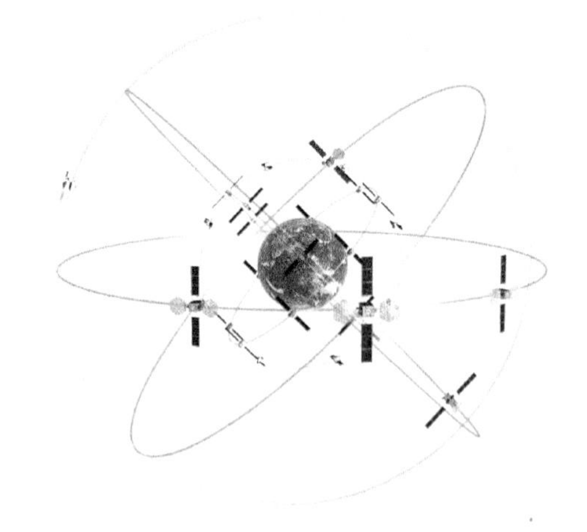

图 5.5 北斗卫星导航系统星座图

从 2000 年 10 月 31 日至 2020 年 6 月 23 日,中国北斗导航系统共发射在轨组网卫星 59 颗。按照三步走的发展战略,建设的北斗一号系统,发射 4 颗在轨组网卫星,目前这 4 颗卫星和北斗一号系统已退役。建设的北斗二号系统,发射了 25 颗组网卫星,目前在轨运行的有 16 颗卫星,其中 3 颗在中圆地球轨道(MEO),6 颗在地球静止轨道(GEO),7 颗在倾斜地球同步轨道(IGSO);其余 9 颗卫星,有 3 颗星退役,1 颗星在轨维护,5 颗星在轨实验。北斗二号系统为亚太区域提供稳定的服务。建成的北斗三号系统兼容北斗二号系统,已发射 30 颗组网卫星,其中,24 颗卫星在 MEO,3 颗卫星在 GEO,3 颗卫星在 IGSO。北斗三号系统为全球范围提供稳定的服务。

综上所述,截至 2020 年 6 月 23 日,我国北斗导航系统在轨运行卫星共有 46 颗,其中 27 颗 MEO 卫星,在距离地面 21 500 km 的中圆轨道,分布在三个轨道面上,保持 55°倾角;9 颗 GEO 卫星在赤道上空 35 800 km 高的地球静止轨道;10 颗 IGSO 卫星,处于接近 35 800 km 高的地球同步轨道，保持约 55°倾角。预期将在 2035 年前还将建设完善更加泛在、更加融合、更加智能的综合时空体系。

中圆轨道卫星绕行地球一圈耗时接近 12 小时，27 颗中圆轨道卫星实现了对全球范围内任一点的稳定覆盖，在任意时间、任意地点可以观测到 6 颗星以上卫星，符合卫星定位的需求；卫星保持 55°倾角有利于对人口稠密的地球中低纬度区域的覆盖。

北斗系统布设在地球静止轨道，和倾斜同步轨道的卫星一起主要是为亚太地区服务，这两种高轨道卫星与地球自转同步，因此，在亚太地区及沿赤道对称区域可以保持至少 12 颗卫星能被观测到，可大幅度提高该区域的定位精度。如果结合基准站辅助定位，可将定位精度提高到分米甚至厘米级。

北斗系统采用三频信号提供服务，可以构建复杂模型，消除电离层延迟导致的信号传输误差。北斗二号系统工作在 B1、B2 和 B3 三个频段，中心频率分别是 1 561.098 MHz、1 207.1 4MHz 和 1 268.52 MHz。北斗三号系统在 B1、B2 和 B3 三个频段的中心频率分别是 1 575.42 MHz、1 176.45 MHz 和 1 268.52 MHz。

2. 地面段

北斗系统地面段包括主控站、时间同步/注入站和监测站等若干地面站，以及星间链路运行管理设施。北斗系统的主控站、监测站和注入站都只需要布设在中国境内，因为地球静止轨道和倾斜同步轨道的卫星可以与系统内其他卫星进行星间链路通信。此外，星间链路测距可提高获取的星座轨道的精度。

北斗系统具有其他 3 大系统都没有的功能——短报文系统，使得卫星和接收机之间能进行双向通信。

3. 用户段

北斗系统用户段包括北斗兼容其他卫星导航系统的芯片、模块、天线等基础产品，以及终端产品、应用系统与应用服务等。

综上所述，北斗系统具有以下突出特点：一是北斗系统空间段采用三种轨道卫星组成的混合星座，与其他卫星导航系统相比高轨卫星更多，抗遮挡能力强，尤其低纬度地区性能优势更为明显。二是北斗系统提供多个频点的导航信号，能够通过多频信号组合使用等方式提高服务精度。三是北斗系统创新融合了导航与通信能力，具备定位导航授时、星基增强、地基增强、精密单点定位、短报文通信和国际搜救等多种服务能力。

二、发展应用

目前北斗系统在基础产品、交通、农业、林业、渔业、公安、防灾减灾、特殊关爱、大众应用、电力、金融、产业方面都得到了广泛的应用。下面介绍其中一些方面。

1. 基础应用

北斗卫星导航芯片、模块、天线、板卡等基础产品，是北斗系统应用的基础。通过卫星导航专项的集智攻关，我国实现了卫星导航基础产品的自主可控，形成了完整的产业链，逐步应用到国民经济和社会发展的各个领域。伴随着互联网、大数据、云计算、物联网等技术的发展，北斗基础产品的嵌入式、融合性应用逐步加强，产生了显著的融合效益。

(1) 天　线

常见的天线外观如图 5.6 所示。

(a) D-Helix天线

(b) 3D基准站天线

图 5.6　常见的天线外观

(2) 芯　片

图 5.7 给出了两张北斗芯片。

(a) UC6226超小尺寸低功耗GNSS芯片

(b) UC6226车规级高性能GNSS芯片

图 5.7　北斗芯片

(3) 板　卡

图 5.8 给出了两种定位板卡。

(a) K726GNSS定位定向板卡

(b) UM220-IVN双系统导航定位模块

图 5.8　定位板卡

(4) 接收机

图 5.9 给出了两款接收机。

2. 互联网 5G 信息技术的融合[9]

随着移动 5G 网络的不断扩大,5G 技术应用非常广泛,物联网 5G 信息技术是最重要的无线数据通信技术。北斗导航信息系统的开发将会和互联网 5G 信息技术相融合,结合北斗导航系统的短报文功能,有助于在更多的电子科技领域应用和开发北斗系统更丰富的功能,展开新的全球服务。现阶段,北斗产业链已经全部打通,中国芯片、主板等已经可以进行大批量生产,生产水平已接近或达到国际一流水平。依靠科技人员和企业的积极性把价格降低,5G 通信技术再结合北斗卫星导航系统中的短报文功能和

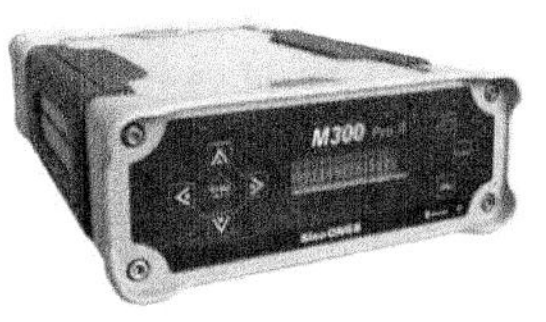

(a) M300ProGNSS接收机

(b) UR4B0四系统多频高精度接收机

图 5.9　接收机

北斗系统的定位功能，进而发展到手机用户端，短报文功能可直接利用卫星系统进行定位。在电子设备（如手机、车载导航等）上安装北斗系统，使北斗系统可以和 GPS 兼容，实现移动手机、车载导航等运用北斗系统进行精确导航。北斗系统与互联网 5G 信息技术的融合将会为用户提供更加丰富的信息化服务和更加精确的定位服务。

3. 交通运输[9]

随着我国经济持续快速增长和国民生活水平的提高，卫星导航系统在交通运输业中蓬勃发展；随着北斗定位技术的快速发展，现在越来越多的车辆管理机构、公司等都已经将导航技术应用在车辆上，结合后台系统中的地图，对车辆进行跟踪和监督，极大地提高了车辆的管理效率。导航技术的研究开发，将会让更多的车辆实现无人驾驶；在物流运输方面，也可让无人送货到家方式得以普及。我们可以大胆想象，先进的北斗导航系统搭载在每一辆车上，昼夜车水马龙但依旧可以有条不紊地工作。开发新的用户端应用，做到可以监测车辆行驶状态，驾驶员和乘客的亲人或者紧急联系人能够及时收到乘客的乘车信息，其中包括上车时间、上车地点、车牌号、车辆负责人信息、下车时间、下车地点等，可有效保障乘客的人身安全。采用高精度的定位等技术，可以做到无人驾驶、高效率地监管车辆行驶状态，为我国交通运输行业提供更多的便利，所以北斗系统今后在交通运输业的应用会越来越广泛。

4. 测绘技术的应用[9]

地理测绘工作是国家地理信息建设的重点工作。借助北斗系统的特点和优势，我国地理测绘工作可结合北斗系统产生多角度的综合应用，实现我国地理测绘工作的升级和创新。北斗系统具有更广的覆盖范围、更高的精度、独有的卫星导航通信功能及更安全可靠的系统性能。无人机测量是地理测绘中很重要的测绘工程，无人机可借助北斗系统的优点（如让更加精准的参考点和参考体系安装在无人机上），从而测量出更加精确的数据。随着北斗系统应用得越来越广泛，北斗系统的优势可以在测绘技术的专业学习软件中加以利用。当前的测量工作以人工测量方式为主，将更加先进的技术应用到测量仪器中，北斗系统具有自主完成测量的发展前景，不会因气候环境等各种自然因素的变化而受到影响。因此，借助北斗系统，我国测绘领域的技术发展势必会取得进一步的突破。

5. 国防和应急救援[9]

北斗系统将会对维护国家安全起重大作用。其可以服务于更为高效的作战指挥，并且有助于创造更先进的技术（如反卫星武器）对北斗系统进行保护，依靠精准的导航

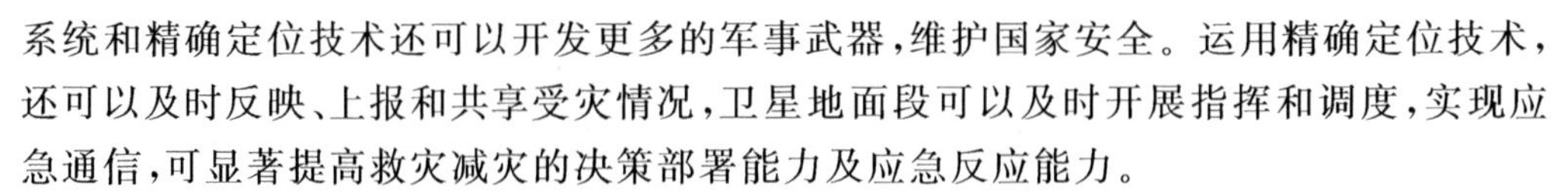

系统和精确定位技术还可以开发更多的军事武器，维护国家安全。运用精确定位技术，还可以及时反映、上报和共享受灾情况，卫星地面段可以及时开展指挥和调度，实现应急通信，可显著提高救灾减灾的决策部署能力及应急反应能力。

6. 促进国际交流[9]

当前，我国已经克服了重重困难，成功打破了国际上的技术垄断，北斗系统已经布满全球，不少国家已正式启用北斗系统，以后越来越多的国家也会积极参与到关于北斗系统的学习交流中。随着北斗导航技术不断进步，今后将会让越来越多的国家受益。

【任务实施与评价】

<table>
<tr><td colspan="2">任务单 1　北斗智慧综合灯杆公路智能巡检功能分析</td></tr>
<tr><td rowspan="4">任务实训</td><td>（一）知识测试</td></tr>
<tr><td>一、单项选择题
1.（　　）不会削弱 GPS 定位的精度。
A. 晴天为了不让太阳直射接收机，将测站点置于树荫下进行观测
B. 测站设在大型蓄水水库的旁边
C. 在 SA 期间进行 GPS 导航定位
D. 夜晚进行 GPS 观测
2. GPS 测量中，卫星钟和接收机钟采用的时间系统是（　　）。
A. 恒星时　　B. 国际原子时　　C. 协调世界时　　D. GPS 时
3.（　　）是可利用北斗系统独有可实现的功能。
A. 定位导航　　B. 短报文通信　　C. 授时　　D. 测速
二、填空题
1. 卫星定位系统是由________、________和________三大部分组成的。
2. GPS 共有________颗卫星均匀分布在 6 个轨道面内，轨道面倾角________。
3. 卫星信号由________、________和________三部分组成。
4. 我国组建的卫星导航系统称为________</td></tr>
<tr><td>（二）实训内容要求</td></tr>
<tr><td>在浙江省衢州市沿江公路（柯城段）严村樟树湾，一个造型特殊、会“开花”的路灯，吸引着过往行人和游客的眼球。这是由中铁第五勘察设计院集团有限公司自主研发、设计、制造，集“艺术、智能、实用”于一体的北斗智慧综合灯杆，见图 5.10。
仅从外观来看，这根灯杆就与众不同。集北斗 CORS 站、5G 微基站、Wi-Fi 基站、显示屏、视频监控、环境监控仪等于一体，显示屏每天滚动播放着实时新闻、景点介绍等资讯，同时根据视频监控、环境监控信息显示当前道路流量信息、安全标语等。
灯杆顶部的小铁箱在早晚高峰自动打开，其内部的无人机上岗作业开展公路巡检，见图 5.11。无人机对周边道路巡检 1 次可覆盖沿途 7 km 半径，实现对区域内公路事前及时预警、事中快速响应、事后有据可查的全过程管控。此外，小铁箱内置 UPS 应急后备电源、常规市电两种供应模式，充分保证无人机续航。
智慧灯杆集成 5G、北斗、人工智能、物联网等新兴信息技术，搭配边缘智能计算能力，实现全自动道路巡检、路网运行智能感知监测，为日常管理、拥堵治理、应急指挥、路网养护等业务提供“从远及近、从天到地”的立体支撑</td></tr>
</table>

任务实训

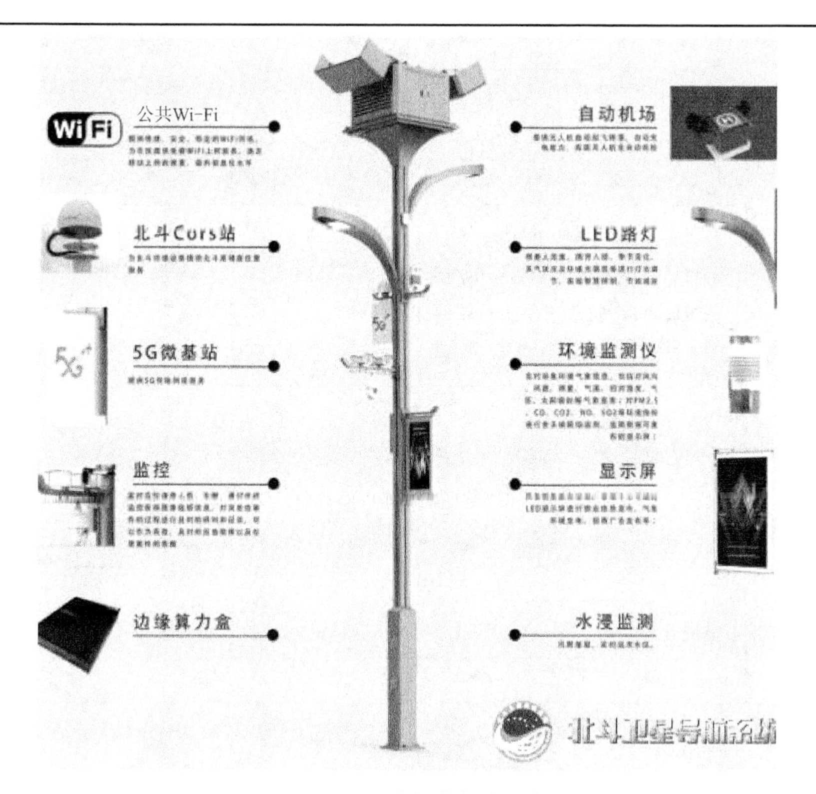

图 5.10　北斗智慧综合灯杆

图 5.11　公路巡检示意图

请分析北斗智慧综合灯杆应用于公路智能巡检时,北斗导航系统起到了什么作用;分析该灯杆系统中可能用到了哪些与北斗导航相关的设备

（三）实训提交资料

撰写实训报告,完成实训内容要求

任务考核	名称：________	姓名：________	日期：20___年___月___日
	项目要求	**扣分标准**	**得　分**
	北斗导航系统起到的作用(60分) 分析北斗智慧综合灯杆应用于公路智能巡检时，北斗导航系统起到了什么作用	未分析清楚北斗导航系统在该系统中如何发挥作用(扣50分)	
	与北斗导航相关的设备(40分) 分析该灯杆系统中可能用到了哪些与北斗导航相关的设备	设备不符(扣30分)	
	评价人	**评　语**	
	学生：________		
	教师：________		

任务2　适用于研学团队的定位技术选择

【任务目标】

【知识目标】

- 了解常见的室内定位技术的特点；
- 熟悉室内定位的基本原理，能理解基于几何测量、场景分析、自身测量的定位方法；
- 熟悉三种常用室内定位技术的特点、应用案例。

【技能目标】

- 能根据常见室内定位技术的特点，为项目选用合适的技术。

【素质目标】

- 培养主动收集资料的习惯；
- 培养动手实践的习惯；
- 培养独立思考的习惯；
- 培养积极沟通的习惯；
- 培养团队合作的习惯。

【任务描述】

目前研学旅行兴起，在旅途中，往往一两个老师需要带领几十名学生，当学生年龄较小,旅程长、目的地数量多,在一些大型、复杂、人多的场合时,老师如何做好学生管理和服务工作,面临着巨大挑战。

请分析常用室内定位技术的特点、应用案例,为研学团队选择一种合适的室内定位技术,以开发相应的定位产品。

【知识储备　室内定位技术】

一、概　述

卫星发射功率不大,信号到达地面时非常弱,因此,在室内环境中,被遮挡的卫星信号难以被卫星接收设备收到,从而无法定位。随着近几年无线通信技术的迅速发展,人们已开始用无线通信技术实现室内定位。常见的有基于 UWB(超宽带)的定位技术、基于 Wi-Fi 的定位技术、基于蓝牙的定位技术、基于 RFID(射频识别)的定位技术、基于 ZigBee 的定位技术、基于红外线的定位技术和基于超声波的定位技术等,这些定位技术的精度和成本概况见图 5.12。

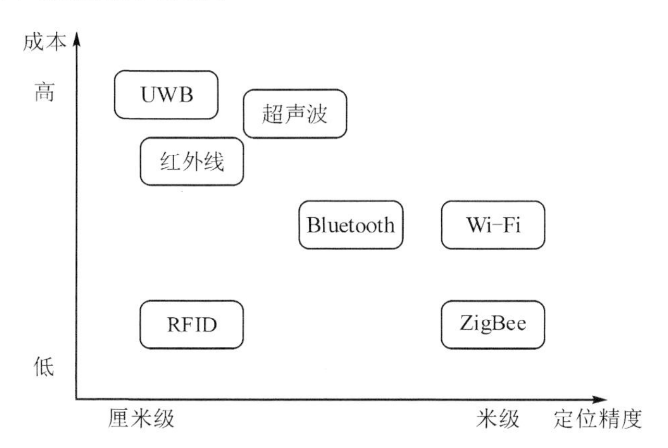

图 5.12　室内定位技术比较

目前室内定位技术主要应用在一些专用性领域和特殊场景,如石化工厂、煤矿井下、机场候机楼、大型高铁站、监狱等。随着定位精度和可靠性的提升,通过技术创新和融合,室内定位技术会有更广阔的应用前景。

二、室内定位基本原理

采用 UWB 定位、Wi-Fi 定位、蓝牙定位、RFID 定位和超声波定位等定位技术时,它们的差异只是前端传输信号的方式不同。定位精度取决于后端算法,常用的定位方法有七种:邻近探测法、质心定位法、多边定位法、三角定位法、极点法、指纹定位法和航位推算法。根据定位原理,这些定位方法可以分为三类,分别是基于几何测量的定位方法、基于场景分析的定位方法和基于自身测量的定位方法。

1. 基于几何测量的定位方法

(1) TOA 和 TDOA 定位法

TOA(Time of Arrival)为到达时间定位法,TDOA(Time Difference of Arrival)为

到达时间差定位法，TOA 和 TDOA 都是基于无线信号传播时间的定位方法，都需要同时用三个位置已知的基站（也叫信标节点、锚节点）来协助完成定位，见图 5.13。图 5.13 中的待定位标签（也叫未知节点）MS 发射无线电波，假设图中的基站都是 LOS（视距）基站，则发射端和接收端之间的信号直线传播。

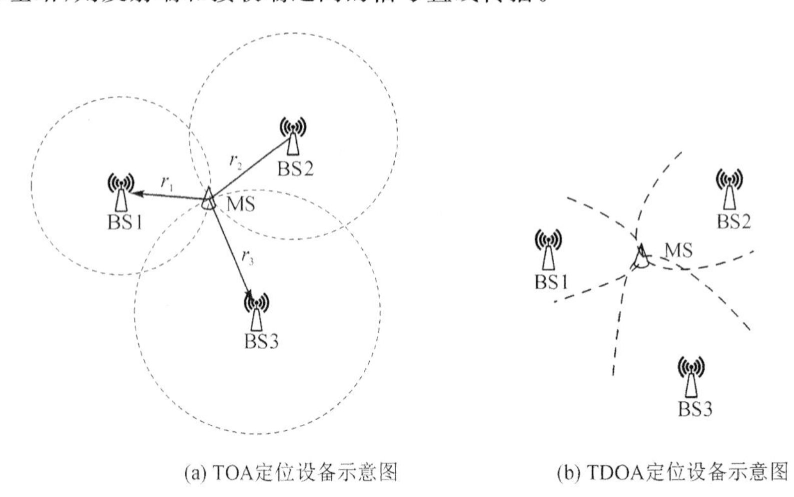

图 5.13　TOA 和 TDOA 定位设备示意图

采用 TOA 定位时，根据信号到达三个基站的时间可以算出 MS 到基站的距离分别是 r_1、r_2 和 r_3。分别以 r_1、r_2 和 r_3 为半径画出三个圆，三个圆的交点就是 MS 的位置。若已知三个基站的坐标 (x_1, y_1)、(x_2, y_2)、(x_3, y_3)，则 MS 的坐标 (x, y) 满足

$$(x_i - x)^2 + (y - y_i)^2 = r_i^2 \quad 其中, i = 1,2,3$$

将 3 个方程展开后可求解得到 MS 的坐标 (x, y)。

在采用 TOA 实现定位的过程中，根据 $r = c \times t$ 求取 r 时，c 是无线电波或声波的信号传播速度，则时间 t 非常关键，需要 MS 标签和基站保持严格的时间同步。在该过程中，微小的时间误差带来的距离误差都非常大，因此，在实践中，很少单独使用 TOA 方法进行定位。

采用 TDOA 定位时，通过获取不同基站之间的信号传送时间差来定位。在此过程中，以第一个基站为标准，分别得到第二个基站与第一个基站的时间差 T_1，第三个基站与第一个基站的时间差 T_2，用时间差乘以信号传播的速度，得到距离差。以基站为焦点，以距离差为长轴，可画出双曲线，以该方法可以得到若干条（至少两条）双曲线。两条或（或更多条）双曲线的交点就是 MS 标签位置，利用数学方法可求解出 MS 坐标。

TDOA 是 TOA 的升级，它对同步的要求更低一些，仅需保证各固定节点间的时间同步，精度更高一些。

(2) AOA 定位法

AOA(Angle - of - Arrival) 到达角度定位法，是基于信号到达角度的定位算法。图 5.14 中待定位节点 MS 发射信号，当已知坐标的两个基站装有阵列天线时，阵列天线能根据接收到的信号确定入射角度。图中两个基站的入射角分别是 α_1 和 α_2，分别

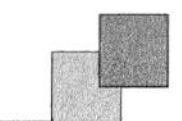

以两个基站为起点，从入射角形成的两根直线相交的位置就是待定位节点 MS 的位置。

若 MS 的坐标是(x,y)，两个基站的坐标分别是(x_1,y_1)、(x_2,y_2)，则根据几何意义有

$$\tan\alpha_i=\frac{y-y_i}{x-x_i}\quad 其中，i=1,2$$

将两个式子展开后，可求解出 MS 的坐标(x,y)。

(3) RSSI 定位法

RSSI(Received Signal Strength Indication)接收信号强度指示定位法，是指通过接收到的信号强弱测定信号点与接收点的距离，进而根据相应数据进行定位计算的定位技术。该方法的理论依据是无线电波或声波在介质中传输时，信号功率随传播距离衰减的原理。信标节点广播信号，待定位节点 MS 进入信标节点信号覆盖范围后，MS 接收到信号，测算出 RSSI 值，根据信号衰减模型计算出与信标节点的距离，从而实现定位。

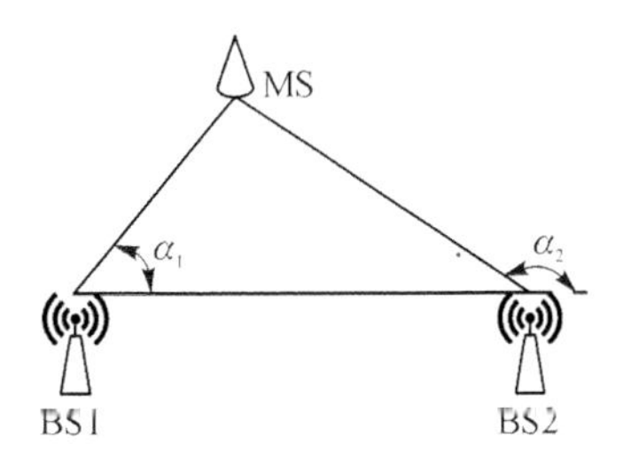

图 5.14　AOA 定位设备示意图

由于信号在传播过程中，其强度会受到传播距离和障碍物的影响从而影响精度，因此，该方法适用于范围较小的定位。

2. 基于场景分析的定位方法

前面提到的指纹定位法就属于基于场景分析的定位技术，该技术是利用收集的不同参考点的位置特征信息，建立对应的指纹库来定位。该技术定位精度较高，并且由于指纹里面具有特定的位置特征，因此不需要进行参数估计就可以实现定位。但是，采用该技术需要耗费大量时间和精力去采集大量的参考点位置特征。根据构建的指纹库和匹配度量的不同，基于场景分析的定位技术可以分为确定型定位技术和概率型定位技术。

确定型定位技术是测量出待定位终端的指纹信息后，通过和指纹库里面的数据进行相似度量匹配，找出最优度量的参考点信息，再利用近邻点位置计算出待定位终端的位置。

概率型定位技术是利用概率论的相关知识，假设某区域的信号强度值服从一定的概率分布模型，通过求解模型的概率参数，得到该区域的特定指纹信息，再利用最大后验概率或者最大似然估计准则求待定位终端在每个区域出现的概率值，找到最有可能出现的区域后，进行位置估算。

3. 基于自身测量的定位方法

惯性导航技术就是基于自身测量的定位方法，该技术使用一系列惯性传感器，如加速度计、陀螺仪、磁力计等，实现对运动载体自身运动信息的测量，然后由系统处理运动信息，获取运动载体的位置、方向数据，从而基于位置和方向数据，实现运动载体的导航定位。

通常各惯性传感器安装在运动载体上，易受外界干扰，而且，惯性导航在某时刻定位时是利用之前的运动数据，因此，在长期工作时，利用惯性导航技术进行定位会产生较大的误差。

在实际应用中，多种定位方法和定位技术融合能收到更好的定位效果。

三、常用室内定位技术

1. 基于 UWB 超宽带的定位技术

UWB(Ultra Wide Band)超宽带无线通信技术是一种无载波的通信技术，它利用纳秒级的非正弦波窄脉冲传输数据，因此，占用的频谱范围很宽。基于 UWB 的定位技术可以在数百米范围内高速传输和实时测距，具有数据传输速度快，测距精度高，抗无线电多路径干扰能力强，信号穿透性强等优点，定位精度可达厘米级，属于高精度定位技术。基于 UWB 实现定位时，TOA 定位法、AOA 定位法、TDOA 定位法、RSSI 定位法等方法都适用。

UWB 定位的这些特点，使得该技术在隧道施工、智慧监狱、电厂电站、智慧工厂、煤矿井下、石油化工、建筑工地、养老医院、数字机房、展馆展厅、智慧机场、大型港口、整车仓库、智慧博物馆、景区乐园等场合得到了应用。

在工厂、仓库、流通中心等地方，叉车是常用的运输工具。由于现场环境复杂、驾驶员视线易受货品遮挡等原因，叉车作业时，易发生安全事故。为保障叉车作业安全，EHIGH 恒高公司开发了基于 UWB 定位技术的叉车防撞系统。利用 UWB 定位技术进行安全测距，精度可达 10 cm，并且系统容量大，抗多径能力强，因此可同时实时定位人员、车辆的准确位置，通过精确测距预警可有效防止叉车事故发生。

该叉车防撞系统设备由防撞测距基站和防撞测距标签组成，见图 5.15 和图 5.16，测距基站通过接插头连接安装到各种叉车上，防撞测距有多种标签类型，现场人员可选择佩戴工牌标签、安全帽标签、三防定位标签、标签手环等。

图 5.15　防撞测距基站

图 5.16　防撞测距标签

在应用中，基站与基站、基站与标签的距离代表了车辆之间以及车辆与人员之间的距离，当距离小于设定的最小值时，与基站连接的报警器、标签均将发出报警实时提醒，以防止叉车碰撞事故发生，如图 5.17 所示。

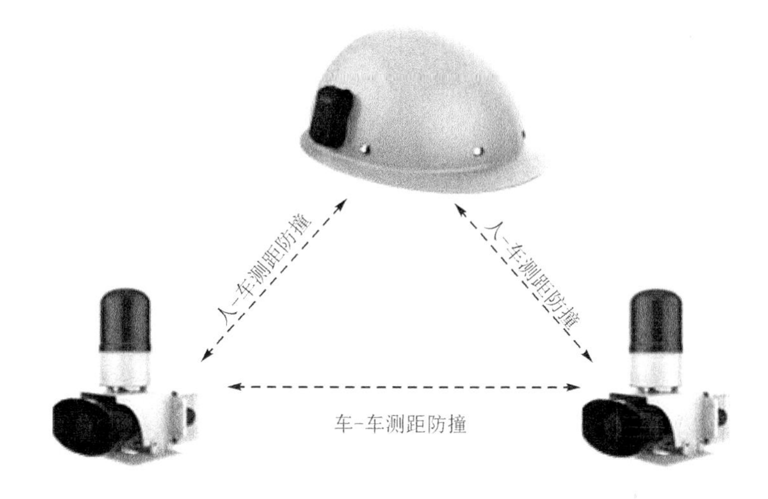

图 5.17　测距防撞示意

2. 基于蓝牙的定位技术

基于蓝牙的定位技术覆盖范围较广，蓝牙定位设备具有成本低，功耗低，易部署等优点，且在移动终端普遍都内嵌了蓝牙模块，因此，蓝牙定位被广泛应用于室内定位。基于蓝牙的定位，传统方法有基于 RSSI 测距法和位置指纹法两种。

采用蓝牙 RSSI 测距方法的蓝牙定位技术也称为蓝牙 Beacon 定位，在蓝牙 Beacon 定位系统中，有定位信标、定位终端和蓝牙网关三种设备。在该蓝牙定位系统中，发射无线信号的设备称作定位信标，简称信标(Beacon)。信标基于低功耗蓝牙通信协议向周围进行周期性广播，发送自己的 RSSI 值、MAC 地址等，起到发送信息和标明位置的作用。接收蓝牙信号的设备称作定位终端，也就是待定位设备，通过采用一定的定位方法解算后得到待定位设备的坐标，并且通过与蓝牙网关进行通信把定位数据传输到服务器或者后台。蓝牙 RSSI 测距定位法简单方便，基于三点测距就可实现定位。但是，在室内由于无线信号的多径干扰，会在同一个距离接收到多 RSSI 信号，使得 RSSI 测距定位存在精度不高(1～5 m)、稳定性差的问题，而且定位时间需要 10～30 s。

如果采用位置指纹法，定位精度高，但是需要布设的信标数量较多，而且需要前期采集坐标和生成指纹库，工作量大，耗时多。采用 AOA 到达角定位法开发的蓝牙定位系统，设备数量较少，只需要定位基站和定位信标两个定位设备，定位信标发射，定位基站扫描接收，在 1 s 内可实现厘米级精度的定位。

基于蓝牙的定位技术可用于智慧仓储定位、智慧公检法司、智慧工厂定位、智慧医院定位、智慧商超定位、智慧文旅定位、智慧楼宇定位、智慧交通定位等。在确定具体的定位系统方案时，根据定位对象是人还是物品、定位精度需求、定位项目现场环境、成本等综合考虑选用何种蓝牙定位方法。下面介绍一个基于蓝牙 AOA 定位的智慧仓储系统。

仓库运营的最大痛点就是找货难，如果能实现自动、实时对货物的精准定位将解决这个问题。基于 AOA 定位的智慧仓储系统设备有 AOA 基站和蓝牙信标，其中蓝牙信标有资产信标、腕带信标、安全帽信标、工牌信标等多种形式。将 AOA 基站安装在仓库顶棚，资产标签与物品绑定，人员佩戴工牌信标或安全帽信标等设备，见图 5.18，将物品和人员的定位数据通过平台监控系统显示出来，就可以得到仓库内物品和人员的实时位置了。

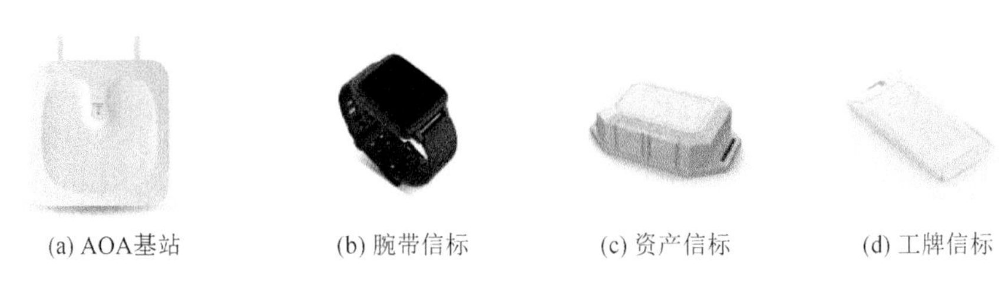
(a) AOA基站　(b) 腕带信标　(c) 资产信标　(d) 工牌信标

图 5.18　基于蓝牙 AOA 定位的智慧仓储系统

智慧仓储系统结构见图 5.19，利用这样的智慧仓储系统可以实现入库时自动定位货物位置、移库时自动定位货物位置、出库时自动定位货物核销、自动录入系统等功能。在蓝牙 AOA 系统中，智能手机也可以作定位信标。利用智慧仓储 App 可以实现货物查询、寻物导航等功能。

3. 基于 Wi - Fi 的定位技术

在智能手机或平板这些智能终端上，普遍都有 Wi - Fi 模块，通过相应的软件能获取到周围各个 AP(Access Point)发送的信号强度 RSSI 和 AP 地址，从而这些智能手机或终端可以利用 RSSI 来定位。基于 Wi - Fi 的 RSSI 定位主要有两种方法：三角定位法和指纹定位法。

基于 Wi - Fi 的定位技术适合于 Wi - Fi 的 AP 数量较多的地方，比如大型商场、医院等，并且使用基于 RSSI 的指纹定位法。具有 Wi - Fi 模块的智能终端在开启 Wi - Fi 功能的情况下，可以扫描并收集周围 AP 发射的信号，无论这些 AP 是否加密，是否被连接，甚至信号强度不足以显示在无线信号列表。智能终端把收到的这些 AP 的 MAC 地址发送到位置服务器，服务器检索出每个 AP 的坐标，并结合每个 AP 信号的信号 RSSI 值，计算出设备的坐标并返回到智能终端，如图 5.20 所示。

虽然具有 Wi - Fi 模块的智能终端数量庞大，利用已有的 AP 无需额外增加设备就可实现定位，但是，用指纹定位法实现 Wi - Fi 定位需要部署的 AP 数量较多，有的场合

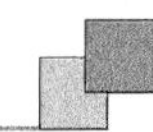

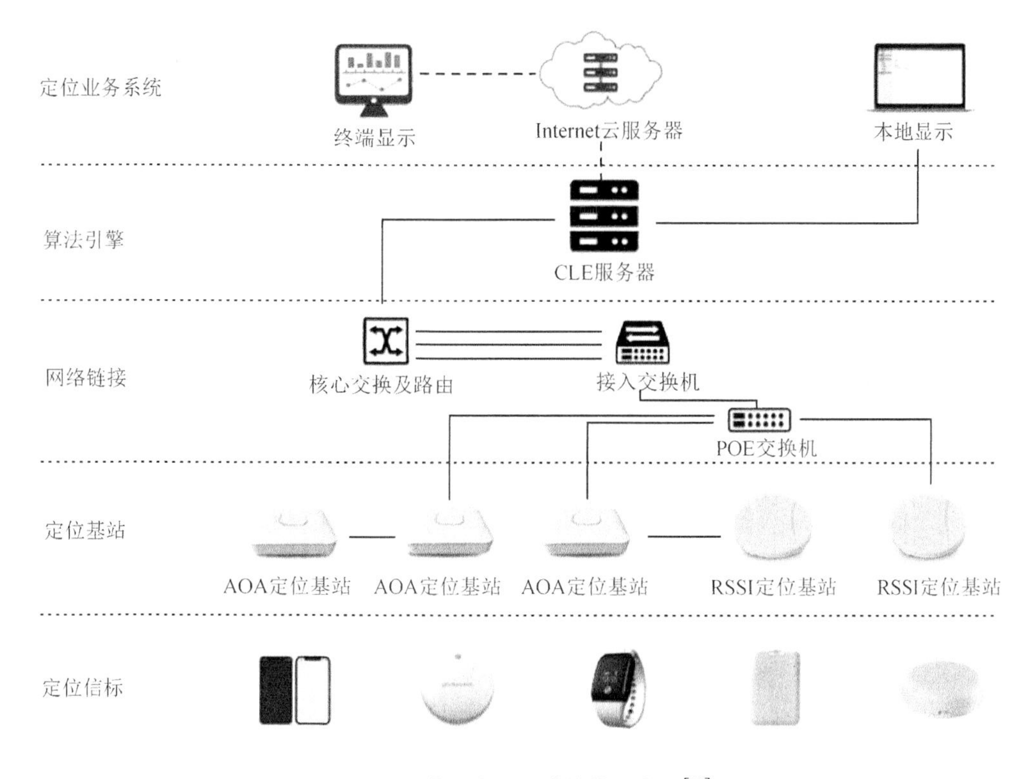

图 5.19　蓝牙定位系统结构示意图[10]

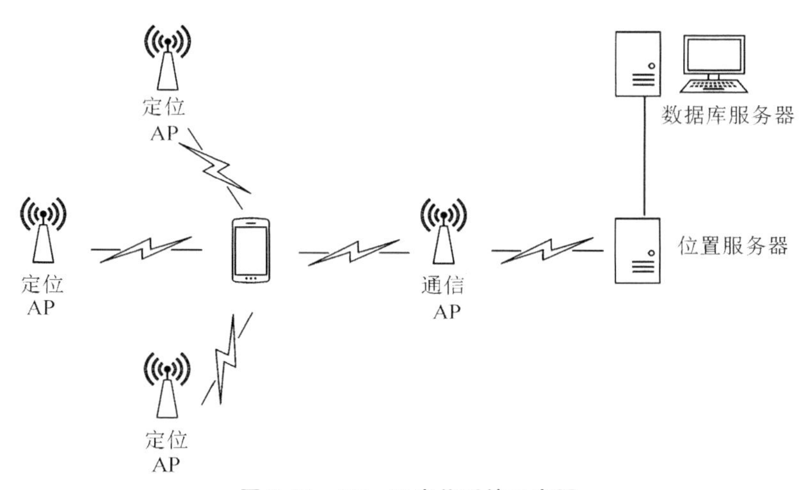

图 5.20　Wi - Fi 定位系统示意图

也不一定符合要求；Wi - Fi 信号易产生漂移，易导致较大定位误差，要做到高精度定位，算法难度较大。

目前，基于 Wi - Fi 的定位技术使用比较广泛，将 AP 热点和商铺绑定，可实现向附近的智能终端推送商品销售信息。利用智能手机将 Wi - Fi 定位和地图结合，可实现室内导航。

【任务实施与评价】

<table>
<tr><td colspan="2">任务单 2　适用于研学团队的定位技术选择</td></tr>
<tr><td rowspan="6">任务实训</td><td>(一) 知识测试</td></tr>
<tr><td>一、单项选择题
1. (　　)不适合用于室内定位。
A. GPS　B. RFID　C. Wi-Fi　D. Bluetooth
2. (　　)常用于室内定位。
A. NFC　B. ZigBee　C. UWB　D. 5G
3. 室内定位技术最大的挑战是(　　)。
A. 数据隐私　B. 精度　C. 成本　D. 安全性
4. (　　)常用于室内人员追踪和安全监控。
A. RFID　B. LiDAR　C. Ultrasound　D. BLE
5. (　　)常用于室内物体识别和追踪。
A. NFC　B. ZigBee　C. UWB　D. Li-Fi
6. 室内定位技术最大的挑战(　　)。
A. 数据隐私　B. 精度　C. 成本　D. 安全性
二、填空题
1. 室内定位技术通过使用________信号来确定用户在室内的位置。
2. RSSI 表示接收到的________指示强度,可用于室内定位。
3. UWB 的作用是通过________实现定位。
4. 室内定位技术中的 BLE 代表________。
5. TOA 代表接收到的________时间,可用于室内定位</td></tr>
<tr><td>(二) 实训内容要求</td></tr>
<tr><td>请调研常见的研学团队的人员、行程安排、工作人员配置等情况,分析常用室内定位技术的特点、应用案例,构想一款产品能满足研学团队的需求,然后选择一种合适的室内定位技术,以开发相应的定位产品</td></tr>
<tr><td>(三) 实训提交资料</td></tr>
<tr><td>撰写实训报告,体现调研情况、定位产品构思、定位技术选择及理由</td></tr>
</table>

任务考核

名称：________	姓名：________	日期： 20____年____月____日
项目要求	扣分标准	得　分
研学旅行调研(20分) 调研常见的研学团队的人员、行程安排、工作人员配置等情况	调研信息不全面(扣10分)	
定位产品构思(30分) 描述构想的定位产品的大致组成和功能	产品组成描述不清楚(扣10分) 产品功能描述不清楚(扣10分)	
定位技术选择及理由(50分) 分析常用室内定位技术的特点、应用案例，结合产品需求，选择一种合适的室内定位技术，并充分说明理由	未选择合适的室内定位技术(扣20分) 未结合产品需要和定位技术特点进行技术选择分析(扣30分)	
评价人	评　语	
学生：________		
教师：________		

思考题

1. 请简述卫星定位的基本原理。
2. 全球有哪些卫星导航定位系统？其各自的发展情况如何？
3. 请简要解释什么是室内定位技术及其主要应用领域。
4. 请简要说明 Wi－Fi 定位的原理及其局限性。
5. 请简要说明蓝牙定位的原理及其应用场景。

项目六

物联网应用支撑技术

项目引导

科技部国家科技创新2030——新一代人工智能重大项目"公路交通系统全息感知与数字孪生技术及应用示范"启动仪式暨蜀道·高德行业版App是由蜀道投资集团有限责任公司(简称蜀道集团)牵头,联合四川数字交通科技股份有限公司、交通运输部公路科学研究所、同济大学、东南大学等十家优势单位共同申报,由四川省属企业承担的首个国家科技部重大研究课题,结合"人工智能+公路交通"跨界合作联合攻关,攻克一系列"卡脖子"核心技术,实现对高速路交通系统的全息感知与数字孪生技术应用,推动我国全息感知与数字孪生技术达到国际领先水平。该项目预期建立6套模型系统及平台,制定不少于8项国家、行业等相关标准,在四川和北京等地开展超1 100 km高速公路网应用示范,填补全息感知与数字孪生相关技术体系研究和大区域规模化示范领域应用的空白,形成可复制可推广的产业生态新模式,促进新一代人工智能技术在交通行业率先实现产业落地,夯实"万亿级"智慧交通产业集群的科技基础,显著提升我国在世界智慧交通行业的话语权。部署的智慧灯杆如图6.1所示。

近年来,自动驾驶技术的发展引起了新一轮的智慧交通产业革命。不同于国外主导的单车智能,车路协同是在单车智能的基础上,融合了我国在云计算、大数据、人工智能等领域的优势,让车、路、云实现互联互通,全局协调所有交通要素,是更具中国特色的发展路径。

结合相关技术,蜀道集团打造了国内首条全线覆盖车路协同的智慧高速公路——成宜高速,由四川数字、高德等提供技术支持,通过软硬结合的云控平台和算法调优,实现全量、全天候、全程的精准感知,有力地支持了交通强国建设试点的推进。全线157 km完成智慧升级的成宜高速,可对异常停车、大雾天气等交通异常事件进行识别和智能决策,并通过在情报板、路侧雾灯等进行路况信息的精准发布,使交通事故数量同比下降60%,"零事故"天数从每周0.5天提升到1.8天。

同时也发布了蜀道·高德行业版App,如图6.2所示,它是全息感知与数字孪生技术体系的重要一环,是智慧的路服务"普通"的车的首次落地实践,是国内首个将智慧高速数据与车机导航融合的应用,也是国家新一代人工智能重大项目实践成果的初步展现。蜀道·高德行业版App的正式发布意味着,经过成宜高速充分验证的车路协同技

图 6.1　智慧灯杆(云台、毫米波雷达、高清摄像头)

术已具备规模化应用落地的条件,该技术未来将向全国公路推广复制。

图 6.2　蜀道 · 高德行业版 App

结合智慧高速的感知能力、北斗卫星的高精度定位信号、高德 SDK 高精导航核心能力,蜀道 · 高德行业版 App 可为通行车辆提供自身传感器无法实现的“宇宙视角”,提升超视距感知能力,实现 99%以上感知覆盖率,95%的事件识别准确率,97%以上的车辆轨迹连续性。

蜀道 · 高德行业版 App 可充分调用“路端智能”,把更清晰的路面状况投射到导航界面上。针对雨雪雾恶劣天气以及驾车视线受到遮挡的问题,普通用户通过手机即可享受到车路协同提供的超视距感知服务，实现全天候通行。

以上技术以交通网、通信网、能源网、运输网、服务网“五网”创新融合为基础，以产业链、生态链、服务链“三链”深度闭环为核心。通过智慧高速的建设服务群众，建设现代化强国，服务国家的交通强国建设。

四川省智慧高速自2016年建成以来，高速公路就发生了很大的变化。开始面向以智慧高速、大数据为核心的交通信息化建设，智慧高速围绕道路安全管理、公众出行服务、工程建设、营运管理、养护管理、内控管理等业务场景，建立以基础设施数字化为基础的智慧云控平台。以人工智能、云计算、边缘计算、5G等“智能＋”技术为核心，深化交通信息数据的共享和开发利用，结合车路协同、道路智能化、智慧物流、交旅融合、产业金融等业务场景，全面推动和实现“智慧建设、智慧感知、智慧传输、智慧管理、智慧服务”，构建满足人民群众对“美好生活向往”愿望的智慧交通建设营运服务体系。

现在我们的高速公路不再局限于全程封闭，到站收费，而是实时记录车辆进入高速公路后的全过程，在高速公路中实行ETC门架系统，车辆只要在高速公路行车就可完成全过程记录，通过大数据、云计算、数字孪生等技术手段可以将我们车辆的行驶轨迹进行复原。利用ETC门架系统可以实现分段计费，到站汇总收费。而这一系列的技术都和现代信息技术在交通领域的应用有着密不可分的关系。接下来我们就来认识一下物联网相关的应用支撑技术，以帮助我们深入理解物联网。

任务1 物联网中间件的功能认知

【任务目标】

【知识目标】

- 知道什么是物联网嵌入式操作系统；
- 知道什么是中间件及概念；
- 知道中间件常见产品种类。

【技能目标】

- 能够对常见的嵌入式操作系统进行安装和部署；
- 能够知道常见的中间件的安装及部署方法；
- 能够运用常见的中间件及相关功能。

【素质目标】

- 培养主动收集资料的习惯；
- 培养独立思考的习惯；
- 培养积极沟通的习惯；
- 培养团队合作的习惯。

【任务描述】

在交通物联网建设过程中有我们熟知的各类前端硬件设备，如：摄像头、毫米波雷达、云台、传感器、交通灯等。这些设备的数据经采集后需要经过一系列的传输链路最后安全、有效、稳定地传输到服务器端。那么在进行数据安全采集、安全传输、稳定储存方面，是如何将前端的信号数据传递到服务器，通过服务器的运算与分析，进行可视化呈现的呢？我们通过这个任务就可以认识它，它就是硬件与软件之间沟通的桥梁——物联网的中间件。

【知识储备　物联网应用软件】

一、物联网嵌入式操作系统

物联网是一个由感知层、网络层和应用层构成的大规模信息系统，物联网软件工作在应用层，完成对信息的分析处理和控制决策。只有通过应用软件的交互才可以实现智能化应用和服务，最终达到物与物、人与物之间的连接、识别和交互。物联网由各种智能终端、监控子系统、传输子系统等各种子系统连接起来，通过应用软件的集成将各个子系统集合在一个平台上。这样可以实现更加高效、安全、环保的业务服务。物联网软件（包括嵌入式软件）和中间件是构成物联网系统的核心部件，占据非常重要的地位，针对这样的情况，国家在2016—2020年间出台各种标准来确保物联网生态系统的健康发展。

物联网软件在不同的操作系统上有不同的特点，我们在实际应用中主要的操作系统有Windows操作系统、Linux操作系统、Unix操作系统、ISO操作系统等。一般用户使用的都是桌面操作系统如Windows操作系统、ISO操作系统。系统部署、应用系统上线等一般都会采用Linux操作系统，针对一些底层应用系统的开发与应用会使用Unix操作系统。除Linux作为物联网嵌入式系统以外，在各行各业如家电、工业自动化、即时控制、资料采集等领域，为满足不同物体的即时控制、快速回应等需求，微处理器大多搭载不同的嵌入式操作系统进行运作。如表6.1所列，是一些常见的国外的物联网嵌入式操作系统。

表6.1　物联网嵌入式操作系统

系　统	概　述
Tiny OS	TinyOS是一种开源的、BSD许可的操作系统，专为低功耗无线设备而设计，例如用于传感器网络、普适计算、个人局域网、智能建筑和智能电表的设备。来自学术界和工业界的全球社区使用、开发和支持操作系统及其相关工具，平均每年下载35 000次。——TinyDB
Contiki	Contiki是一款开源、高度便携、多任务操作系统，适用于内存高效的网络嵌入式系统和无线传感器网络。Contiki已被用于各种项目，如公路隧道火灾监测、入侵检测、野生动物监测和监控网络。Contiki专为具有少量内存的微控制器而设计。典型的Contiki配置是2 KB的RAM和40 KB的ROM

续表 6.1

系　统	概　述
Mantis	CU Boulder 的 MANTIS 集团开发了一个用 C 编写的开源多线程操作系统，用于无线传感器网络平台。MANTIS OS(MOS)的一些关键功能：(1)适用于 Linux 和 Windows 开发环境的开发人员友好型 C API；(2)自动抢占时间片，用于快速原型设计；(3)多种平台支持，包括 MICA2，MICAz 和 TELOS 微尘；(4)用于传感器节点的占空比休眠的节能调度器；(5)占地面积小(RAM 少于 500 B，闪存 14 KB)
Nano－RK	Nano－RK 是 Carnegie Mellon 大学开发的完全抢先预留的实时操作系统(RTOS)，具有多跳网络支持，可用于无线传感器网络。Nano－RK 目前运行在 FireFly 传感器网络平台以及 MicaZ 微尘上。它包括一个轻量级嵌入式资源内核(RK)，具有丰富的功能和时序支持，使用少于 2 KB 的 RAM 和 18 KB 的 ROM。Nano－RK 支持固定优先级抢占式多任务处理，以确保满足任务期限，同时支持 CPU、网络以及传感器和执行器预留。任务可以指定其资源需求，操作系统提供对 CPU 周期和网络数据包的及时、有保证和受控的访问。这些资源共同形成虚拟能源预留，允许操作系统实施系统和任务级别的能源预算
LiteOS	LiteOS 是一个开源、交互式、类 UNIX 操作系统，专为无线传感器网络而设计。使用 LiteOS 附带的工具，可以以类似 Unix 的方式操作一个或多个无线传感器网络，传输数据，安装程序，检索结果或配置传感器。还可以为节点开发程序，并将此类程序无线分发到传感器节点
FreeRTOS	FreeRTOS 是嵌入式设备的实时操作系统，作为一个轻量级的操作系统，功能包括：任务管理、时间管理、信号量、消息队列、内存管理、记录功能、软件定时器、协程等，可基本满足较小系统的需要，可以移植到多个微控制器上。它在 GPL 下分发，但有一个可选的例外
QNX	QNX 公司出品的一种商用的、遵从 POSIX 标准规范的类 UNIX 实时操作系统。QNX 是最成功的微内核操作系统之一，在汽车领域得到了极为广泛的应用，如保时捷跑车的音乐和媒体控制系统、美国陆军无人驾驶 Crusher 坦克的控制系统，还有 RIM 公司的 blackberry playbook 平板电脑。其具有独一无二的微内核实时平台，实时、稳定、可靠、运行速度极快

随着国内物联网技术的快速发展和应用，国内逐渐推出了各类物联网嵌入式操作系统，这些操作系统以安全、可靠、开源等优势被广泛应用到各个领域中。表 6.2 所列为国内常见的嵌入式操作系统。

表 6.2　国内常见的嵌入式操作系统

系　统	概　述
秦简－DJYOS	都江堰操作系统是由深圳市秦简计算机系统有限公司开发的、国内原创的开源嵌入式操作系统，从 2004 年开始，已经发展 15 年。 DJYOS 不仅内核是原创的，且是国内唯一同时拥有原创“IO 系统、网络协议栈、文件系统、图形系统”的国产操作系统。特别是拥有原创的网络协议栈(国内唯一)，给 DJYOS 在物联网领域的应用带来独特的优势，DJYOS 安全可靠、性能优异，而被广泛应用于物联网、工业自动化、电力系统、新能源、工业可控制网络、机器人、无人机、智慧城市等相关领域

续表 6.2

系　统	概　述
华为-HarmonyOS	HarmonyOS 系统主要是基于微内核的全场景分布式 OS，可以按照需要进行扩展，由此来实现更为广泛的系统安全，主要用于物联网，它的主要特点是很低的时延。HarmonyOS 是一款面向未来、面向全场景(适应移动办公、运动健康、社交通信、媒体娱乐等设备)的分布式操作系统。在传统的单设备系统能力的基础上，HarmonyOS 提出了基于同一套系统能力、适配多种终端形态的分布式理念，能够支持多种终端设备。 其主要有分布式软总线、分布式设备虚拟化、分布式数据管理、分布式任务调度、一次开发多端部署、统一操作系统弹性部署的特点。现在华为的操作系统被广泛应用于智能终端设备如手机、电视、计算机、车载等
阿里-AliOS Things	AliOS Things 是面向 IoT 领域的轻量级物联网嵌入式操作系统。致力于搭建云端一体化 IoT 基础设备，具备极致性能，如极简开发、云端一体、丰富组件、安全防护等关键能力，并支持终端设备连接到阿里云 Link，可广泛应用在智能家居、智慧城市、新出行等领域
翼辉-SylixOS	SylixOS 自主实时操作系统，2006 年开始研发，经过多年的持续开发与改进，SylixOS 自主实时操作系统已经成为一个功能全面，稳定可靠，易于开发的实时系统平台。该实时操作系统为客户提供专业的硬软件综合解决方案，保障客户产品实时可靠，信息安全，缩短客户产品开发周期，降低客户产品开发成本，并提高客户产品自主化率。翼辉信息的解决方案覆盖网络设备、国防安全、工业自动化、轨道交通、电力、医疗、航空航天、汽车电子等诸多领域
科银京成-DeltaOS(道系统)	“道系统”操作系统通用版(DeltaOS)是一款面向各领域的嵌入式实时操作系统，支持单核及多核 CPU 硬件配置，可替换相关领域的 VxWorks 6.8/6.9 操作系统。是国防装备领域中，对实时性有一定要求的嵌入式计算机系统，可应用于装备电子应用领域的指控、火控、雷达、水声、光电、通信等系统，还可用于对应系统研制中的试验仿真系统
中航计算所-AcoreOS(天脉)	天脉是中航工业计算所拥有的国产嵌入式操作系统。天脉系列国产操作系统具有自主知识产权，具有高实时性、高安全性、高可靠性的特点，可应用于国防装备、轨道交通、工业控制等多个领域，为关键系统的信息安全和自主可控提供坚实的后盾。 天脉系列产品分为天脉 1 和天脉 2： 天脉 1 操作系统为基本平板管理模式，响应能力强，结构简洁，高效，在单个应用的电子设备中应用广泛。 天脉 2 具有新一代综合化模块化航空电子系统(IMA)特征，是满足 ARINC 653 标准的“时间”“空间”健壮分区保护的操作系统产品。这种产品除了实现基本任务调度、设备管理等功能外，还实现时间分区管理、空间分区管理、健康监控、分区间通信等功能。除 ARINC 653 标准之外，天脉 2 实现蓝图配置、容错、重构中系统管理等中 ASSAC 所定义的策略，满足 IMA 分布式系统管理框架的需要

续表 6.2

系　统	概　述
致远电子-AworksOSsOS	AWorksOS是ZLG历时12年开发的工业智能物联开发平台，将MCU和OS的共性高度抽象为统一接口，支持平台组件“可插拔，可替换，可配置”，与硬件无关、与操作系统种类无关的方式设计，用户只需修改相应的头文件，即可实现“一次编程，终生使用，跨平台”

二、物联网中间件

物理网技术在交通、工业、家居、教育等各个行业迅速发展壮大，物联网技术包含了RFID技术、M2M技术、传感器网络技术、多媒体技术、生物识别技术、3S技术和条码技术等感知技术，它们都属于物联网技术体系的重要组成部分。这些技术在不同行业领域的物联网系统中应用。同时物联网也会伴随着很多的应用程序，包含了硬件系统平台和系统软件。如果直接将硬件和软件系统进行集成，并在网络上实现互联互通，就会存在非常多的困难。为了解决这个问题，提出了中间件的概念。中间件就是介于前段感知设备的硬件模块与后端应用程序软件之间的重要环节，是物联网运行的中间枢纽。

中间件不仅给应用系统带来了开发简单、开发周期短的优势，而且减少了系统维护、运行和管理的工作量，以及相关设备的成本投入。

1. 中间件的概念

在使用中间件时，往往是一组中间件集成在一起，构成一个平台(包括开发平台和运行平台)，但在这组中间件中必须要有一个通信中间件，即中间件＝平台＋通信。中间件是位于平台(硬件和操作系统)和应用之间的通用服务，这些服务具有标准的程序接口和协议，如图6.3所示。物联网中间件起到一个桥梁的作用，可以解决不同系统之间的通信、安全、事务的性能、传输的可靠性、语义解析、数据应用等问题。中间件解决底层操作系统的复杂性，开发者可以集中解决自己的业务，而不用过多考虑程序在不同系统软件上的移植，减轻开发者的开发负担。

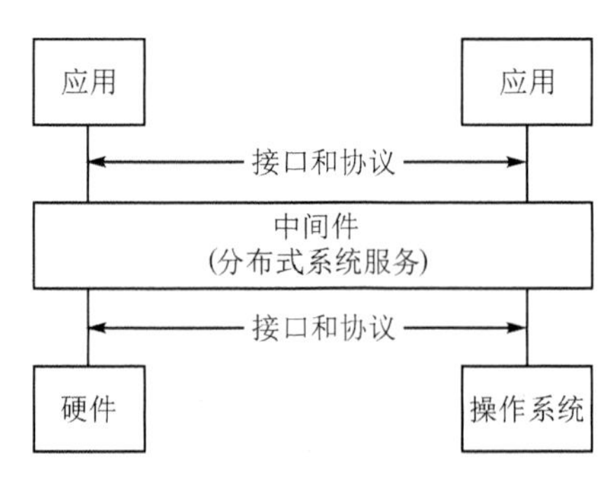

图6.3　中间件概念

简单地说中间件是介于应用系统和系统软件之间、一种独立的系统软件或服务程序，分布式应用系统借助这种软件，可实现在不同的应用系统之间共享资源。物联网中间件可以在多个领域应用，使用范围广，也存在不同的研究方向。

2. 中间件的系统框架

中间件采用分布式架构，利用高效可靠的消息传递机制进行数据交流，并基于数据通信进行分布式系统的集成，中间件支持多种通信协议、语言、应用程序、硬件和软件平台。中间件包括读写器接口（Reader Interface）、处理模块（Processing Module）、应用接口（Application Interface）3 个部分。

3. 中间件处理模块

中间件处理模块的主要作用是负责数据接收、数据处理和数据转换，同时还具有对读写器的工作状态进行监控、注册、删除、群组等功能，是 RFID 中间件的核心模块。RFID 中间件处理模块由 RFID 事件过滤系统、实时内存事件数据库和任务管理系统三部分组成。

（1）事件过滤系统

事件过滤系统内容包括：

1）事件过滤的方式；

2）事件记录的方式；

3）事件过滤的作用；

4）事件过滤的功能。

（2）实时内存事件数据库

实时内存事件数据库（Real-time In-memory Event Database，RIED）是一个用来保存 RFID 边缘中间件的内存数据库。RFID 边缘中间件保存和组织读写器发送的事件。

（3）任务管理系统

任务管理系统（Task Management System，TMS）负责管理由上级中间件或企业应用程序发送到本级中间件的任务。

4. 中间件标准

中间件技术主要有 COM、CORBA、J2EE 三个标准。目前技术比较成熟的 RFID 中间件主要是国外的产品，供应商大多数仍是传统的 J2EE 中间件的供应商。目前国内公司也已涉足中间件这一领域，并已开发出拥有自主知识产权的中间件产品，同时还与国际厂商开展了积极的合作。

5. 中间件种类产品

不同厂商物联网涉及的业务不同，也存在不同的中间件类别。常见的中间件类别有：数据库中间件（DM）、远程过程调用中间件（RPC）、面向消息中间件（MOM）、基于对象请求代理中间件（ORB）、事务处理中间件（TPM）。数据库中间件是应用最为广泛的一种中间件，比如我们常见的 ODBC，它是一种基于数据库的中间件标准，允许应用程序和本地（或者异地）的数据库进行通信，并提供一系列的应用程序接口 API，通过 API 数据可访问数据源。远程过程调试中间件可以远程调用程序运行，可以将程序的控制传递到远程服务器中，也可以将程序运行的结果反馈到本地。面向消息中间件能够在客户和服务器之间提供同步和异步的连接，并且在任何时刻都可以将消息进行传送或者存储转发，这也是它相比于远程过程调用的优势。对象请求代理是近年来才发展起来的一项新技术，它可以看作是和编程语言无关的面向对象的 RPC 应用，被视为从面向对象过渡到分布式计算的强大推动力量。从管理和封装的模式上看，对象请求代理和远过程调用有些类似，不过对象请求代理可以包含比远过程调用和消息中间件更复杂的信息，并且可以适用于非结构化的或者非关系型的数据。事务处理中间件是一种复杂的中间件产品，是针对复杂环境下分布式应用的速度和可靠性要求而实现的。它给程序员提供了一个事务处理的 API，程序员可以使用这个程序接口编写高速且可靠的分布式应用程序——基于事务处理的应用程序。

【任务实施与评价】

任务单 1　物联网中间件的功能认知	
任务实训	(一) 知识测试
	一、单项选择题 1. 以下操作系统中属于纯桌面版操作系统的是(　　)。 A. Ubuntu　　B. Linux　　C. Windows　　D. Unix 2. 在中小型企业中进行数据存储时经常使用的数据库管理系统是(　　)。 A. Oracle　　B. MySQL　　C. Access　　D. DB2 二、填空题 1. 中间件包括________________、________________、________________ 3 个部分。 2. 物联网数据源产生到呈现会经过哪几个层________、________、________、________。 3. 什么是中间件：____ 三、判断题 1. 在物联网中我们经常会用嵌入式开发的方式对相关程序编写和写入，常使用的操作系统是 Linux 操作系统。(　　) 2. 中间件就是介于硬件设备及操作系统和应用程序之间的服务程序。(　　) 3. 中间件的主要技术标准有 COM、CORBA、J2EE 三个标准。(　　)
	(二) 实训内容要求
	物联网在交通领域的应用已经非常广泛了，比如态势感知、数据监控、ETC 等都会涉及物联网的使用。中间件作为物联网应用中的重要软件组成部分，是硬件设备和业务系统建立连接的重要桥梁。它主要功能包括屏蔽异构、实现互操作、信息预处理等。 在物理网底层进行数据采集的硬件设备非常多，比如：RFID、摄像机、传感器等，这些设备有不同数据采集格式，中间件将这些不同的数据格式进行处理，实现各个应用平台之间互相操作。 根据目前高速公路、省际公路等公路系统管理进行的研究和分析，进行交通物联网中间件调研，撰写一份调研报告，报告内容应该包含整套系统所需要的硬件设备、中间件、数据库类型、应用平台架构及功能
	(三) 实训提交资料
	一份调研报告含：硬件 TOP 图结构、中间件工作原理分析、功能分析、改造与创新

<table>
<tr><td rowspan="8">任务考核</td><td>名称：
____________</td><td>姓名：
____________</td><td>日期：
20____年____月____日</td></tr>
<tr><td>项目要求</td><td>扣分标准</td><td>得　分</td></tr>
<tr><td>调研报告一份(80分)</td><td>缺少调研实地图片(扣10分)；
缺少硬件TOP结构图1份(扣15分)；
缺少功能流程图1份(扣15分)；
缺少拓展与创新(扣15分)；
缺少工作原理分析(扣15分)；</td><td></td></tr>
<tr><td>团队协作(20分)</td><td>缺少职责人员分工(扣10分)；
缺少人员完成情况及证明材料(扣10分)</td><td></td></tr>
<tr><td>评价人</td><td colspan="2">评　语</td></tr>
<tr><td>学生：____________</td><td colspan="2"></td></tr>
<tr><td>教师：____________</td><td colspan="2"></td></tr>
</table>

任务2　杭州“城市大脑”应用分析

【任务目标】

【知识目标】

- 知道什么是数据库管理系统；
- 知道什么是数据挖掘；
- 知道什么是大数据；
- 知道大数据采用了什么样的技术；
- 知道什么是云计算；
- 知道云计算的主要风险点是什么；
- 知道物联网技术应用面对的安全威胁；
- 知道物联网关键安全技术的应用。

【技能目标】

- 能够独立安装数据库管理软件；
- 能够掌握 Hadoop 和 HBase 的基本框架及使用；
- 能够完成对基础大数据平台的运维搭建与维护；

- 能够掌握常见的云计算技术的分类；
- 能够使用物理层安全技术对物联网设备、传输、数据进行安全防护。

【素质目标】

- 培养主动收集资料的习惯；
- 培养动手实践的能力；
- 培养独立思考的习惯；
- 培养积极沟通的习惯；
- 培养团队合作的习惯。

【任务描述】

在交通物联网建设过程中，前端设备将采集到的大量数据传递到数据中心，在数据中心中需要专业的服务器配套专业的数据库管理软件对数据进行存取。在交通强国建设过程中，如何利用好交通大数据分析，将大量的数据快速地存取，是目前大数据在交通领域应用的一个重要方面。对交通大数据的数据挖掘、数据分析、数据可视化，将有助于交通行业的数字化、信息化、现代化的快速发展。通过本次任务的学习，我们可以了解到目前交通数据的产生、传输、存取、数据挖掘的过程等。除此之外，在交通数据中心需要大量的专用服务器，该部分硬件设备的采买、维护、保养等都会产生很大的成本，且硬件设备的安全性、灵活性、稳定性都存在一定的风险。如何利用这些硬件设备进行统一的资源分配，将硬件资源通过应用层软件对其进行动态的分配与管理，这就是我们云计算技术的应用。通过云计算可以解决硬件设备存在的相关风险问题，从而提升交通管理系统数据传输的安全性、数据库存取的灵活性、系统运行的稳定性。云计算应用最大的问题就是数据的安全性，针对安全我们要了解物联网中常见的安全威胁及相关技术。本任务通过对常见的云计算技术和物联网安全知识的学习，可了解物联网云计算的应用和物联网安全技术。

【知识储备 1　物联网数据处理概述】

2.1.1　物联网数据

1. 物联网数据的产生

随着物联网技术的快速发展，物理网技术相对于传统的 PC、网络设备等接入网络的设备要复杂得多。物联网通过设备将各种物体通过传感器技术实现实时信息采集，并将这些信息通过网络连接技术传到服务器端，由服务器端对所有的物联网设备进行统一管理和控制，实现了万物互联。物联网终端设备形式各异，有家用智能家居设备、工业智能传感器设备、交通智能监控和智能控制设备等。这些物联网设备接入网络以后将会汇聚越来越多的数据，这些海量数据将构成物联网大数据的重要数据源，如图 6.4 所示。

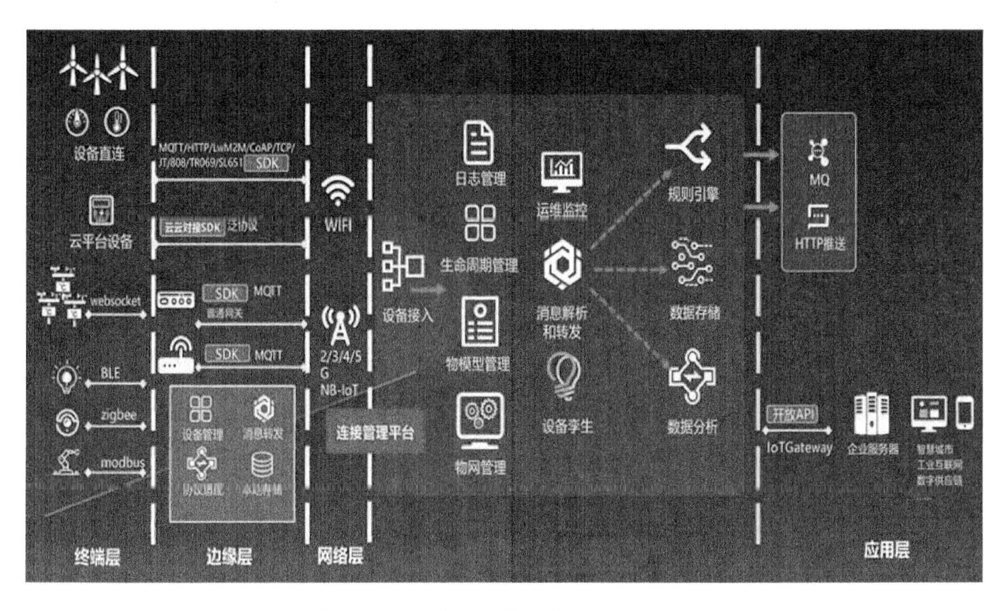

图 6.4　物联网数据源产生“城市大脑”

2. 物联网数据特征分类

物理网数据的特征按照传输方式，通常可以分为四类：连续性流量数据、周期性流量数据、事件触发性流量数据和请求响应性流量数据。这四类的特征如表 6.3 所列。连续性流量数据是指数据可以像流媒体数据一样以连续的方式传输，例如视频监控、流量监控等，相关服务是在一段连续的时间内产生的连续数据。周期性流量数据是指物联网设备在每个固定的时间段发送数据，例如温度传感器在每个时间段将记录一条数据，这些数据会通过传输技术将数据传输到边缘计算单元或其他数据存储设备中。事件触发性流量数据是指根据传感器的特性，受环境等的变化的影响会导致传感器状态发生变化，就会更新传感器的数据，例如红外报警装置、智能体重秤等，当外界环境有变化时就会更新数据值。请求响应性流量是指用户直接发送请求以获得传感器的当前值，例如智能扫地机器人、智能灯等。

表 6.3　物联网流量数据源的特征

流量数据	定　义	例　子	服务要求	特　征	分　类
连续性流量	数据持续性产生	视频监控	准确性低，优先级低	时间关联性强，短周期性	周期性数据
周期性流量	数据周期性产生	温度传感器	准确性低，优先级低	时间关联性强，周期性	

续表 6.3

流量数据	定　义	例　子	服务要求	特　征	分　类
事件触发性流量	事件触发数据产生	紧急报警	准确性高，优先级高	时间关联性弱	事件触发性数据
请求响应性流量	用户行为触发数据产生	移动支付	准确性高，优先级低	时间关联性弱	

连续性流量数据和周期性流量数据的产生与时间有关，服务对准确性和优先级要求低。事件触发性流量数据和请求响应性流量数据的产生与事件的发生或用户行为有关，服务对准确性要求比较高，两者对优先级的要求，前者要求高而后者则不做要求。此外，连续性流量数据具有短周期性，可以视为周期很短的周期性数据，而请求响应性流量数据可以视为以用户的请求为事件驱动的事件触发性数据。因此，物联网数据分类也可以分为周期性数据和事件触发性数据。在物联网中，根据这两类数据特征状态可以采用不同的数据存储方案，使节点能够根据数据的特征调用不同的决策进行数据存储。

2.1.2　数据库管理系统

一、数据库管理系统概述

数据库管理系统（Database Management System）是管理数据库的大型软件，是数据库系统的核心组成部分，可用于建立、查询和维护数据库，简称 DBMS。它是企业进行数据管理及维护不可或缺的数据管理软件。DBMS 主要的功能可以总结为 8 点，如图 6.5 所示。数据定义包括模式的定义、表定义、视图定义和索引的定义。数据操作包含了数据的导入、存储、数据处理等。数据库运行管理是指在多用户环境下的事务管理和安全性、安全性检查和存取控制、完整性检查和命令执行、运行日志的组织管理等。数据组织存储与管理提供用户对数据的操作功能，实现对数据库数据的检索、插入、修改和删除。数据库保护包含用户的管理、存取权限控制、定义业务视图屏蔽部分用户、事件业务审计、数据加密等。数据库维护包含数据库的备份和恢复，数据库的重组织和重构造，以及性能检测分析。DBMS 工作原理如图 6.6 所示。

DBMS＋操作系统＋应用程序＋硬件等协同工作就形成了数据库系统，共同完成数据的各种存取操作，其中 DBMS 是最为关键的一环。用户对数据库的一切操作，都要通过 DBMS 完成。

DBMS 对数据的存取可以分为以下几个步骤：

① 用户使用数据库语言向 DBMS 发出数据存取命令请求；

② DBMS 接受命令请求并将该命令请求转换成机器代码指令；

③ DBMS 依次检查外模式、外模式映像、内模式、内模式映像及存储结构定义；

④ DBMS 对存储数据库执行必要的存取操作；

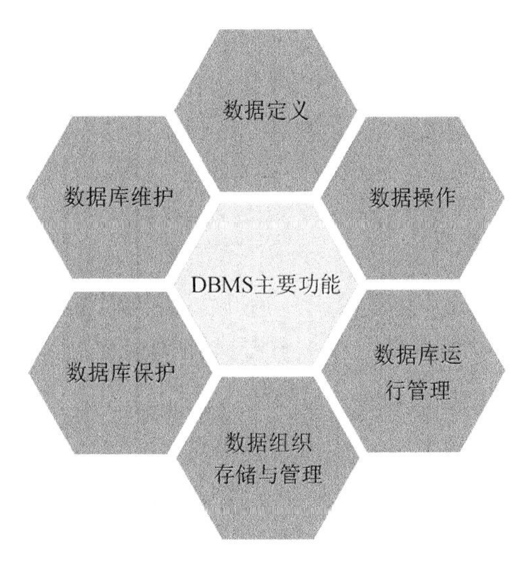

图 6.5 DBMS 主要功能

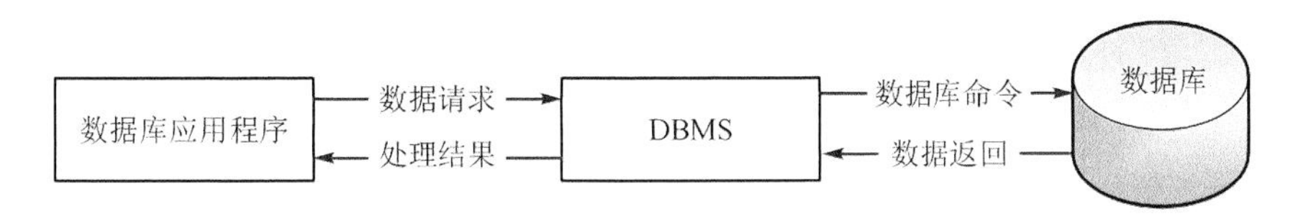

图 6.6 DBMS 工作原理

⑤ 从对数据库的存取操作中接受结果；

⑥ 对得到的结果进行必要的处理，如格式转换等；

⑦ 最终将处理的结果返回给用户。

上述存取过程中还包括安全性控制、完整性控制，以确保数据的正确性、有效性和一致性。

二、常见的数据库管理系统

1. Oracle 数据库 ORACLE

Oracle Database，又名 Oracle RDBMS，简称 Oracle 数据库。Oracle 数据库系统是美国 Oracle 公司(甲骨文)提供的以分布式数据库为核心的一系列软件产品，是目前世界上使用最为广泛的数据库管理系统，具备完整的数据管理功能，真正实现了分布式处理功能。

Oracle 数据库最新的长期版本为 Oracle Database 19c，截至目前又推出 Oracle Database 12c 最新的创新版本。Oracle 数据库 12c 引入了一个新的多承租方架构，使用该架构可轻松部署和管理数据库云，一些新特性可以提高资源使用率和灵活性，随着技术的进步，数据库的可用性、安全性和大数据支持方面更强，使得 Oracle 数据库 12c 成为私有云和公有云部署的理想数据库管理系统。

2. MySQL 数据库 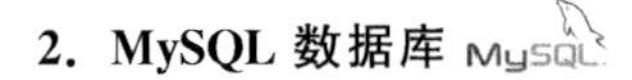

MySQL 是一款安全、跨平台、高效，并与 PHP、Java 等主流编程语言紧密结合的数据库系统。该数据库系统是由瑞典的 MySQL AB 公司开发、发布并支持，由 MySQL 的初始开发人员 David Axmark 和 Michael Monty Widenius 于 1995 年建立的。MySQL 的象征符号是一只名为 Sakila 的海豚，其 LOGO 表示 MySQL 数据库的速度、能力、精确和优秀本质。

MySQL 数据库目前被广泛应用于一些中小型网站服务，由于它的体积小，速度快，成本低，安装便利等特点，很多企业单位都采用该套数据库进行数据存储。

3. Microsoft SQL Server 数据库

SQL Server 是微软公司推出的关系型数据库管理系统。具有使用方便，可伸缩性好，以及相关软件集成度高等优点，可跨越从运行 Microsoft Windows 98 的膝上型计算机到运行 Microsoft Windows 2019 的大型多处理器的服务器等多种平台使用。

Microsoft SQL Server 是一个全面的数据库平台，使用集成的商业智能（BI）工具提供了企业级的数据管理。Microsoft SQL Server 数据库引擎为关系型数据和结构化数据提供了更安全可靠的存储功能，可以构建和管理用于业务的高可用和高性能的数据应用程序。

4. DB2 数据库

DB2 或 IBM Database 2 用于数据库管理系统（或 DBMS），是 IBM 公司的产品，是一种关系型数据库，主要应用于大型应用系统，具有较好的可伸缩性。它是在 1983 年 DB2 为被应用到 MVS 大型机平台上特定开发的，1990 年，它被开发为通用数据库（UDB）DB2 服务器。DB2 提供了高层次的数据利用性、完整性、安全性 、并行性、可恢复性，以及小规模到大规模应用程序的执行能力，具有与平台无关的基本功能和 SQL 命令运行环境，可以在任何权威的操作系统上运行，例如常见的 Linux、Unix、Windows 和 IOS 等操作系统。

DB2 性能较好，适用于数据仓库和在线事物处理。DB2 具超大型数据库，数据仓库和数据挖掘功能较强，特别是在集群技术的使用中，可使 DB2 的可扩展性能发挥最大效能。

5. Informix 数据库

IBM Informix 数据库专门为快速且灵活的应用而设计，能够无缝集成 SQL、NoSQL/JSON，以及时间序列和空间数据。Informix 的多功能性和易用性使它成为各种环境（从企业数据仓库到单个应用程序开发）的首选解决方案。此外，由于其占用面积小且具有自我管理功能，因此 Informix 非常适用于嵌入式数据管理解决方案。

Informix 可以帮助处理事务性工作负载，并进行实时分析，Informix 还包含高可用性数据复制（HADR）、远程辅助备用数据库服务器和共享磁盘辅助服务器；灵活的网格功能支持在不中断运行的情况下进行卷动升级；还提供了“智能触发器”的功能，能够自动管理常规数据处理事件，所以可以使用户专心处理核心任务；使用静默安装且内

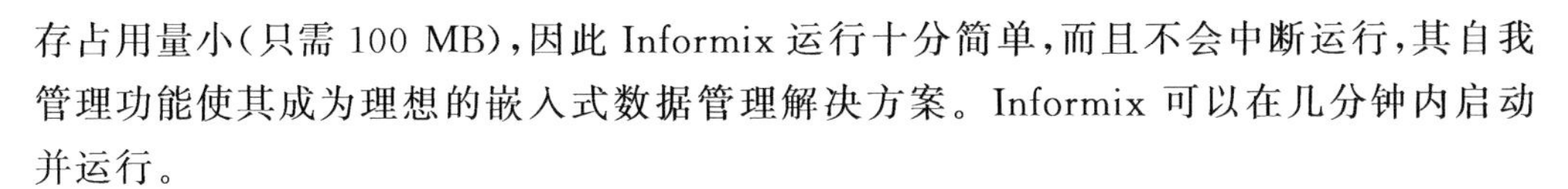

存占用量小(只需 100 MB),因此 Informix 运行十分简单,而且不会中断运行,其自我管理功能使其成为理想的嵌入式数据管理解决方案。Informix 可以在几分钟内启动并运行。

6. Microsoft Office Access 数据库

Microsoft Office Access 是由微软发布的关系数据库管理系统,结合了 Microsoft Jet Database Engine 和图形用户界面的特点,是一种关系数据库工具。其在 Access 和使用 Access 连接器库的业务线应用之间集成数据,以便在熟悉的 Access 界面中生成集成可视化项和见解;在 SQL Server 和 Microsoft Azure SQL 中轻松存储数据,以实现更高的可靠性、可伸缩性、安全性和长期的可管理性。其在一些小型企业、桌面开发、程序编程爱好者中被广泛使用。

2.1.3　数据挖掘

数据挖掘是使用算法搜索大量数据中数据之间的特殊关联性的信息探索过程。数据挖掘技术可以从大量的、不完整的、模糊的、随机的各类数据中,提取出有价值的数据信息。而数据挖掘的核心是算法,根据算法建立数据处理模型我们称为算法模型。算法模型对数据预处理训练以后,就可以得到数据模型。数据模型主要由数据结构、数据操作和数据的完整性组成。数据模型可以理解为是对现实世界数据特征的抽象,它是数据库系统建立的核心和基础。

数据挖掘可以进行挖掘的数据类型有关系型数据库、数据仓库、空间数据库、时间序列数据库、文本数据库和多媒体数据库。关系型数据库是表的集合,每个表格都有唯一的标识符。每个表格中包含了行和列,一般我们是通过字段进行列设置,行一般由数据主键序号进行设置,通过行列可以确定数据对象。数据仓库是通过数据清洗、数据变换、数据集成、数据载入和定期的数据同步。空间数据库相对普通数据库添加了额外的数据类型,用于表达地理特征,空间数据类型增加了额外的边界、维度等空间结构。时间序列数据库主要用于处理带时间标签(按照时间的顺序变化,即时间序列化)的数据,带时间标签的数据也称为时间序列数据。文本数据库是一种最常用、最简单的数据库,任何文件都可以转换成为文本数据库(如:PHP、HTML、Word、Excel 等)。多媒体数据库是数据库技术和多媒体技术结合的产物。多媒体数据库不是对现有的数据进行界面上的包装,而是从多媒体数据的特性出发,将这些特殊多媒体字符类型引入到数据库中进行存储。如果要根据目标数据得到我们想要的可视化数据即表示数据,则需要经过数据挖掘的 7 个技术过程,包含数据清理、数据集成、数据选择、数据变换、数据挖掘、模式评估、知识表示,具体如图 6.7 所示。

数据挖掘需要具备如统计学、机器学习、模式识别、数据库和数据仓库、信息检索、可视化、算法、高性能计算和许多应用领域的大量知识和技术。针对物联网基础数据来说,我们只需要掌握基本的数据挖掘技术过程即可,如果从事数据挖掘技术专业工作,则可以进行深入研究和学习。

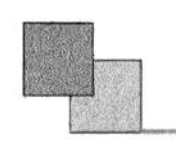

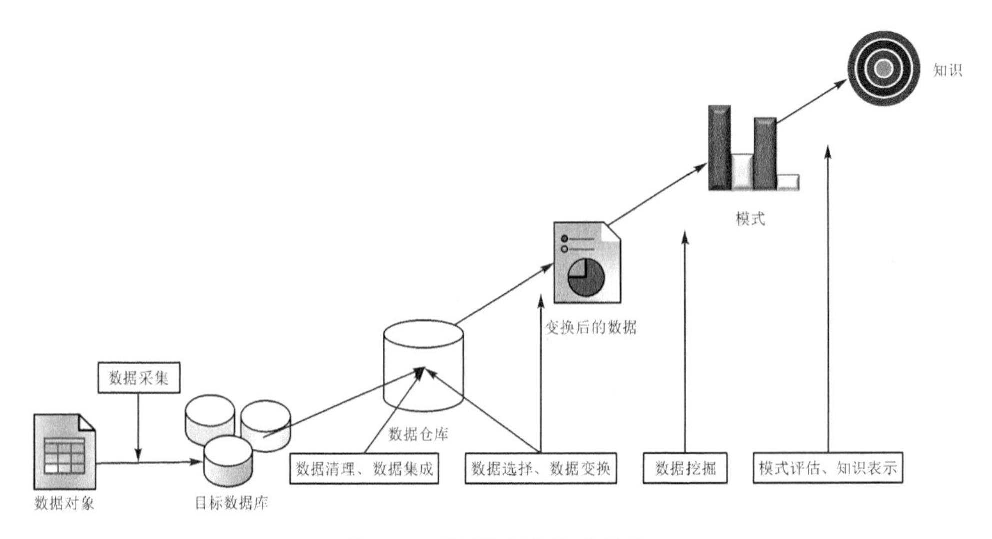

图 6.7 数据挖掘的技术过程

【知识储备 2 物联网与大数据】

物联网简称 IoT(Internet of Thing),在万物互联的时代,所有的物联网设备包括传感器、摄像机、RFID 射频技术、智能家居设备等都需要产生大量的数据。根据物联网的概念,物联网就是通过一些采集器去采集各种传感器的实时监控信息,通过网络接入技术连接物体与智能控制终端,以及人与物之间,即可实现通过智能感知对物和人进行识别与管理。物联网设备的接入会产生庞大的数据量(BIG DATA),以小米的智能家具为例,图 6.8 所示为小米智能家居生态链解决方案。截至 2020 年 6 月 30 日,小米物联网平台上的已连接物联网设备(不包括智能手机和笔记本电脑)数量达到约 2.71 亿台。这些设备的应用会产生大量的数据,而这些数据是物联网全面应用和发展的重要基础,可以说大数据是物联网应用的血液。

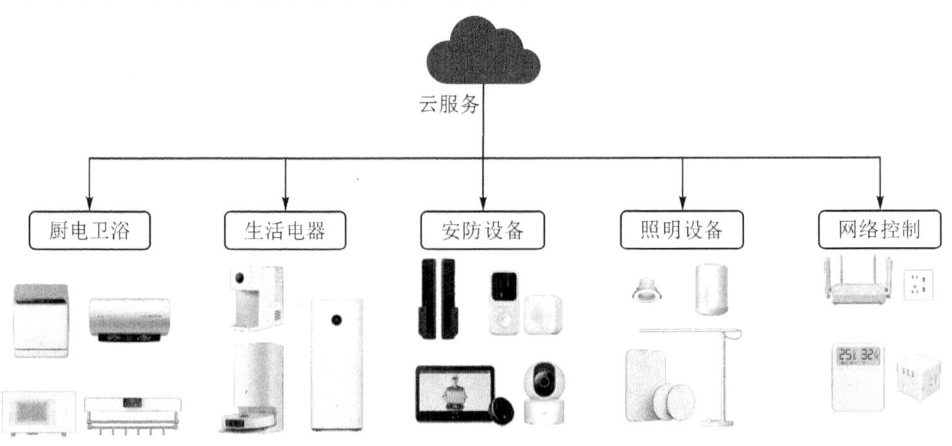

图 6.8 小米家居物联网生态

除了智能家居设备外，还有工业物联网、交通物联网、医疗物联网等，庞大的数据使物联网公司面临巨大的挑战。这些海量的数据经过数据处理、数据分析，就可以得到我们有用的信息，这就是数据的应用。但是海量的数据不等同于大数据，海量数据包括了结构性数据和半结构性数据，而大数据还包含了非结构性数据，如图 6.9 所示。

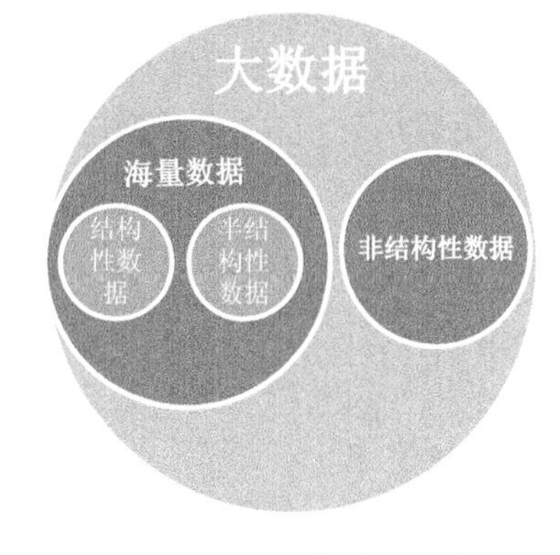

图 6.9　大数据和海量数据的关系

2.2.1　大数据技术

一、大数据的概念

根据国家标准《GB/T 35295—2017 信息技术 大数据 术语》中对大数据的定义：大数据是指具有体量巨大、来源多样、生成极快且多变等特征并且难以用传统数据体系结构有效处理的包含大量数据集的数据。根据这个定义，我们可以归结四个特征即“体量大、数据源多、数量生成快、数据变化大”，这也是我们对大数据常说的 4V 特性：Volume（体量）、Velocity（速度）、Variety（多样性）、Variability（多变性）。

体量代表构成大数据的数据集规模，其在逐步扩大，每天都以数亿兆字节的数据量在增长且还在不断急剧增长中，目前的存储从以往的 TB 扩展到 NB。多样性是指数据的结构类型繁多，其中结构性和半结构性的数据占整个大数据的 10%～20%，非结构性的数据占 80%～90%。速度是指单位时间的数据流量，从数据的生成到消耗，时间窗口非常小，可用于生成决策的时间非常少。多变性是指大数据的体量、速度和多样性特征都处于多变状态且非常复杂。

二、大数据的发展

谷歌在 2004 年前后相继发布《谷歌分布式文件系统 GFS》《大数据分布式计算框架 Mapreduce》《大数据 Nosql 数据库 BigTable》。这三篇论文奠定了大数据技术的基石，开启了大数据时代。2005 年 2 月，MikeCafarella 在 Nutch 中实现了 MapReduce 的最初版本，2006 年 Hadoop 从 Nutch 中分离出来并启动独立项目。Hadoop 的开源推动了后来大数据产业的快速发展，带来了一场深刻的技术革命。此时 Facebook 贡献 Hive、sql 语法，为数据分析、数据挖掘技术提供了巨大帮助。2008 年第一个运营 Hadoop 的商业化公司 Cloudera 成立。2009 年 Spark 诞生，Spark 在内存内运行程序的运算速度能做到比 Hadoop MapReduce 的运算速度快 100 倍，并且其运行方式适合机器学习任务。在 2014 年 Spark 逐步替代了 MapReduce。在大数据存储和处理技术的快速发展的同时涌现出了一批新兴产业，如：AI 技术、数据分析等。

三、大数据技术架构

大数据技术是一系列技术的总称，它集合了数据采集与传输、数据存储、数据处理与分析、数据挖掘、数据可视化等技术，是一个庞大而复杂的技术体系。根据大数据从数据源到数据应用，可以将大数据技术架构分为：数据采集层、数据存储层、数据处理层、数据处理与建模层、大数据应用层，如图 6.10 所示。

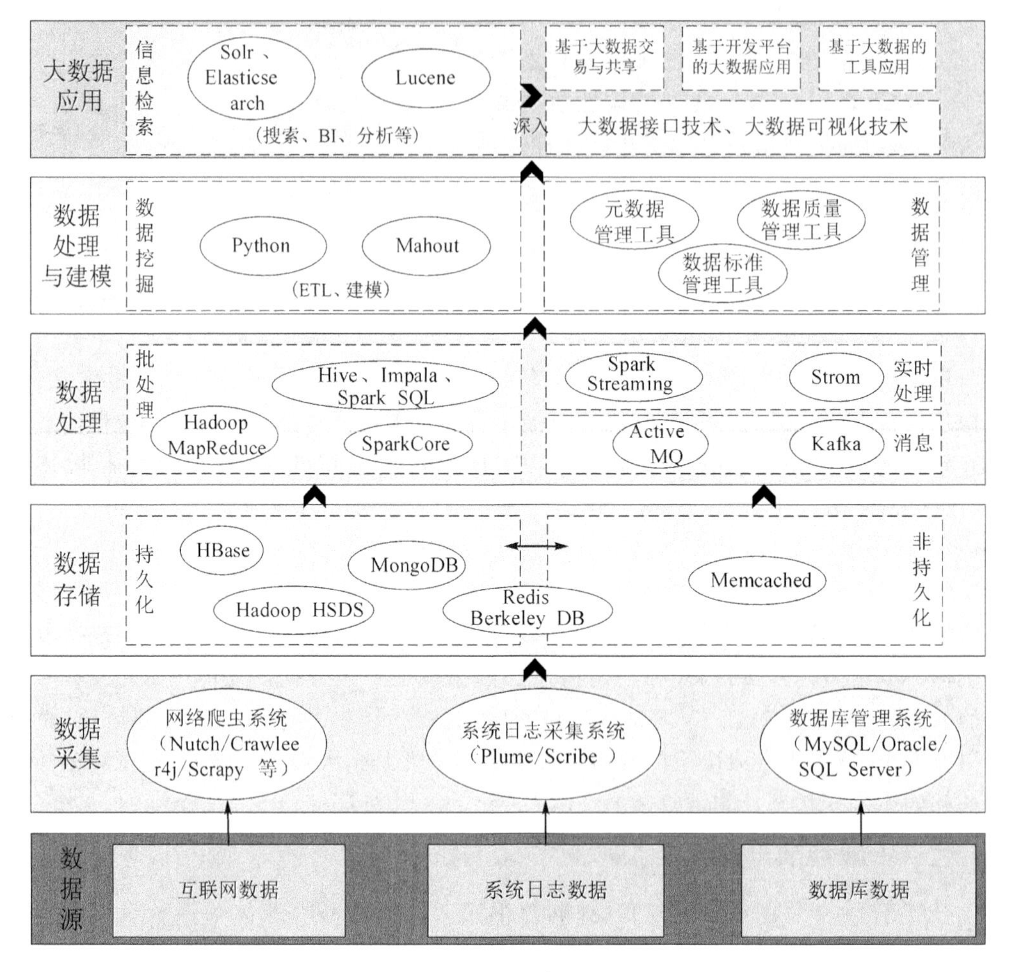

图 6.10 大数据技术架构图

1. 数据采集层

数据采集层主要运用了大数据采集技术，实现对数据的 ETL(Extract - Transform - Load，数据仓库技术)操作。数据从数据源服务端经过抽取(extract)、清洗(cleaning)、转换(transform)、加载(load)到目的端。用户从数据源抽取出所需的数据，经过数据清洗，最终按照预先定义好的数据模型，将数据加载到数据仓库中去，最后对数据仓库中的数据进行数据分析和处理。数据采集是数据分析生命周期的第一环，它可以通过传感器数据、社交网络数据、移动互联网数据等获得各种类型的结构化、半结构化及非结构化的海量数据。在实际生产中我们常见的如图 6.10 所示有三大类数据：互联网数据、系统日志数据、数据库数据。

2. 数据存储层

大数据存储技术面临容量、延迟、安全、成本等问题，因此为了提供高性能、高可靠、访问快速、成本低廉的数据存储能力，就出现了 Hadoop 开源的分布式文件系统数据库（HDFS）、列式数据库（HBase）和 MongoDB 等。

分布式文件系统数据库（HDFS）包含了一个主节点 NameNode 和若干个数据节点 DataNode，主节点负责处理分布式文件系统的命名空间和客户端请求响应，数据节点负责各个客户端的读写请求和数据存储。这种数据存储模式体现了 HDFS 的数据冗余、存储策略、数据错误与恢复的特点。HDFS 的数据存储工作原理如图 6.11 所示。

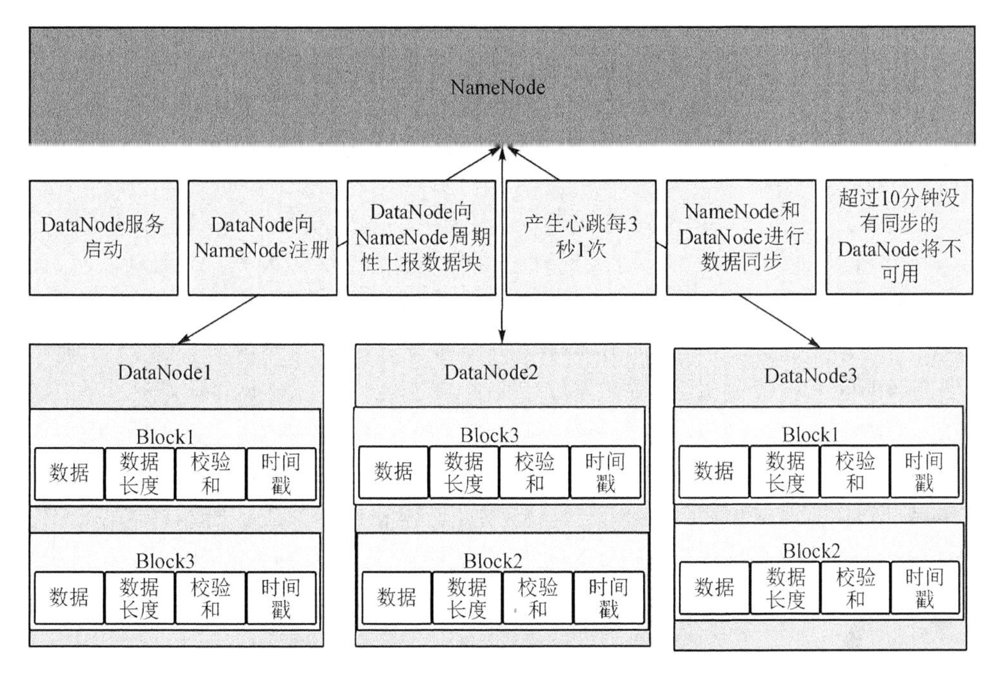

图 6.11 HDFS 的数据存储工作原理

HBase 是一个高可靠、高性能、面向列、可伸缩的分布式数据库，是谷歌 BigTable 的开源实现，主要用来存储非结构化和半结构化的松散数据。HBase 的目标是处理非常庞大的表，可以通过水平扩展的方式，利用廉价计算机集群处理由超过 10 亿行数据和数百万列元素组成的数据表。图 6.12 所示是 Hadoop 和 HBase 及其他部件的关系图。

MongoDB 是一个基于分布式文件存储的数据库，介于关系型数据库和非关系型数据库之间，具有非关系型数据库的强大功能，如数据结构非常松散的文件：json 的 bson 格式文件等。它可以存储比较复杂的数据类型。Mongo 最大的特点是，支持的查询语言功能非常强大，其语法类似于面向对象的查询语言，几乎可以实现类似关系数据库单表查询的绝大部分功能，而且支持对数据建立索引。

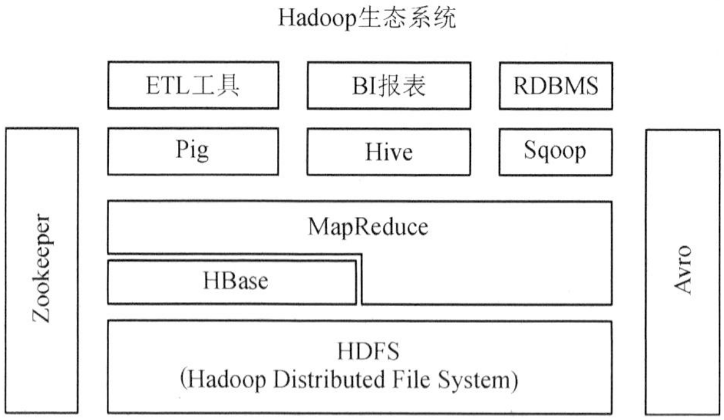

Hadoop生态系统

ETL工具 BI报表 RDBMS

Pig Hive Sqoop

Zookeeper MapReduce HBase HDFS (Hadoop Distributed File System) Avro

图 6.12 Hadoop 和 HBase 及其他部件的关系图

2.2.2 物联网中大数据的应用案例

智能工厂——新一代的信息技术助力工业数字化、网络化、智能化，大数据作为工业自动化的基石，可以帮助工厂设备更进一步提升车间自动化水平。工业互联网、工业大数据、人工智能、云计算等高科技技术的接入，可以帮助企业进行数字化升级。根据Gartner给出的定义，数字化(Digitalization)是通过数字技术来改变企业进行商业模式、创造新的收入和价值机会，是转向数字业务的过程。它对企业的重塑是全方位的，包括经营管理、产品设计与制造、物料采购与产品销售等各个方面。企业通过数字化可以打破传统的信息孤岛，实现全价值链、产品全生命周期范围内的数据洞察和追踪，从而帮助企业决策，实现提质、降本、增效。而工业数字化发展的这一切都离不开数据，所以数据的应用非常重要，图 6.13 所示是传统制造业数字化转型技术架构图。

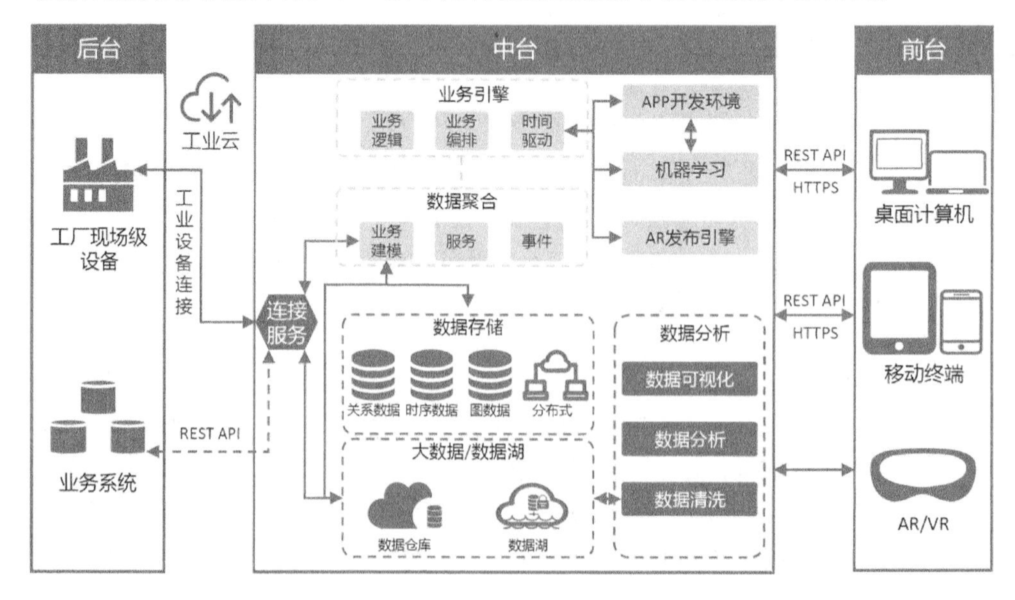

图 6.13 传统制造业数字化转型技术架构

【知识储备 3　物联网与云计算】

2.3.1　云计算的概念

云计算设计目标是对资源的管理，包括计算资源、网络资源、存储资源三个方面。云计算的本质就是资源到架构的全面弹性服务、资源自主化、便捷、计量收费、资源虚拟化。随着技术的成熟，分布式计算可以利用现有高带宽、宽业务范围、多链路的网络结构将网络中的计算机终端、软件、数据连接成为一个整体，可以处理大量的数据、复杂的计算等业务工作。随着互联网的发展，云计算也就应运而生。

1959 年，克里斯托弗・斯特雷奇首次提出了虚拟化的概念，随后虚拟化技术不断发展，该技术已经成为云计算底层的核心技术。1999 年，Marc Andreessen 创建了第一个商业化 IaaS 平台：Loud Cloud。2006 年 8 月，Google CEO 埃里克在搜索引擎大会上首次提出了“云计算”的概念。2020 年，云计算已经从一个概念成长为庞大的产业，已经取得的成就如亚马逊、华为、阿里等众多互联网企业支撑产业。云计算技术还在不断升温和发展中，未来将根据市场需求逐步变化和升级，逐步为物联网工业、物联网产业所服务。

云计算技术已经在我们生活、学习中被广泛使用，比如我们出行购买火车票的 12306 网站，进行云盘存储文件的百度网盘、超星网盘，进行购物使用的淘宝网、京东等，这些都是云计算使用的重要代表。在没有云计算时，购票会因为抢票而导致购票系统瘫痪，会导致购物节时购物系统瘫痪等。使用云计算的弹性服务原理即可以有效地利用分布式计算机资源随时扩充业务系统的计算能力，在资源需求弱时也避免了计算机资源的浪费。

云计算具备的特征如下：

需高速宽带网络连接，“云”设备不在本地，本地只有客户端应用软件，用户需要使用高速宽带连接入网络与“云”建立连接，“云”服务节点之间也需要高速网络进行连接实现分布式处理。

实现 ICT(Information Communication Technology)资源的共享，可以实现所有用户的共享。

能够快速、按需、弹性服务，资源系统可以根据系统性能所需灵活地获取或释放资源，可以根据需求对资源进行动态扩展。

服务质量可测，了解用户的资源使用情况，可以根据资源使用情况进行计费计算。

2.3.2　云计算关键技术与分类

一、云计算的关键技术

云计算的基础功能是为消费者提供虚拟化的计算资源、存储资源、网络资源、安全防护等，包括处理 CPU、内存、存储、网络和其他基本的计算资源，用户无需购买、维护硬件设备和相关系统软件，就可以直接在该层上构建自己的平台和应用。能够部署和运行任意软件，包括操作系统和应用程序。云计算的5大关键技术有：云计算平台管理技术、分布式计算的编程模式、分布式海量数据存储、海量数据管理技术、虚拟化技术。

1. 云计算平台管理技术

云计算系统的平台管理技术能够使不同地理网段的计算机终端、网络设备等物理设备进行协同工作。该技术主要是便于进行业务部署、实施、维护、管理。

2. 分布式计算的编程模式

云计算采用了一种思想简洁的分布式并行编程模型 Map-Reduce。Map-Reduce 是一种编程模型和任务调度模型。Map-Reduce 是 Google 开发的 java、Python、C++编程模型，是一种简化的分布式编程模型和高效的任务调度模型，用于大规模数据集(大于1 TB)的并行运算。其运行的原理是将要执行的问题分解成 Map(映射)和 Reduce(化简)的方式，先通过 Map 程序将数据切割成不相关的区块，分配(调度)给大量计算机处理，达到分布式运算的目的，再通过 Reduce 程序将结果汇总输出。

3. 分布式海量数据存储

云计算系统采用分布式存储的方式存储数据，用冗余存储的方式保证数据的可靠性。这种存储方式就是大数据技术的应用，通过冗余的方式将任务分解和集群，用低配机器替代超级计算机的性能来保证低成本，这种方式保证了分布式数据的高可用、高可靠和经济性，即为同一份数据存储多个副本。云计算系统中广泛使用的数据存储系统是 Google 的 GFS 和 Hadoop 团队开发的 GFS 的开源实现 HDFS(分布式文件系统数据库)。

4. 海量数据管理技术

云计算系统中的数据管理技术主要是 Google 的 BT 数据管理技术和 Hadoop 团队开发的开源数据管理模块 HBase。

5. 虚拟化技术

它是云计算的基础，属于云计算技术的基础架构即服务层，其提供“资源的整合”和“重新逻辑”，实现了按需分配，避免资源浪费。

云计算的技术架构一般可分为基础架构层、中间层、应用层，如图6.14所示，包含了大量的主机、存储设备、网络设备及其他基础设施。基础架构层通过虚拟化技术将所有可用的资源进行统一管理形成资源池，为云计算提供基础服务。中间层是通过中间件、数据库、访问控制、负载均衡、安全认证等技术，根据自己的云计算解决方案，构建云计算平台，也可以称为云平台层。应用层是云服务技术架构中的顶层，通过该层可以为不同的厂商提供接口服务、配置管理等服务。

二、云计算的分类

1. 按服务模式分类

云计算按照服务模式进行分类，可以分为 IaaS(Infrastructure as a Service，基础设施即服务)、PaaS(Platform as a Service，平台即服务)、SaaS(Software as a Service，软件即服务)。它们三者之间的关系如图6.15所示。

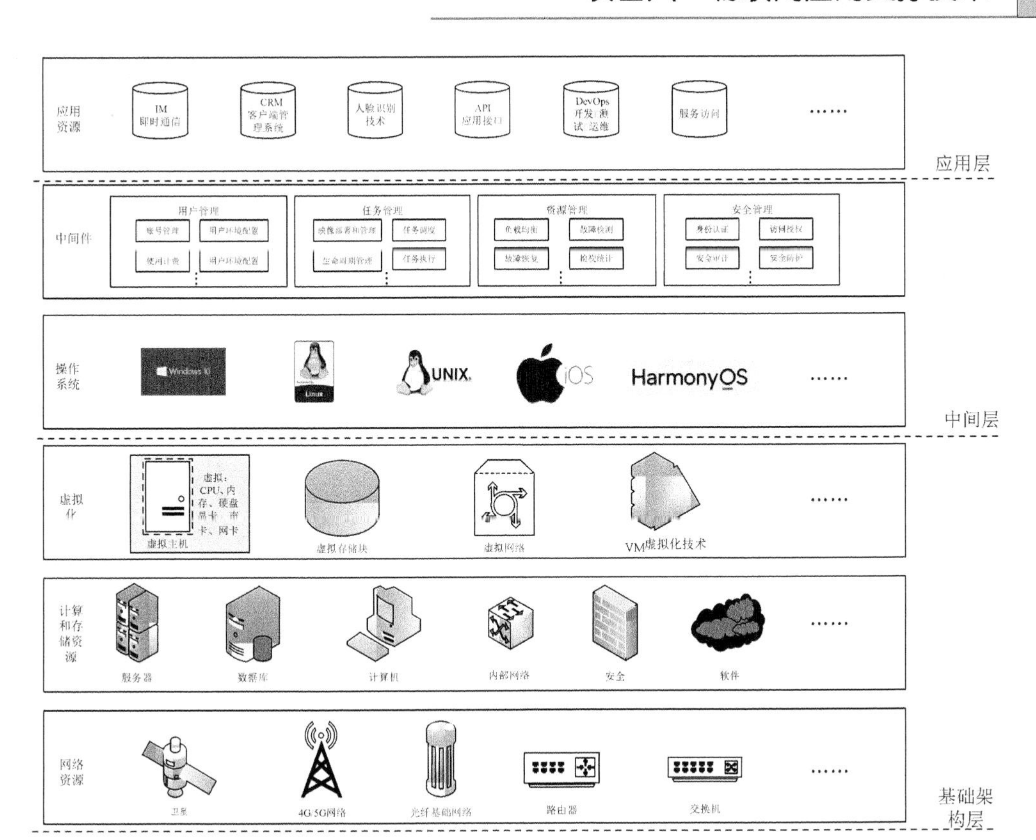

图 6.14　云计算技术的基础架构

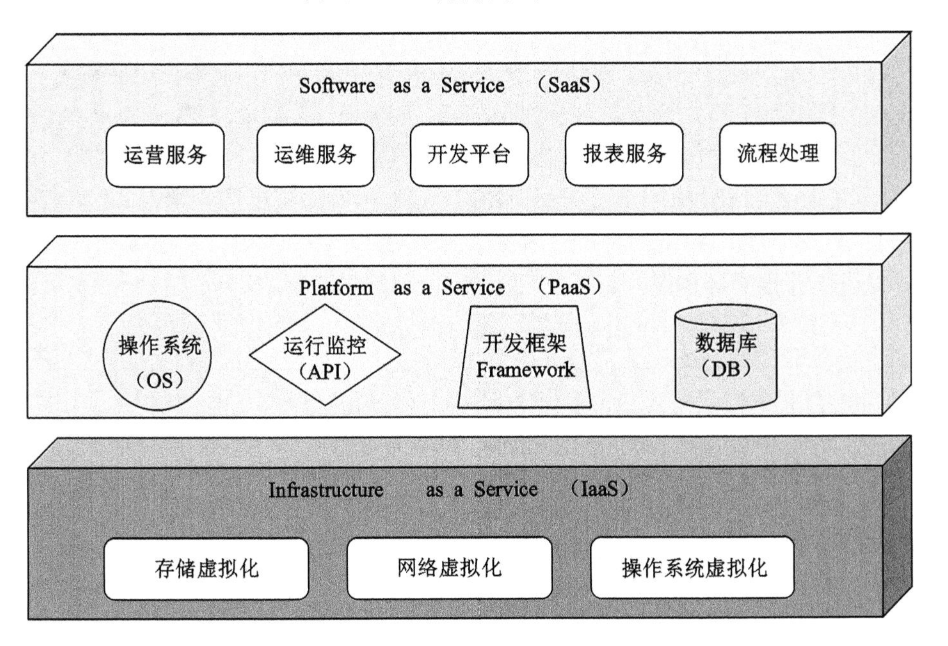

图 6.15　IaaS、PaaS 和 SaaS 之间的关系

IaaS(基础设施即服务),消费者通过 Internet 可以从完善的计算机基础设施获得服务。IaaS 是把数据中心、基础设施等硬件资源通过云端服务提供给用户使用。提供的基本计算资源为计算机基础设施,如 CPU、内存、存储、网络等。利用 IaaS 可以实现云主机、云硬盘、对象存储、弹性 IP 等服务功能。有了 IaaS 服务,中小微企业用户不需要自己采购服务器、建设网络架构、租用 IDC 机房等基础设施,只需要在云端部署应用程序、存储数据、选择网络构件即可,而这些物理硬件都由提供 IaaS 服务的运营公司负责运营管理,省去了一大笔硬件投入费用。

PaaS(平台即服务),向用户提供软件开发平台的服务,如托管引擎、在线开发等。常见 PaaS 提供商有 Google(谷歌)、Windows Azure Platform(微软)、SAE(新浪)等。购买 PaaS 的用户,不再需要单独购买计算、存储、网络等底层基础设施,只需要将应用部署到 PaaS 服务商提供的特定运行环境中即可,当然因为环境的不同可以运行的程序也不同,比如谷歌的 PaaS 服务就只能够运行 Java、Python 等。在选择 PaaS 服务供应商时主要是从需要开发的应用框架、容易使用的 WYSIWYG(所见即所得)工具、访问便利、具备良好的弹性服务、兼容性强、安全性强、API 接口丰富等特性进行考虑。

SaaS(软件即服务),工作在云计算的应用层。SaaS 直接对接用户,用户可以通过 WEB 或桌面应用程序连接到云端进行应用程序的使用,比如 Office、OA、ERP 和 CRM 等。SaaS 服务的对象是软件,用户不再需要购买硬件,进行软件序列号、安装软件、软件升级等操作,可以直接通过互联网去使用软件的功能。SaaS 为用户提供搭建信息化所需要的网络基础设施及软硬件运作平台,负责所有前期的实施以及后期的维护等一系列工作,比如我们常见的百度云、阿里云、超星云盘、腾讯云盘等都是 SaaS 的云服务模式。

可以将云计算的服务模式理解为房子:IaaS 为自建房,所有的原材料都需要自己购买,比如基建设施(砂石、钢筋、水泥等)、装修、买家具、家电等,进行土地申报,全部由自己负责。Pass 为毛坯的商品房,用户不需要基建设施(砂石、钢筋、水泥等)、土地申报等,但是还需要装修、买家具进行土地申报,家电等基础的设施设备并进行安装。SaaS 就是精装修的商品房,用户可以直接拎包入住,所有的设施设备都是齐全的,只需根据需要选择合适的房型即可。而它们三者的比较如表 6.4 所列。

表 6.4　IaaS、PaaS 和 SaaS 之间比较

特　征		应用领域	优　点	缺点和风险
IaaS	服务提供计算机硬件资源、高可扩展性、动态灵活等	网格计算、效用计算、系统管理程序、多租用者计算、硬件资源池等。常见的有:DigitalOcean,Linode,Rackspace,AWS,Cisco Metapod,Microsoft Azure,Google Compute Engine(GCE)等。	灵活的云计算模型,存储、网络、服务器和处理能力的自动部署,高扩展性等	企业效率和生产力很大程度上取决于厂商的能力;可能会增加长期成本;集中化需要新的/不同的安全措施

续表 6.4

特　征		应用领域	优　点	缺点和风险
PaaS	资源弹性服务、协同开发、Web 服务和数据库服务	多人协同开发可以极大地提供灵活度，常见的有：AWS Elastic Beanstalk、Windows Azure、Heroku、Force. com、Google App Engine、Apache Stratos、OpenShift 等。	运用高效、可扩展、高度可用、自动化强、数据迁移便利等	集中化需要新的/不同的安全措施
SaaS	统一管理、服务器远程托管、互联网访问	初创公司、小单位小企业、短期项目、移动应用程序开发等常见的有：Google App、Dropbox、Salesforce、Cisco WebEx、Concur 和 GoToMeeting 等。	避免在软件和开发资源方面花费资产费用、降低 ROI 风险	数据的集中化需要新的/不同的安全措施

2. 按部署模式分类

云计算如果根据部署模式的不同，可分为公有云、私有云、社区云、混合云四大类。

公有云基于标准云计算的模式，由服务供应商进行云服务的管理，所有的物理设施设备、应用、存储等都不需要用户去采购。用户只需要通过网络获取资源、服务，可以通过免费或按量付费方式享受云服务。其最大优势就是其规模经济效益，大多数中小企业、创业者都会选择云计算方案。随着技术的进步，公有云安全问题也逐渐得到解决，服务提供商与企业之间逐渐建立信任关系。未来公有云的应用将会越来越广泛，特别是物联网技术快速发展，万物接入时代。

私有云是单独为一个企业或机构建立而使用的云计算服务，这个服务只会在企业内部被使用。私有云需要拥有自己的物理硬件设备、网络体系、云平台等，同时私有云可以由供应商提供建设和管理，也可以直接租用已经建好的私有云。私有云相对公有云主要的特点是其安全性强，私密性强，但成本高。随着云计算技术的进步，云计算的服务成本也会逐步降低，私有云在特殊领域也将被广泛使用。

社区云建立在一个特定的小组里，由两个或两个以上的特定组织构成，一个小组内的所有成员都可以租赁和使用云端计算资源，共享一套基础设施。这些组织共同承担云服务模式、安全级别、运行管理等所产生的成本、运营管理等相关费用，因此实现了成本分担、资源节约、资源共享。社区既可以自己建设和管理社区云，也可以购买或租用云计算服务供应商。社区云因为只被特定群组所共享，所以社区云的安全性和私密性位于公有云和私有云之间，如社区云的典型形态是行业云、金融云、医疗云等，所提供的配套行业应用服务就是社区云的一种。

混合云由两个或两个以上不同类型的（公有云、私有云、社区云）云组成，它不是一种单独的云类型，其计算资源应该是来自两个或者两个以上类型的云，同时还需要包含云平台。用户通过混合云管理平台对资源进行租赁和使用资源时就像是一个云端的资源，其内部被混合云平台通过资源路由到其他真实的云端上，实现对其他云端资源的获取。目前的混合云由私有云和公有云组成，混合云中有大量的资源池或专业标准化机房，而我们称这个地方为IDC(Internet Data Center)。混合云也存在一定的问题，如：资源的统一管理、网络的隔离与互通、应用的可移植性、数据实时同步与交互等。

2.3.3 物联网中云计算的应用案例

2018年，阿里巴巴宣布进军物联网领域，其定位是为基础设施的搭建者提供IoT连接平台、AI能力，实现云边端一体的协同计算，向社会输出。2019年，阿里云宣布升级，将"IT技术设施的云化、核心互联网应用的数据化、智能"作为自身新战略，计划使阿里所有的技术通过云对外开放输出，帮助降低各界数字化转型门槛，而阿里云自身会坚持"被集成"，专做最擅长的数据智能技术环节，使之为合作伙伴在部分行业方面聚焦于新零售、数字政府、金融。总体来看，阿里的AIoT是以IoT作为主干，AI则无处不在地体现于各解决方案中，与AIoT有关的数据智能技术能力则可通过合作伙伴赋能到各行各业，如图6.16所示。

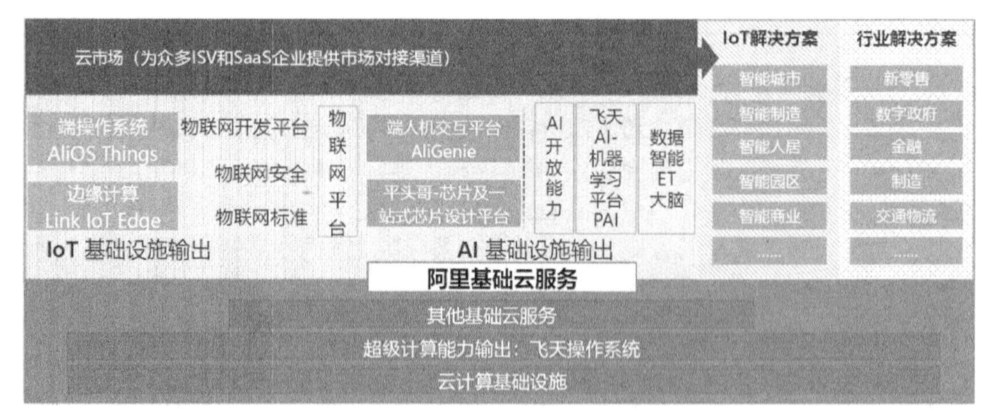

图6.16 阿里云AIoT能力矩阵

【知识储备4 物联网安全技术】

2.4.1 网络信息安全技术概述

一、网络信息安全技术概念

在当今时代，信息技术为我们开创了新的时代；但同时它也是一把"双刃剑"，一方面开拓创新，造福了人类，另一方面也会被他人利用，损害社会公众利益。随着物联网技术的快速发展，其在军事、工业、生活、农业、医疗、海洋、建筑、交通等领域都被大规模使用，而物联网应用的最大问题就是安全问题。2018年4月，习近平总书记在全国网络安全和信息化工作会议上指出"没有网络安全就没有国家安全，就没有经济社会稳定运行，广大人民群众利益也难以得到保障。"物联网技术是主要服务于社会生活层面的应用技术，是国家战略重要课题，要建好现代化强国，需要将物联网技术安全稳定地应用到国家重要建设中去，从而提升我国综合竞争力及现代化水平。而信息安全技术是推动物联网技术发展、云计算技术发展、大数据技术发展的重要技术支撑，是通过采取必要措施，防范对网络的攻击、侵入、干扰、破坏和非法使用，以及意外事故的发生，使网络处于稳定可靠运行的状态，并保障网络数据的完整性、保密性、可用性的能力的技术就是网络信息安全技术。

网络信息安全主要包括计算机安全、操作系统安全、通信协议安全、机制安全、数据安全、应用安全等，简单来说就是信息系统中的硬件、软件、数据、人、物理环境以及基础设施不会因为偶然或恶意的因素导致相关信息系统被破坏，信息被修改、泄露、遗失，信息系统能够为物联网、云计算等提供可靠稳定的运行保障。信息安全技术则可以为信息系统提供安全保护，可以保证信息的保密性、完整性、可用性、可控性以及不可否认性五个特性。

1. 保密性(Confidentiality)

保密性是指信息只能被授权者使用，不泄露给未经授权者的特性。

2. 完整性(Integrity)

完整性是指信息在存储和传输过程中未经授权不能被修改的特性。

3. 可用性(Availability)

可用性指信息和信息系统随时为授权者提供服务的有效特性。

4. 可控性(Controllability)

可控性是指授权实体可以控制信息系统和信息使用的特性。

5. 不可否认性(Non - repudiation)

不可否认性是指任何实体均无法否认其实施过的信息行为的特性，也称为抗抵赖性。

二、物联网安全形势

物联网是基于互联网技术、传统电信网络、大数据、云计算等，将所有能够独立工作的电子、机械、人等实现互联互通的网络。物联网实践最早可以追溯到 1990 年施乐公司的网络可乐贩售机 Networked Coke Machine。随着物联网技术在我国的广泛应用，2018 年 12 月 28 日，全国信息安全标准技术委员会正式发布了 5 个和物联网安全相关的技术标准即：GB/T 37044—2018《信息安全技术物联网安全参考模型及通用要求》、GB/T 36951—2018《信息安全技术物联网感知终端应用安全技术要求》、GB/T 37024—2018《信息安全技术物联网感知层网关安全技术要求》、GB/T 37025—2018＋《信息安全技术物联网数据传输安全技术要求》、GB/T 37093—2018《信息安全技术物联网感知层接入通信网的安全要求》。《物联网安全参考模型及通用要求》，全国信息安全标准化技术委员会从 2014 年就开始着手制定，到 2019 年 7 月才开始实施。虽然标准滞后，但市场上很多的制造厂商已经等不及标准，便按照行业标准生产产品，抢抓市场，但很多的厂商在制造物联网相关设备时缺乏安全意识和投入，导致物联网设备泄露隐私、弱口令、漏洞、明文传输、WEB 安全漏洞等安全事故频频发生。物联网技术的应用已经成为个人隐私、企业信息安全、国家关键基础设施安全的头号安全威胁。

因此在国家安全、经济建设、社会生活等方面，针对不同对象制定了五级保护措施：

第一级：等级保护对象受到破坏后，会对相关公民、法人和其他组织的合法权益造成一般损害，但不危害国家安全、社会秩序和公共利益；

第二级：等级保护对象受到破坏后，会对相关公民、法人和其他组织的合法权益造成严重损害或特别严重损害，或者对社会秩序和公共利益造成危害，但不危害国家安全；

第三极：等级保护对象受到破坏后，会对社会效益和公共利益造成严重危害，或者对国家安全造成危害；

第四级：等级保护对象受到破坏后，会对社会秩序和公共利益造成特别严重危害，或者对国家安全造成严重危害；

第五级：等级保护对象受到破坏后，会对国家安全造成特别严重危害。

2.4.2　物联网安全威胁

1. 物联网安全体系结构

物联网安全体系结构离不开物联网的体系结构，而物联网的体系结构根据应用领域的不同而有所差异，比如工业物联网、车联网、智能家居等都有相应的工业标准和规范。基于国际上对物联网体系结构普遍采用的三层体系结构模型（即感知层、网络层、应用层），确立了以下的立体式物联网安全模型，如图 6.17 所示。三层物联网安全体系结构模型，从物理安全、网络层传输安全、数据安全三个维度探讨物联网安全体系架构。

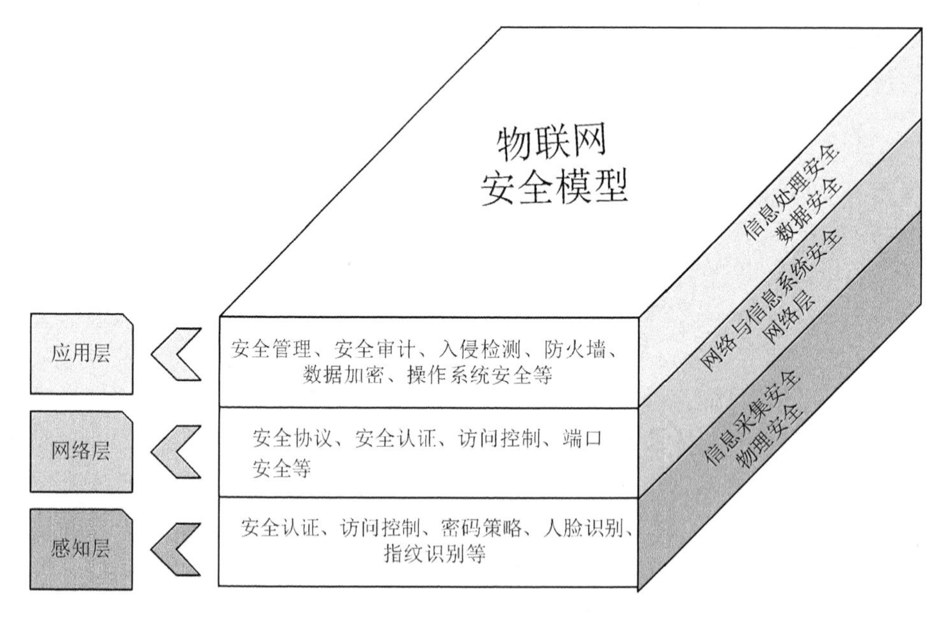

图 6.17　物联网安全模型

2. 物联网感知层安全威胁及协议

物联网感知层主要是通过安全认证、访问控制、密码策略、人脸识别、指纹识别等方式对信息进行采集、识别和控制，达到感知的目的。物联网感知层由物联网感知设备和

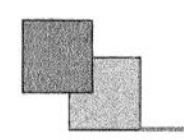

物联网网关组成，常见的感知设备有RFID装置、各类传感器（如红外、超声、温度、湿度等）、图像捕捉装置（如摄像头）、全球定位系统（如北斗定位芯片、GPS）、ETC（电子不停车收费）或其他智能终端设备等。感知设备具有数量大、种类多、多源异构、能力脆弱、资源受限等特点，并且感知层的设备大多部署在高温、高压、高湿、无人值守等环境中，容易受到环境因素的影响和人为恶意的破坏。

物联网感知层的安全首先可以通过安全协议的方式实现，使用安全协议，可以在攻击者进行干扰攻击时仍然具有安全通信的通信协议。如果在复杂的网络环境下，安全协议可以保障协议的各个参与方的身份信息、位置信息以及传输的秘密信息不被泄露。目前因为物联网感知层的特点是多源异构、资源受限、设备类型复杂等，传统的计算、存储和通信开销较大的安全协议已经无法满足物联网感知层的需求，因此需要研发出更多轻量级的安全协议。与传统的安全协议相比，轻量级安全协议的目标是减少通信次数，减少通信流量，减少计算量，同时保证数据传递的正确性、安全性。目前，物联网安全感知层的安全协议主要包括RFID认证协议、RFID标签所有权转移协议、RFID标签组证明协议、距离约束协议、Hash－Lock协议、随机化Hash－Lock协议等。其次是通过加密机制、认证机制、访问控制技术、物理机制等方式实现感知层的信息安全防御。

3. 物联网网络层安全威胁

物联网网络层安全威胁参考的是互联网网络安全技术的安全威胁，因为现在物联网网络层所用的就是传统移动互联网通信技术。移动互联网网络技术主要采用的是OIS七层参考模型和TCP/IP四层参考模型，而每一层都存在风险。物理层因网络环境、网线设备、线路不可达等会引起网络不可达的安全问题，同时也存在搭线、窃听等物理层攻击性问题。针对物理层我们会采用端口安全、端口绑定等方式对接入的设备进行认证。数据链路层存在身份认证、篡改MAC地址、网络嗅探、ARP欺骗等安全威胁，我们利用绑定静态ARP对照表方式，通过设置固定的ARP对照表与端口对应，即端口安全技术，来达到预防的效果。网络层主要面临IP地址安全风险，任何一台计算机都可以发出包含任意源IP地址的数据包，这意味着IP数据包中的源IP地址是不可信的，网络层的安全措施包括三个功能域鉴别（认证）、机密性和秘钥管理。我们使用IP安全协议进行安全服务，IP安全协议主要包含首部鉴别协议（AH）和封装安全载荷协议（ESP）。除此之外还有病毒、木马、DDoS攻击、假冒、中间人攻击、跨异构网络攻击等传统互联网的网络安全问题。物联网网络层可以使用的技术有传统的认证技术、数据加密技术等。

4. 物联网应用层安全威胁

物联网应用层主要包括各种物联网管理系统、数据库管理系统等，应用层主要面临的安全威胁有数据库被攻击、滥用业务、假冒身份、隐私泄露、否认篡改、重放攻击、DOS/DDOS攻击、钓鱼攻击、计算机病毒和蠕虫攻击等。面对这类的物联网应用层安全威胁，我们通常会采用访问控制机制、防火墙、数据加密、防病毒软件等技术对应用层的应用和数据进行保护。

2.4.3 物联网安全关键技术

在物联网的三层结构中，每一层都有对应的安全技术。物联网安全其实不是一个新的概念，它比传统互联网安全多了一个感知层，而互联网中的安全机制完全可以应用到物联网中，只是物联网的安全存在更加复杂、多变、不确定性的问题。通过物联网安全威胁我们可以总结出物联网三个层次上的安全，即物理安全、传输安全、数据安全。

一、物理安全——感知层安全关键技术

感知层位于整个物联网体系结构的最底层，是物联网的核心和基础。感知层的基本任务是全面感知外界信息，是整个物联网的信息源。感知层主要有各种传感器设备及其所涉及的无线传感器网络、无线射频识别、条形码、激光扫描、卫星定位等信息感知与采集技术，以完成对目标对象或环境的信息感知。物联网感知层信息安全问题是物联网安全的核心内容。物联网感知层面临的安全威胁主要表现为感知层中节点自身故障（如节点被捕获、被控制、功能失效或服务中断、身份伪造等），节点间的链接关系不正常（如选择性转发、路由欺骗、集团式作弊等），感知层所采集原始数据的机密性、真实性、完整性或新鲜性等属性受到破坏（如数据被非法访问、虚假数据注入、数据被篡改、数据传输被延迟等），感知层中的“物”被错误地标识或被非授权地定位与跟踪等。

物联网感知层主要安全技术：

1. WSN 安全技术

WSN 是指无线传感器网络体系结构，一般包括传感器节点、汇聚节点和管理节点。节点一般由传感器模块、处理器模块、无线通信模块、能量供应模块等组成。针对 WSN 安全预防技术，有物理预防、扩频与跳频、信息加密、阻止拒绝服务、认证、访问控制、入侵检测、安全成簇、安全数据融合、容侵容错等。

2. RFID 安全技术

RFID 系统主要包括阅读器、标签、数据库三部分。目前，RFID 空中接口面临的主要威胁分为恶意搜集信息式威胁、伪装式威胁及拒绝服务威胁三大类。针对 RFID 安全防御方法，有基于访问控制的方法，如 kill 命令机制、睡眠机制、法拉弟笼、主动干扰、阻塞器标签、可分离的标签等；基于密码技术的方法，如散列锁协议、随机散列锁协议、供应链 RFID 协议、LCAP 协议、临时 ID（temporary change of ID）安全协议、重加密（reencryption）安全通信协议、Mifare One 芯片方案等。

因感知层节点资源有限，只能执行少量的计算和通信，感知层能否抗 DoS 攻击是衡量物联网是否健康的重要指标。感知层安全机制的建立离不开轻量级密码算法和轻量级安全认证协议的支持。

二、传输安全——网络层安全关键技术

在物联网结构中，网络层是以互联网为基础而存在的，所以互联网网络安全技术可以应用到物联网传输安全中，网络层的三层结构中有接入网、汇聚网、核心网。

1. 接入网安全技术

接入网包含了无线近距离接入网(如无线局域网、ZigBee、蓝牙)、无线远距离接入网(如 4G、5G、6G 移动通信)、其他有线接入方式(如 PSTN、ADSL、宽带、有线电视、现场总线)。无线网络安全技术主要是通过物理地址(MAC)过滤、服务区标识符(SSID)匹配、有线对等保密(WEP)、WAPI 安全机制、IEEE 802.1X EAP 认证机制、IEEE 802.11i 安全机制、IEEE 802.16d 安全机制等实现。

2. 汇聚网安全技术

汇聚层网络主要是将接入层的网络设备进行数据汇聚后进行数据转发,在这一层主要涉及端口安全,因此主要使用的安全技术有链路冗余、端口安全、端口绑定等安全技术。

3. 核心网安全技术

核心网要接收来自网络中大量的终端设备的数据传输,同时以集群方式在物联网节点中传输信息,因此很容易导致网络拥塞,易受到 DDoS 攻击,这也是物联网网络层最常见的攻击手段。网络层存在不同架构的网络互联互通问题,核心网将面临异构网络跨网认证等安全问题。物联网中网络节点不固定,与邻近的网络节点的通信关系随时会发生改变,很难为节点建立信任关系,面临着虚拟节点、虚假路由等攻击。核心层网络常采用的安全技术有 IPSec 安全协议与 VPN(Virtual Private Network,虚拟专用网络)、6LoWPAN 安全(IPv6 over Low-power Wireless Personal area Network)、安全套接字层协议(Secure Socket Layer,SSL)、防火墙等安全技术。

三、数据安全——应用层安全关键技术

物联网应用层是物联网业务和安全的核心,由于物联网的广泛应用具有多样性、复杂性,因此物联网应用层对应安全解决技术也各异。综合不同的物联网行业应用可能需要的安全需求,物联网应用层安全技术主要包含身份认证、访问控制、数据安全、入侵检测、访问控制、云平台安全等,主要为系统安全服务。系统安全主要包括物联网的资源(如计算机、能源、存储等资源)充足的主机及系统安全,其主要的安全技术包括身份识别和鉴别、访问控制及相应的安全策略、用户访问控制权限、用户管理制度、系统漏洞补丁、恶意代码及病毒防范、中间件安全保护等。应对应用层安全问题主要的安全技术讲解如下:

1. 身份认证

身份认证是指通过一定的技术手段,完成对用户身份信息的确定,比如我们常用的人脸识别、验证码、指纹识别等都属于身份认证。身份认证的目的就是验证消息的发送者身份的真实性,避免出现非否认现象。我们对于身份认证的方法主要归结于以下四类:基于秘钥的身份认证、基于智能卡的身份认证、基于数字证书的身份认证、基于个人特征的身份认证。

2. 访问控制

物联网应用层的服务授权是确保应用层安全的核心机制,在物理网中不同的用户

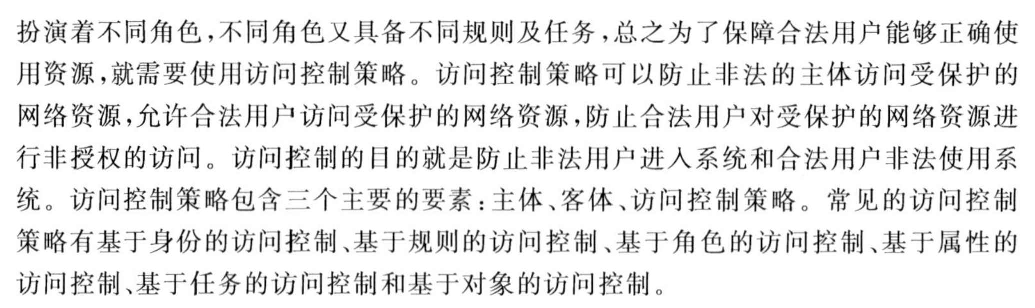
扮演着不同角色,不同角色又具备不同规则及任务,总之为了保障合法用户能够正确使用资源,就需要使用访问控制策略。访问控制策略可以防止非法的主体访问受保护的网络资源,允许合法用户访问受保护的网络资源,防止合法用户对受保护的网络资源进行非授权的访问。访问控制的目的就是防止非法用户进入系统和合法用户非法使用系统。访问控制策略包含三个主要的要素:主体、客体、访问控制策略。常见的访问控制策略有基于身份的访问控制、基于规则的访问控制、基于角色的访问控制、基于属性的访问控制、基于任务的访问控制和基于对象的访问控制。

3. 数据安全(密码技术)

物联网应用层安全的核心是数据安全,应在保证数据可用性的前提下保护数据的安全。设计实现不同等级的密码技术,确保用户信息不被泄露。密码技术主要有两个方面:一是身份加密,就是在传递、处理数据时,不泄露发送设备的身份信息;二是位置加密,就是告诉物联网的控制中心具体某个设备的运行状态,但不泄露设备的具体位置信息。可采用身份隐藏、密文验证、门限密码等密码技术,特别是大数据下的密码技术是实现网络信息安全的核心技术,是保护数据安全最重要的工具之一,对于物联网安全而言,密码技术的核心地位更加突出。

4. 入侵检测

入侵检测是指当在网络中发现了入侵行为或入侵企图时,通过采取有效的措施如打补丁、系统修复等技术手段,发现入侵行为,并及时予以响应,是一种主动安全防护技术。入侵检测处理既提供对外部访问的检查,也提供了对内部攻击、内部误操作、安全审计、监视、攻击识别和响应等功能,增强了系统管理员的安全管理能力。入侵检测可以根据特征检测和异常检测的方法进行,入侵检测系统(Intrusion Detection System,IDS)是一种对网络活动进行即时监视,在发现可疑传输时发出警报或者采取主动反应措施的网络安全设备或系统。入侵检测系统由时间产生器、事件分析器、响应单元、事件数据库四个组件组成。通过这些组件可以实现监测并分析用户和系统的活动,核查系统漏洞,评估系统资源和数据库文件的完整性,识别特征性攻击行为,分析异常行为,并实现系统日志管理等。

5. 云平台安全

目前物联网低成本建设的情况,很多中小型企业、用户等都喜欢采用云平台架构构建物联网的应用层。在应用层需要对从感知层获取的大量数据进行分析和处理,在物联网构建中,这部分工作往往通过构筑云服务平台来完成。如何保证云计算、云存储的环境安全及设备设施的安全;如何保证云平台在系统异常或遭到攻击时能及时恢复,隔离问题;如何保证 API 接口安全,防止非法访问和非法数据请求。如何确保在数据传输交互过程中的完整性、保密性和不可抵赖性等,保证端到端的安全,都是构建云平台必须要解决的关键技术问题。目前云平台主要的服务形式有软件即服务(Software as a Service,SaaS)、平台即服务(Platform as a Service ,PaaS)、基础设施服务(Infrastructure as a Service,IaaS)三种服务形式。不管哪一种服务形式都需要数据已加密、数据存储集中、完全托管的平台、云平台虚拟化技术、访问控制等应用层的安全技术。

【任务实施与评价】

任务单 2　杭州"城市大脑"应用分析

任务实训

（一）知识测试

一、单项选择题

1. 在进行数据挖掘的过程中最后一步我们称为(　　)。

A. 数据对象　　B. 数据挖掘　　C. 知识表示　　D. 数据选择

2. 在大数据中数据存储采用的是分布式数据库(HDFS)包含了(　　)个 NameNode 和(　　)个 DataNode。

A. 1 个 NameNode 和 1 个 DataNode　　B. 1 个 NameNode 和多个 DataNode

C. 多个 NameNode 和 1 个 DataNode　　D. 多个 NameNode 和多个 DataNode

3. HBase(　　)。

A. 一个应用软件　　B. 一个数据库软件

C. 一个文本编辑器软件　　D. 一个安全防护软件

二、填空题

1. 常见的数据库管理系统有________、________、________、DB2 数据库、Informix 数据库、Access 数据库等。

2. 大数据中的 4V 特性指的是________、________、________、________。

3. DBMS 数据工作原理：____。

4. 云计算的 5 大关键技术是________、________、________、________、________。

5. 云计算按照服务模式进行分类可以分为________、________、________。

6. IaaS 是：________。

7. 物联网安全最容易攻破是在物联网安全模型的________。

8. 云计算的概念是：____；

9. 物联网应用层方面存在的安全威胁有：________________________；

10. 物联网安全的关键技术包含：________________________________

三、判断题

1. 数据库管理系统就是大型的数据库软件。(　　)

2. 数据挖掘是将海量的数据经过数据之间特殊算法找出其关联性，可以用于新的研究和决策，也具有新的商业价值。(　　)

3. 大数据存储数据的方式和我们传统使用数据库存储数据的方式一样。(　　)

4. 计算就是将硬件资源通过虚拟化技术共享给需要的用户，用户无需购买相关硬件资源。(　　)

5. 计算和大数据工作原理都是一样的。(　　)

（二）实训内容要求

公交部门可以根据乘客的刷卡记录，记录每一位乘客的数据，最后根据用户刷卡的海量数据进行分析，可以为某条线路增设分时段、分车次的配送方案，提升用户的通行体验。交通方面可用道路上的摄像头、传感器等实时收集车流量信息，并根据车流量信息优化红绿灯或形成智慧管理系统，提前预警疏导交通。针对旅游景点人员密集情况，目前大部分人都会携带智能手机，根据智能手机的北斗定位系统可以确定人流量情况，帮助景区做好人员疏导，提前预警，避免安全事故的发生。道路交通系统中，因驾驶员的素质、车辆的安全性能、环境、道路及气候等因素的组合，就可能导致重大交通事故的发生。

<table>
<tr><td rowspan="3">任务实训</td><td>典型案例：
2016 年，杭州在全国率先启动“城市大脑”建设，开启了利用大数据改善城市交通的探索。2018 年，杭州提出打造“移动办事之城”，让办事像网购一样方便。自 2019 年以来，杭州城市大脑从“交通治堵”走向“全面治城”“精准治疫”。在浙江大学医学院附属第一医院、第二医院，就诊停车需求每天超过 10 000 辆，在高峰时段，车辆最长入院等候时间近 4 个半小时。医院借力“城市大脑”，把城市大脑运算数据转换为可识别路线，引导就诊车辆快速到达周边停车场，将平均停车时间从 90 分钟缩短至 15 分钟。杭州市数据资源管理局相关负责人介绍，杭州城市大脑已建成涵盖公共交通、城市管理、卫生健康、基层治理等 11 大系统 48 个应用场景。数据资源“取之于民、用之于民”，让老百姓有了实实在在的获得感。应用升级，在原有基础上增加了实时公交、地铁信息查询、检索功能，覆盖城市公共交通出行大范畴，并在微信平台上设服务号，通过发送关键词推送查询信息，方便除安卓系统之外的智能手机用户查询。
根据课程内容对应用实例进行研究和分析，撰写一份数据挖掘的实验报告，报告内容应包含整套系统所需要的硬件设备、数据存储、数据挖掘、应用平台功能等</td></tr>
<tr><td>（三）实训提交资料</td></tr>
<tr><td>一份实验报告包括：硬件分析、存储分析、数据挖掘工具分析、应用平台功能分析、创新拓展分析</td></tr>
<tr><td>任务考核</td><td>

名称：＿＿＿＿＿＿	姓名：＿＿＿＿＿＿	日期：20＿＿年＿＿月＿＿日
项目要求	扣分标准	得　分
调研报告一份（80 分）	缺少： 智慧城市中数据源分析 1 份（扣 10 分）； 硬件分析 1 份（扣 15 分）； 存储框架分析 1 份（扣 15 分）； 数据挖掘工具分析（扣 15 分）； 应用平台功能分析（扣 15 分）； 创新拓展分析；（扣 10 分）	
团队协作（20 分）	团队成员分工情况不合理（扣 10 分）； 缺少团队完成情况及证明材料（扣 10 分）	
评价人	评　语	
学生：＿＿＿＿＿＿		
教师：＿＿＿＿＿＿		

</td></tr>
</table>

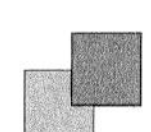

思考题

1. 什么是中间件？
2. 简述 DBMS 数据工作原理。
3. 云计算的概念是什么？
4. 构建城市大脑会涉及哪些专业技术？

参考文献

[1] 滕延妮.中国掌握着物联网国际标准的话语权和主动权——专访无锡物联网产业研究院院长、感知中国团队领军人刘海涛[J].审计观察,2021(6):68-71.

[2] 基恩士(中国)有限公司.可追溯性大学[OL].[2022.08.12]https://www.keyence.com.cn/ss/products/marking/traceability/.

[3] 吴学信.基于ERP生产系统的条码追溯技术[D].杭州:浙江工业大学,2016.

[4] 高丽芬,杨波.合规开展生物识别技术应用的思考[J].网络空间安全,2022(4):79-83.

[5] HMS Networks .2020年工业网络市场份额报告[J].传感器世界,2020,26(6):48.

[6] 刘杰.基于WIFI通信技术的矿井通风监测系统设计应用[J].机械研究与应用,2021(6):156-158.

[7] 中国电子信息产业发展研究院无线电管理研究所.2021 5G发展展望白皮书.

[8] 中国移动.中国移动6G网络架构技术白皮书.

[9] 钟紫萱,吴德海,等.北斗卫星导航系统现状与发展前景[J].现代矿业,2022,38(5):43-46+54.

[10] 深圳核芯物联有限公司.系统架构图[OL].https://www.coreaiot.com/lyaoagjddwxt_cpzx.

[11] 段洁.面向物联网数据特征的信息中心网络缓存方案[J].电子与信息学报,2021,43(8):123-131.

[12] 杨毅宇.物联网安全研究综述:威胁、检测与防御[J].通信学报,2021,42(8):192-209.

[13] 曹蓉蓉,韩全惜.物联网安全威胁及关键技术研究[J].网络空间安全,2020,11(11):74-79.

[14] 中华人民共和国国家标准.GB/T 37044—2018.